RAPPORT

ET AVIS

DE LA

COMMISSION D'ENQUÊTE

Du Chemin de Fer

DE

Saint-Étienne à Lyon.

DOCUMENS LÉGISLATIFS SUR LES CHEMINS DE FER.

SAINT-ÉTIENNE,

TYP. DE F. GONIN, ÉDITEUR, 4, RUE DU MARCHÉ.

1836.

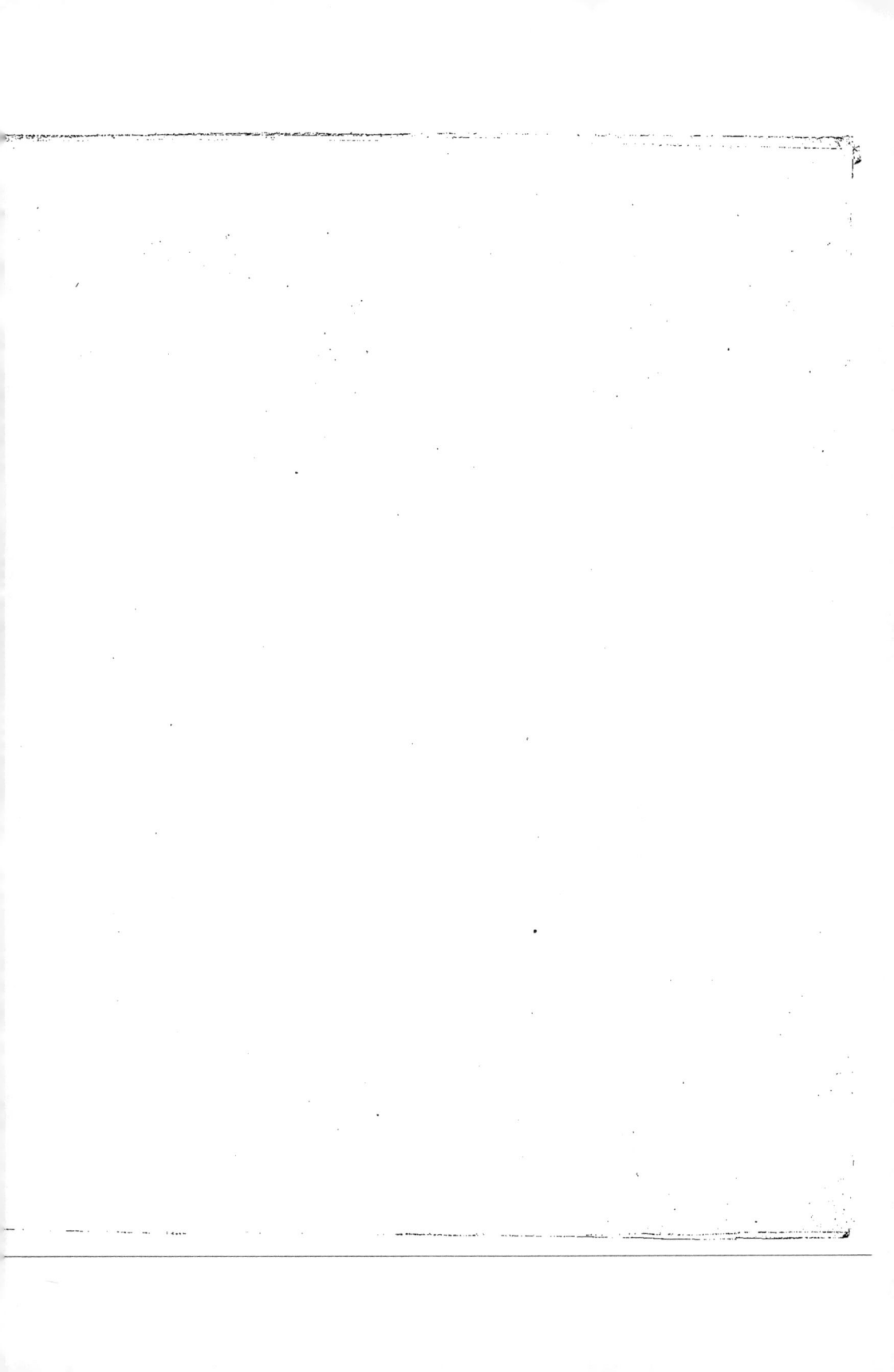

V

16946

RAPPORT

Et Avis

DE LA

COMMISSION D'ENQUÊTE

DU CHEMIN DE FER

DE

SAINT-ETIENNE A LYON.

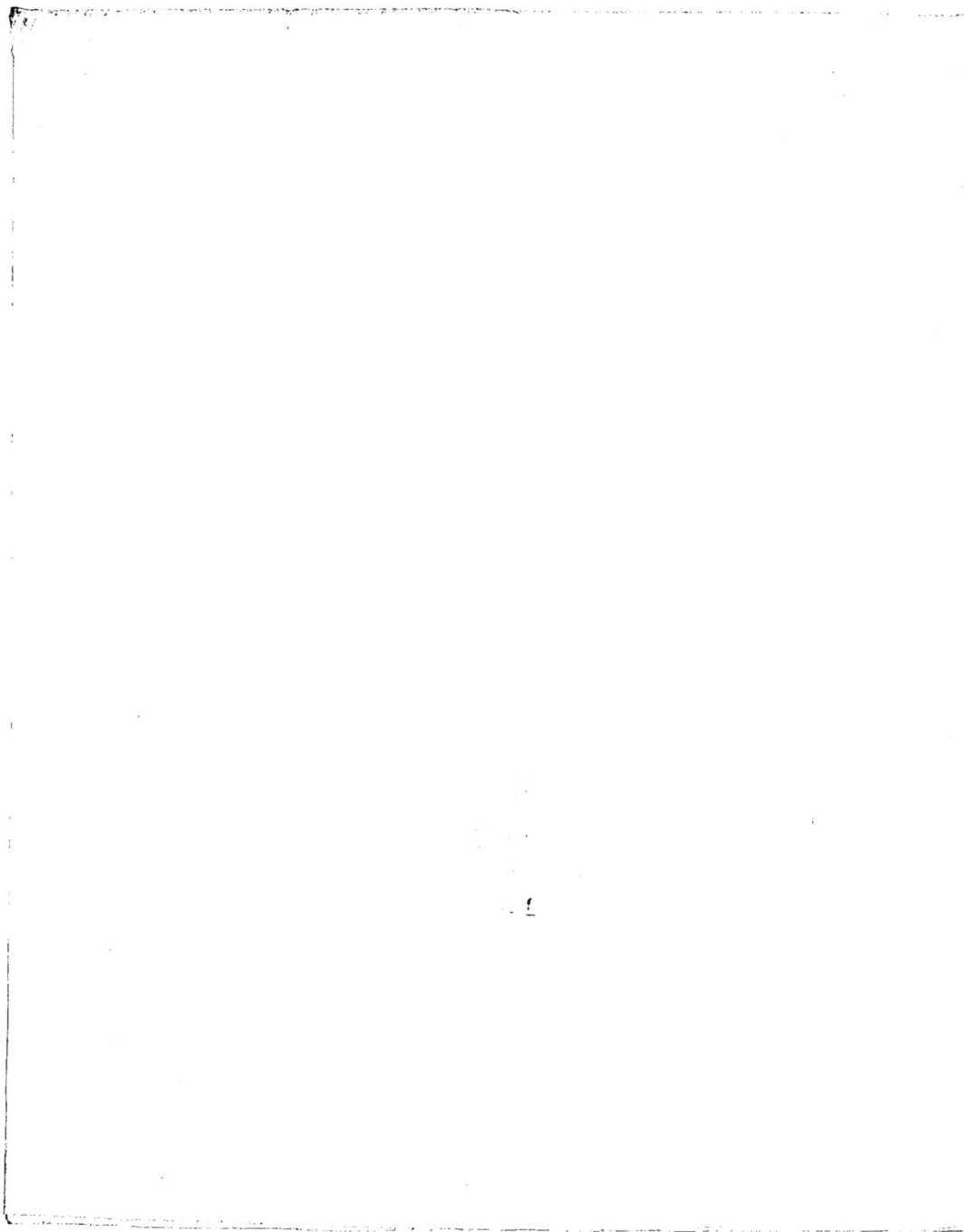

RAPPORT

ET AVIS

DE LA

COMMISSION D'ENQUÊTE

DU CHEMIN DE FER

DE SAINT-ÉTIENNE A LYON.

———•———

DOCUMENS LÉGISLATIFS SUR LES CHEMINS DE FER.

SAINT-ÉTIENNE,

TYP. DE F. GONIN, ÉDITEUR, 4, RUE DU MARCHÉ.

1836.

M. le directeur-général des ponts-et-chaussées et des mines ayant prescrit, à Saint-Etienne et à Lyon, la formation d'une commission d'enquête appelée à discuter les bases d'un règlement spécial pour l'exécution de l'article 6 du cahier des charges de la compagnie du chemin de fer de Saint-Etienne à Lyon, les membres de la commission de Saint-Etienne ont été nommés par arrêté de M. le préfet de la Loire, en date du 12 juin 1835.

Le 19 du même mois de juin, cette commission a ouvert son enquête à laquelle ont été appelés le directeur du chemin de fer de Lyon, tous les extracteurs de l'arrondissement, maîtres de forge, usiniers et généralement tous ceux qui pouvaient avoir des réclamations ou des observations à présenter, concernant l'exploitation du chemin de fer de Saint-Etienne à Lyon, *et en général sur toutes les difficultés qui sont nées de la pratique des chemins de fer du département de la Loire.* La chambre de commerce de Saint-Etienne, les chambres consultatives de Saint-Chamond et Rive-de-Gier ont été également appelées à donner leur avis.

La commission, dont les séances ont été publiques, s'est successivement réunie les 23, 27 et 30 juin, 4, 7, 11, 18, 21 et 28 juillet. Elle a nommé, dans la séance du 28 juillet, pour rapporteur, M. Smith, l'un de ses membres.

Le procès-verbal du 24 novembre 1835 constate ce qui suit :

« Après s'être réunis les 20, 21, 27 et 28 octobre, 3, 10, 17 et 24 novembre, depuis deux jusqu'à sept heures du soir, les membres de la commission ont consacré ces huit séances à entendre la lecture du rapport, à discuter chacune des questions présentées chapitre par chapitre, et à rédiger, séance tenante, les avis de la commission tels qu'ils ont été arrêtés. »

Sur la demande qui en a été formée par les extracteurs et par le commerce, la commission a déclaré ne point s'opposer à ce que ses avis et le rapport qui lui a été fait, fussent rendus publics par la voie de l'impression, après qu'ils auraient été transmis à l'administration supérieure.

L'édition du **Rapport** et de l'**Avis** de la **Commission** d'enquête de **St-Etienne**, imprimée à **Paris**, n'ayant été faite que sur une copie incomplète, nous sommes autorisés à déclarer que la seule édition conforme au travail achevé du **Rapporteur** et de la **Commission**, est celle que nous donnons ici.

L'éditeur, GONIN.

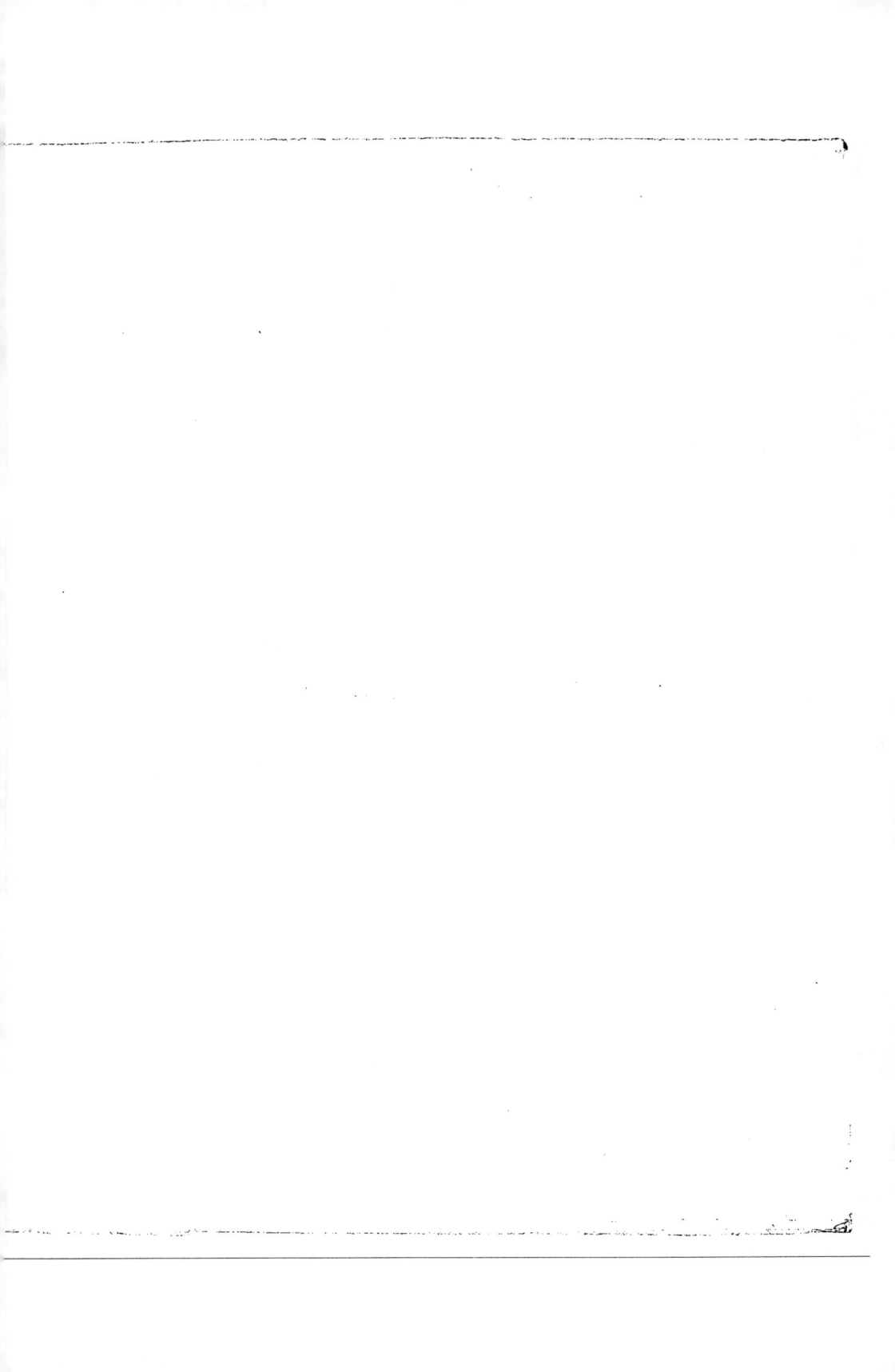

Membres de la Commission.

MM. SERS, préfet de la Loire, *président*. O ✳

F. PARRAN, sous-préfet, ✳

PEYRET-LALLIER, maire de Saint-Etienne et député, ✳

TERME, ancien procureur du roi, ✳

Hyp. ROYET, négociant, membre de la chambre de commerce, ✳

DELSÉRIÈZ, ingénieur en chef des mines, ✳

SMITH, procureur du roi, *secrétaire et rapporteur*, ✳

RAPPORT

FAIT A LA

Commission d'Enquête,

PAR M. SMITH.

Messieurs,

Formés en commission d'enquête pour donner votre avis sur les difficultés qui naissent de l'exécution de l'art. 6 du cahier des charges du chemin de fer de Saint-Etienne à Lyon, vous avez appelé tous les intéressés à vous exposer leurs plaintes, leurs droits et leurs vues. Un grand nombre de réclamans ont été entendus, un plus grand nombre de mémoires vous ont été adressés.

Réunir toutes les questions agitées dans un ordre qui en facilite l'intelligence et la solution, coordonner ensemble tous ces élémens souvent pêle-mêle et confus, quelquefois vous exposer nos réflexions personnelles, mais le plus souvent rendre vos propres pensées sorties du sein de nos discussions, telle est la marche et tel est le but que nous nous sommes proposé dans le rapport que vous nous avez chargé de vous présenter.

C'est toujours des faits que sortent les règles. Le fait préexiste, la règle vient ensuite pour le fixer et l'harmoniser avec le droit, surtout dans ses détails. De là l'enquête publique dans laquelle vous avez provoqué toutes les lumières que pouvait apporter l'expérience, quoique bien jeune encore, de nos chemins de fer.

Lorsque quelque nouveau genre de propriété ou quelque nouvelle industrie apparait dans la société, il y a toujours à l'origine une sorte de confusion dans le mode de jouissance, des doutes et des incertitudes nécessaires qui surgissent au milieu du frottement des intérêts. Alors le droit ne peut vraiment commencer à s'établir qu'après avoir interrogé la pratique : la pratique se régularise et se fortifie bientôt ensuite sous l'influence du droit; et c'est ainsi que s'élèvent et prospèrent progressivement les choses les plus utiles qui eussent infailliblement avorté, si, à leur naissance surtout, elles eussent été abandonnées aux caprices du hasard, aux exigences de la spéculation, ou bien encore aux mesquines étroitesses de l'individualisme.

Telles sont les réflexions qui se présentent naturellement en se reportant à nos trois chemins de fer d'Andrézieux, du Rhône et de la Loire, jusqu'à présent les seuls qui soient exécutés en France : au milieu de tant d'élémens de prospérité qui les entourent, s'ils n'ont pas encore développé les bienfaits qu'on en attendait, et obtenu eux-mêmes le succès qu'ils s'étaient promis, c'est que les droits et les obligations qui en dérivent ne sont jusqu'à présent que trop imparfaitement définis.

Ensuite les rapports de ces chemins entr'eux ne sont point suffisamment déterminés de manière à ce qu'il soit bien établi que les trois chemins ne forment qu'une seule ligne de Roanne à Lyon, sans interruption et sans transbordement. Vitale condition !

Tant que ces diverses choses ne seront pas clairement et irrévocablement fixées, on verra sans cesse des tiraillemens, des conflits et des discussions multipliées, au milieu desquelles ces *Railvays* n'accompliront ni leur but, ni celui du pays.

A peine le chemin de fer de Lyon venait-il d'être livré à la circulation, que les exploitans de Saint-Etienne firent entendre des plaintes répétées sur ce que la compagnie ne mettait pas à leur disposition un nombre de wagons proportionné à leurs extractions. Ces extractions recevant chaque jour une impulsion nouvelle, soit sous l'influence du prix toujours croissant du charbon, soit sous l'influence surtout du nouveau débouché qui leur était ouvert, ces plaintes devinrent si vives et si générales, que l'administration locale crut devoir faire elle-même, au commencement de l'année 1834, une sorte d'enquête sommaire, mais relative seulement au transport de la houille du bassin de Saint-Etienne.

Le 19 janvier 1835, M. le directeur-général des ponts-et-chaussées prescrivit la formation d'une commission d'enquête, appelée à discuter les bases d'un règlement spécial pour l'exécution de l'article 6 du cahier des charges de la concession du chemin de fer de Saint-Etienne à Lyon.

Par arrêté de M. le préfet de la Loire, en date du 12 juin dernier, vous avez été nommés membres de cette commission.

La compagnie du chemin de fer de Lyon, appelée la première devant vous, en vous présentant largement toutes les questions soulevées jusqu'à ce jour, comme se liant à l'objet de votre enquête, et à l'exécution de l'article 6 de son cahier des charges, a tracé en quelque sorte la marche que nous avons suivie.

Vous avez entendu cette compagnie vous parler aussi, à plusieurs reprises, des voyageurs dont le transport n'avait été nullement prévu à l'époque de ses statuts. Ce transport étant devenu l'une des principales exploitations des chemins de fer et l'une des choses, assurément aussi, qui doit le plus exciter la vigilance gouvernementale, nous en ferons également l'objet d'un examen spécial dans ce rapport.

Depuis long-temps la contrée entière appelle l'intervention du gouvernement sur nos chemins de fer, non pas assurément pour rien changer à leurs cahiers des charges essentiellement irrévocables, mais pour en assurer au contraire l'exécution, expliquer les clauses obscures, suppléer aux omissions qui existent, en un mot, fixer tous les droits et toutes les obligations.

Alors seulement nos chemins de fer répondront aux espérances du pays, développeront sa prospérité, encourageront en France l'établissement d'autres chemins de fer, en apprenant que ces nouvelles voies de communication peuvent véritablement être regardées comme l'un des élémens les plus certains de la puissance industrielle et commerciale d'une nation.

CHAPITRE I.

—

La première question qui se présente dans l'ordre naturel des idées, c'est celle relative à la légalité d'un règlement limitatif de l'exécution de l'article 6 du cahier des charges du chemin de fer de Saint-Étienne à Lyon, en ce que cet article prescrit à la compagnie d'exécuter tout les transports qui lui seront confiés, *constamment, avec soin, exactitude et célérité, à ses frais et par ses propres moyens, et sans pouvoir en aucun cas les refuser.*

L'administration peut-elle réglementer cette disposition impérative de l'article 6? C'est ce que réclame le chemin de fer, et ce que dénie le commerce.

La compagnie du chemin de fer demande qu'un service régulier soit imposé aux extracteurs de houille ; que des limites soient assignées à ce service, et déclare s'en rapporter à la commission pour la distribution des wagons entre les extracteurs, avouant qu'elle n'a pu elle-même encore trouver des moyens propres à applanir les nombreuses difficultés que présente cette distribution.

Ces questions ont soulevé, devant la commission, de graves discussions en fait et en droit, que leur importance oblige de retracer, avec détail, dans l'examen des points suivans :

Questions.   1. Le gouvernement a-t-il pouvoir d'introduire un règlement sur l'exécution de l'article 6 du cahier des charges ?

2. Cet article est-il clair, précis et sans aucune discussion possible ?

3. Au cas de discussion, les tribunaux seraient-ils compétens ?

Exposons d'abord les raisons déduites en faveur d'un règlement.

Première question. Peut-on faire un règlement sur l'exécution de l'art. 6 ?   Il n'y a pas de règle plus certaine, a-t-on dit sur la première question, que tout acte peut être modifié par ceux qui l'ont passé.

Rien n'est irrévocable en ce monde. Les changemens de chaque jour, l'expérience que donne la pratique, nécessitent à chaque instant des modifications à tous les arrangemens humains.

Ainsi les lois sont changées, abrogées, non pas par les individus qui composent le public, mais par les pouvoirs qui les constituent.

Ainsi, les ordonnances royales, les arrêtés d'un préfet ou d'un maire sont changés, interprétés par l'autorité dont ils émanent.

De même, les contrats passés entre le gouvernement représentant la société et des tiers, peuvent être modifiés, par le consentement respectif du gouvernement et de ces tiers, comme les conventions entre particuliers sont modifiées par le consentement des parties contractantes.

Dans le contrat intervenu avec le chemin de fer, qui a stipulé pour le public, se composant d'une agglomération d'individualités n'ayant ni droit, ni pouvoir pour agir? C'est le gouvernement, car lui seul le représente. Comment donc lui refuserait-on le droit de modifier, dans l'intérêt de tous, le contrat primitif qui émane de lui?

Ainsi, un règlement établi entre le gouvernement et la compagnie, sur les seules réclamations de cette dernière, sans enquête préalable, serait assurément aussi rationnel que légal.

Mais le gouvernement qui stipule dans l'intérêt général, provoque une enquête, un examen critique de l'utilité de ce qui est à introduire, en appelle aux observations de ceux que le nouvel arrangement peut intéresser directement ou indirectement. Et l'on répond à cet appel par un démenti au gouvernement de pouvoir changer ou modifier ce qu'il a lui-même constitué.

Que l'on dise que l'art. 6 du cahier des charges n'a pas besoin d'interprétation, on le conçoit; mais qu'on refuse au gouvernement le droit de la faire, si elle est démontrée nécessaire, c'est une absurdité, car alors personne ne le pourrait.

Ceci nous mène à la seconde question.

Deuxième question. L'art. 6 est-il parfaitement clair et précis ?

Le chemin de fer doit transporter avec soin, exactitude, célérité, constamment, et sans pouvoir en aucun cas les refuser, toutes les marchandises qui lui sont confiées, au prix déterminé par le tarif : telle est son obligation.

Rien de plus clair et de plus précis, dit-on, que cette stipulation.

Mais l'expérience a démontré combien elle laisse à désirer, et que son exécution littérale conduit à l'absurde et à l'impossible.

A l'absurde.

La compagnie doit le transport de toutes les marchandises, sous un péage de 9 centimes 8/10e par kilomètre, pour un poids de mille kilogrammes.

Mais si le poids est de 500, de 100 kilogr., paiera-t-on moitié ou dixième des 9 centimes 8/10e ?

Le cahier des charges garde le silence, et les commerçans prétendent qu'il y a lieu à réduction proportionnelle. Des débats judiciaires existent à ce sujet. S'ils ont raison, la réduction doit tomber même sur un transport d'un colis de 10 kilogrammes.

Or, supposons une marchandise transportée de Saint-Etienne à Saint-Chamond pesant 1,000 kil. Le parcours étant d'environ 10 kilomètres, le droit serait de 98 centimes. Si elle pesait 100 kilogr., le droit ne serait plus que de 9 centimes 80 millièmes. Et si elle pesait 10 kilogr., il n'y aurait qu'une perception de 98 dix millièmes, c'est-à-dire moins d'un centime.

L'exécution littérale de l'art. 6, avons-nous dit encore, conduit à l'impossible.

Les transports de la compagnie du chemin de fer consistent principalement en houille; mais elle opère également sur une foule de marchandises diverses et sur le service des voyageurs.

S'il est vrai qu'elle doit toujours et sans limites transporter avec célérité, pourquoi le premier extracteur venu ne demanderait-il pas qu'on transportât de Saint-Etienne à Lyon, en deux jours, une masse de trois mille tonnes, représentant trente mille quintaux métriques? Le cahier des charges à la main et pris à la lettre, il serait dans son droit. Et comme un wagon ne charge que trois tonnes, il faudrait, pour une pareille expédition, mille wagons, et en outre faire le service de tous les autres expéditeurs.

Tout ceci prouve la nécessité de l'intervention du gouvernement pour la détermination des limites qu'il convient d'assigner à l'art. 6. Il s'agit d'intérêts généraux non-seulement d'utilité, mais de nécessité publique.

Troisième question.
Les tribunaux sont-ils compétens?

Qui peut décider ces questions?

Les tribunaux, suivant les extracteurs.

Mais les tribunaux ne peuvent prononcer que sur des questions d'intérêt privé et déterminé, et jamais par voie de règlement général sur la disposition des intérêts de tous. Il ne s'agit point ici de statuer sur une contestation particulière résultant de l'inexécution d'un engagement formulé entre les parties. Il faut déterminer les possibilités du service d'une entreprise destinée à l'utilité publique, régler l'importance du matériel dont la compagnie devrait être pourvue pour satisfaire à ses obligations; en un mot, fixer les conséquences générales de l'art. 6, fait incertain, variable, que les tribunaux n'ont ni les moyens de constater, ni le droit de fixer. Au gouvernement seul appartient ce droit et ce pouvoir.

Aussi, est-ce avec fondement qu'on lit dans l'art. 7 du cahier des charges du chemin de fer d'Andrézieux, que « toutes les contestations qui pourraient naître pour cessation ou retard de transports, seront soumises au conseil de préfecture de la Loire. » Le principe est donc formellement consacré; et il est vrai, non pas parce qu'il est écrit dans un cahier des charges, mais parce qu'il découle de la nature même des choses.

<small>OBJECTIONS CONTRE UN RÈGLEMENT LIMITATIF.</small>

Dans le système de ceux qui combattent la légalité d'un règlement limitatif, les raisons se pressent non moins nombreuses et puissantes.

<small>Irrévocabilité du cahier des charges.</small>

Un cahier des charges, disent-ils, sur lequel est intervenu une adjudication est un contrat irrévocable passé entre le public (le gouvernement stipulant pour lui) et celui qui est resté adjudicataire:

Il ne peut rien y être changé, ni par un règlement, ni même par une ordonnance royale; en un mot, c'est la charte constituante, le principe fondamental de la concession auquel il ne peut être dérogé en aucune manière.

Sans doute, les arrêtés, les ordonnances royales et les lois, de même que les conventions privées, peuvent être modifiés ou changés par ceux dont ils émanent. Mais il n'en saurait être de même pour un cahier des charges. — La raison en est simple: c'est qu'avec un cahier des charges, il n'y a pas possibilité de pouvoir remettre les choses dans leur état primitif, et de se reporter au pouvoir et au droit originaires des deux contractans. Il y a eu une adjudication publique; tout le monde a été appelé à soumissionner sur cette adjudication; dès-lors on conçoit que ce contrat ne puisse pas plus être ensuite modifié qu'il ne pourrait être anéanti. Autrement, chacun serait en droit de dire au gouvernement : « Avec les modifications que vous introduisez, j'aurais soumissionné à un prix au dessous de celui que vous fixez aujourd'hui; en d'autres termes, à des conditions plus avantageuses pour le public. » Un autre également pourrait venir dire : « Avec le changement que vous introduisez, le chemin m'aurait été adjugé, car ma soumission à laquelle il est facile de recourir, l'emporte sur les conditions actuelles attachées à celle de MM. Seguin et Biot. »

Le grand caractère, le principe moral et *infractionnable* de toute adjudication publique, c'est son irrévocabilité. Son dernier mot doit être définitif.

Un cahier des charges doit être interprété dans ses clauses obscures, et suppléé dans ses omissions.

On peut bien sans doute interpréter un cahier des charges dans ses dispositions obscures. Il y a mieux, on doit même suppléer à toutes les omissions qui peuvent y exister.

La disposition du paragraphe 4 de l'art. 6 est claire.

Mais ici la disposition dont il s'agit de l'art. 6 est aussi claire, aussi précise que possible. Elle impose à la compagnie l'obligation formelle *d'exécuter constamment, avec soin, exactitude et célérité, à ses frais et par ses propres moyens, et sans pouvoir en aucun cas le refuser, le transport des denrées, marchandises et matières quelconques qui lui seront confiées.*

Telle est, a dit un réclamant devant la commission, la clarté de l'art. 6 en ce point, que s'il y manquait une seule des expressions qui s'y trouvent, il faudrait se hâter de l'y ajouter.

La seule limite de l'obligation de la compagnie est celle du possible, dont l'appréciation n'appartient qu'aux tribunaux.

L'obligation de la compagnie ne peut avoir qu'une seule limite, celle du possible. Mais aux tribunaux seuls il appartient de la déterminer, ainsi que l'écrivait lui-même M. le directeur-général des ponts-et-chaussées, à la date du 26 août 1833, dans une lettre adressée à M. Bréchignac, extracteur ([1]). — Le conseil d'arrondissement de St-

---

([1]) Paris, le 26 août 1833.

M. le ministre du commerce et des travaux publics m'a renvoyé, Monsieur, la lettre que vous lui avez écrite, pour vous plaindre de l'insuffisance du service des wagons organisé par la compagnie du chemin de fer de Saint-Étienne à Lyon, et de la préférence qu'elle accorde à quelques exploitations de mines au préjudice d'autres établissemens.

Le cahier des charges de la concession offre une garantie complète à tous les intérêts, en stipulant, par art. 6, § 4, qu'au moyen du paiement du droit réglé, *le concessionnaire sera tenu d'exécuter constamment, avec soin, exactitude et célérité, à ses frais et par ses propres moyens, et sans pouvoir en aucun cas le refuser, le transport des denrées, marchandises et matières quelconques qui lui seront confiées.*

L'article 12 du même cahier des charges rattache à la compétence des tribunaux ordi-

Etienne, dans sa session de 1833, et M. le préfet de la Loire, dans une lettre du 30 août 1833, ont émis la même opinion, fondée sur les vrais principes; car il ne s'agit pas ici, comme on a voulu le prétendre, de juger par voie réglementaire, mais bien de faire l'application d'une obligation entre particuliers, puisque la compagnie, quoique ne pouvant abuser, jouit cependant de tous les droits de propriétaire; obligation écrite et dont l'appréciation ne peut avoir lieu que par les tribunaux. — C'est, d'ailleurs, le texte formel de l'art. 12 du cahier des charges du chemin de fer de Lyon, suivant lequel « toutes les con-« testations qui pourraient s'élever entre la compagnie et les particu-« liers qui lui livreraient des objets à transporter resteront dans la « compétence des tribunaux ordinaires. » Cette disposition a remplacé et dû remplacer la disposition finale de l'art. 7 du cahier des charges du chemin de fer d'Andrézieux, qui n'est ni légale ni obligatoire, en ce que le principe attributif qu'elle renferme ne pouvait émaner que d'une loi.

La limite du possible étant essentiellement variable, un règlement, en ne réglant que le passé, pourrait contrarier l'avenir.

Comment, ensuite, dans un règlement d'administration publique, assignerait-on des limites au possible? Ce qui ne peut pas se faire aujourd'hui avec tels moyens, ne pourra-t-il pas se faire demain avec tels autres: ainsi, que la compagnie emploie, dès-à-présent, un autre mode de traction, et bientôt vous verrez s'évanouir toutes vos prévisions réglementaires sur le terme du possible. Que deviendra alors

---

naires toutes les contestations qui pourraient s'élever entre la compagnie et les particuliers qui lui livreraient des objets à transporter. Ainsi, Monsieur, c'est à cette autorité que vous devez vous adresser pour faire cesser les abus que vous signalez. Du reste, comme les obligations imposées à la compagnie du chemin paraissent n'être pas bien connues du public, j'invite MM. les préfets de la Loire et du Rhône à donner toute la publicité convenable aux dispositions ci-dessus rapportées, afin que chacun puisse demander et se faire rendre justice.

J'ai l'honneur d'être, Monsieur, votre très-humble et très-obéissant serviteur,

*Le conseiller d'État chargé de l'administration
des ponts-et-chaussées et des mines.*
Signé LEGRAND.

votre règlement dont le moindre défaut peut-être sera de régler le passé, s'il ne vient pas contrarier l'avenir?

On ne peut pas soutenir que le chemin de fer pourrait être contraint de transporter un colis de dix livres moyennant son tarif. Le cahier des charges ne s'est nullement expliqué sur la quotité du poids que la compagnie est tenue de transporter. La seule conséquence à en tirer, c'est qu'il y a en cela une omission, une lacune qu'il faut réparer; d'autant mieux que la compagnie, en tirant avantage, a inséré dans ses lettres de voiture, qu'*elle ne recevrait pas de déclaration au dessous ni au dessus de trois tonnes* (3,000 *kil.*) *par wagon;* ce qui n'est assurément ni dans l'esprit, ni dans la lettre du cahier des charges.

Une autre objection est celle-ci : On prétend qu'armé de la lettre de l'art. 6, un exploitant pourrait demander qu'on lui transportât, dans le délai de deux jours, une masse de 3,000 tonnes, outre le service des autres expéditeurs qu'on ne pourrait ni abandonner ni ralentir. — A cette objection, il suffirait de répondre qu'on n'est jamais dans le vrai, toutes les fois qu'exagérant des conséquences, on les pousse à l'extrême. Mais les tribunaux sont là pour faire justice de pareilles et aussi absurdes prétentions, si elles pouvaient s'élever. Leur mission est de n'accorder que ce qui est raisonnable, après s'être éclairés par toutes les voies légales sur ce que peut et doit la compagnie, et jamais au-delà.

Maintenant, qu'on ne vienne pas prétendre qu'il a bien été dérogé au cahier des charges par l'ordonnance royale du 16 septembre 1831, qui a élevé le tarif pour la remonte pendant dix ans. Un pareil exemple ne prouve rien, parce que l'ordonnance, quoique rendue et exécutée, n'en est pas moins illégale et jugée telle par le pays.

Au reste, pour obtenir cette ordonnance, la compagnie alléguait que sans l'augmentation qu'elle sollicitait, elle était frappée de ruine. Aujourd'hui, au contraire, tous ses efforts sont une résistance opiniâtre contre les transports, ou ce qui est la même chose, contre les gains qu'on lui présente. Faudrait-il qu'après avoir poussé à l'illégalité au nom des pertes qu'elle n'avait point essuyées, elle pût y pousser encore au nom des bénéfices qu'elle ne veut pas faire?

Entrant ensuite dans des raisons d'un autre ordre, c'est-à-dire dans des raisons de faits, on ajoute :

La compagnie manque de bons moyens de déchargement et de bons moyens de traction.

Si la compagnie n'effectue pas tous les transports qu'on lui présente, avec la célérité qu'elle devrait y mettre, il ne faut l'attribuer qu'à ses mauvais moyens de déchargement et de traction, non moins qu'à l'insuffisance de son matériel.

Sur tous les lieux de chargement et de déchargement, il n'y a point assez d'embranchemens pour servir de dégagement aux wagons que l'on charge ou décharge, qui stationnent, partent ou arrivent; point assez de bascules ou de voies basses pour décharger le charbon pérat, ce qui produit tant de retards dans le renvoi des wagons vides.

La compagnie emploie la force animale pour moteur au lieu de machines locomotives.

Puis, au lieu d'employer des machines locomotives, le chemin de fer ne fait son service qu'avec des chevaux depuis Givors jusqu'à St-Etienne, quelquefois même avec des bêtes à corne, et dès-lors, on le sent, avec une lenteur trompant à la fois et le but de la compagnie et le but du commerce.

La compagnie est dans l'erreur lorsqu'elle prétend que son chemin a été construit pour être desservi par des chevaux, parce que, en 1827, on ne savait pas encore, dit-elle, employer en France les machines locomotives.

Si on lit tous les comptes-rendus de la compagnie, celui même de 1826, on y voit spécialement et constamment tous ses calculs basés sur un service de machines locomotives. Il y a entre les deux systèmes, pour l'économie comme pour la célérité, la même différence qu'entre le passé et le présent, c'est-à-dire la même qui existe entre les anciens et les nouveaux procédés, telle que l'on peut regarder aujourd'hui une traction par chevaux sur un chemin de fer comme une anomalie et un véritable contre-sens industriel.

Avantages de la traction par machines locomotives sur la traction par chevaux.

Dans un mémoire fort bien raisonné et tout pratique, présenté le 2 octobre 1834, aux membres du comité du chemin de fer de Lyon, M. Seguin fait ressortir avec supériorité tous les avantages qui résulteraient pour la compagnie de l'emploi de la force mécanique sur la force animale, par la substitution des machines locomotives aux chevaux.

Ces avantages sont ainsi résumés en général par M. Poussin, dans son ouvrage sur les *chemins de fer américains.*

«1° Les dépenses, pour faire marcher des machines locomotives, sont moindres que celles correspondantes du nombre des chevaux nécessaires pour obtenir le même résultat;

2° Il y a réduction de tous les frais d'entretien de la voie pour les chevaux;

3° Il y a augmentation dans l'effet utile des rails, ces derniers étant moins exposés à être endommagés par la boue, les graviers, etc., qu'enlèvent généralement les pieds des chevaux, résultats que l'on estime à 25 °/₀ au moins;

4° Un plus petit nombre de wagons peut accomplir le même transport avec une vitesse double;

5° Enfin, les avantages sont encore plus grands dans le cas du transport des voyageurs, puisqu'il est reconnu que la force utile des chevaux, diminue en proportion que leur vitesse approche de 16 kilomètres à l'heure, limite où elle est entièrement nulle, leur force utile étant la plus avantageuse lorsqu'ils n'ont qu'une vitesse de 4 1/2 à 5 kilomètres. »

Ajoutons que les résultats d'un bon système de traction par machines locomotives deviendraient surtout précieux pour la compagnie du chemin de fer de Lyon, parce qu'alors, avec plus de célérité et moins de wagons, elle pourrait faire tous les transports qui lui sont demandés, s'affranchissant ainsi d'obsédantes réclamations. Bientôt aussi, par une large compensation aux sacrifices à faire, cette compagnie verrait s'accroître encore rapidement ses recettes annuelles qui s'élèvent déjà brutes à plus de deux millions (').

(') Dans son mémoire d'octobre 1834, M. Seguin estime que le produit annuel brut du chemin de fer de Lyon pourrait s'élever à 2.500,000 francs et la dépense à un million, avec l'emploi des machines locomotives substituées au mode actuel de traction par chevaux; mais il ne comprend que 160 wagons circulant par jour de Saint-Etienne à Lyon, ce qui est bien inférieur même aux besoins que l'on pourrait prévoir à l'époque où le mémoire a été fait. — Etonnant pro-

Lorsque le cahier des charges fait une obligation à la compagnie de la célérité du chemin de fer de Lyon, assurément il a entendu une célérité en rapport avec les progrès de l'époque, et non celle dont l'effet ne serait que le résultat d'une application qui rebrousse vers le passé.

Combien de wagons se-raient nécessaires dans l'état actuel des besoins?

Là, peut-être, sur ce premier point, auraient pu s'arrêter les investigations de la commission d'enquête. Cependant elle a voulu rechercher encore combien de wagons seraient nécessaires pour tous les besoins actuels du commerce, avec cette pensée bien arrêtée qu'on ne peut rien préjuger à cet égard sur les besoins à venir.

Tous les réclamans, sans exception, ont été d'avis qu'il faudrait à Saint-Etienne un départ journalier de 200 wagons dans les temps ordinaires, et de 250 dans les mois de mai, septembre, octobre et novembre, époques où abondent habituellement les demandes.

M. Coste, directeur du chemin de fer de Lyon, a déclaré que 180 wagons suffiraient pour le service journalier de Saint-Etienne.

Il est à regretter qu'il n'y ait qu'un seul exploitant, le sieur The-

---

grès de notre pays qui laisse toujours les prévisions en-deça de tous les calculs. C'est ainsi que dans leur compte rendu en 1826, MM. Seguin et Biot ne comptaient que sur un transport annuel de 250,000 tonnes, savoir : 170,000 à la descente et 80,000 à la remonte ; tandis qu'en 1835 le transport s'est élevé à plus de 400,000 tonnes, dont les 7/8 à la descente. — Cette progression, qui ne porte que sur la houille, est toute entière le bienfait du chemin de fer de Lyon.

Quant aux dépenses nécessaires pour le changement de traction, elles ont été généralement évaluées, dans l'enquête, à trois millions, en y comprenant tous les frais nécessaires pour le perfectionnement du chemin. — M. Seguin ne les porte dans son mémoire qu'à 1,610,000 francs, savoir :

Pour 30 machines à vapeur.	450,000 f.
Pour ateliers, forges, outillages, logemens des conducteurs, etc.	160,000
Pour le remplacement des rails qui pèsent 13 kilog. le mètre courant, par d'autres ayant les mêmes dimensions que ceux actuellement employés en Angleterre, dont le poids s'élève à 20 kilog. pour la même longueur, et augmenter le poids des *chairs*, de manière à les porter comme les anglais de 6 à 7 kilog., en ajoutant un sixième de fer sur toute la ligne.	1,000,000
Total. . . .	1,610,000

venet, qui se soit expliqué en ce qui concerne les besoins du service journalier du bassin de Rive-de-Gier.

Sur l'interpellation d'un membre de la commission, M. Coste a répondu, dans la séance du 18 juillet, qu'en augmentant le nombre des chevaux aux relais pour le service de la remonte, on pouvait facilement expédier 250 wagons par jour de Saint-Etienne.

QUESTION.

Y a-t-il lieu de faire un projet de règlement sur l'exécution du § 4 de l'article 6 du cahier des charges du chemin de fer de Saint-Etienne à Lyon?

« LA COMMISSION est d'avis *à l'unanimité*:

« Qu'on ne peut faire aucun règlement limitatif de la disposition « du § 4 de l'art. 6 du cahier des charges ;

« Qu'un cahier des charges formant un contrat irrévocable de sa « nature, ne peut être ni changé, ni modifié ;

« Que si un pareil contrat peut être interprété dans ses dispositions « douteuses et incertaines, ou suppléé dans les omissions qui peuvent « s'y rencontrer, tel n'est pas le cas du § 4 de l'art. 6 dont les termes « sont clairs et précis ;

« Que s'il s'élevait des difficultés sur l'application de ce § 4 de « l'art. 6, l'appréciation en appartiendrait aux tribunaux seuls ;

« Que si la compagnie ne satisfait pas à tous les besoins du com- « merce pour les transports qui lui sont demandés, cela ne provient « que de ses mauvais moyens de traction, de l'insuffisance de son ma- « tériel et de l'insuffisance de ses moyens de chargement et de déchar- « gement.

« Pour répondre à la demande de M. le directeur-général des « ponts-et-chaussées, et sans entendre limiter en rien les obligations « de la compagnie, la commission exprime l'opinion que dans l'état « actuel des choses, les besoins du commerce, sur toute la ligne du « chemin de fer, exigent un mouvement journalier à la descente de « 500 wagons chargés. »

CHAPITRE II.

—

ous avons pensé qu'afin d'être plus clair et mieux saisi dans tout ce que nous avons à dire sur les difficultés soulevées, il convenait de vous parler, avec quelque détail, des deux grands principes qui partagent les législations anglaise et française sur la matière des chemins de fer, du libre parcours et du privilége. — Mais auparavant permettez-nous de vous dire deux mots sur les chemins de fer en général.

Origine des chemins de fer.

Le principe des chemins de fer n'est pas nouveau. Gibbon rapporte qu'au siége de Constantinople, Mahomet employa un moyen à peu près semblable pour faire arriver dans le Bosphore les vaisseaux que le manque d'eau retenait dans un Hâvre voisin.

Dans les temps modernes, on retrouve des essais du même genre tentés en 1776, dans le Canada, par les troupes anglaises (¹).

Suivant M. Vood, M. Beaumont est le premier qui ait, sinon inventé, du moins révélé l'utilité des chemins de fer dans un voyage qu'il fit à Newcastle, en 1649. Mais complètement ruiné après diverses expériences pour les travaux des mines et pour le transport de leurs produits, il fut bientôt contraint d'abandonner Newcastle et ses projets.

Ce n'est vraiment qu'au dix-neuvième siècle que l'on a commencé à comprendre tout ce qu'il pouvait y avoir d'important dans ces nouvelles voies de communication, surtout utilisées par l'immense découverte de Watt.

Angleterre. — L'Angleterre, berceau des chemins de fer, presque toujours l'avant-garde des nations pour les découvertes industrielles, en compte aujourd'hui 16 entièrement achevés sur une longueur de 250 milles anglais, soit 100 lieues et 1/2 (²). Elle en possède en outre une étendue de 400 milles en cours d'exécution et de 700 milles environ en projet.

États-Unis. — L'Amérique du Nord, cette grande école pratique de toutes les améliorations, n'a pas tardé à voir se naturaliser chez elle le principe et l'application des routes de fer, qui s'y sont propagées avec une promptitude inconnue partout ailleurs. — 352 lieues de chemins de fer sont exécutées dans les Etats-Unis, et 228 lieues sont en cours d'exécution (³).

France. — En France, où d'ordinaire viennent se perfectionner toutes les

---

(¹) Voir la *Revue sur les chemins de fer* (*The railway magasine*) publiée à Londres. — 1ᵉʳ nº — Mai 1835.

(²) Le mille anglais est de 1609 mètres 33 centimètres. — La lieue française de 4000 mètres.

(³) Les principales dispositions de la législation américaine, sur la matière des chemins de fer, consistent dans les suivantes :

La compagnie a le droit de fixer elle-même les prix de transport, et de les modifier de temps à autre; seulement elle est tenue de publier ses tarifs dans un certain délai à l'avance. Rarement prescrit-on des limites à ces prix, cependant cela arrive quelquefois ; mais, dans ce cas, ils sont proportionnés au prix des transports par routes ordinaires, avec faculté de les élever s'ils n'atteignent pas le *maximum* de 15 pour 100 du capital. Ces prix ne sont jamais mis au rabais, ils sont

créations du génie, si nous n'avons encore en pleine activité que les trois chemins de fer du département de la Loire, plusieurs autres importans s'achèvent à Alais, à Epinac, à Anzin, au Creuzot, de Paris à Saint-Germain; et les grandes lignes du Hâvre à Marseille, et de Paris à Bruxelles sont étudiées et projetées.

Belgique.

La Belgique a son chemin de fer de Bruxelles à Malines, et qui sera bientôt prolongé jusqu'à Anvers.

Allemagne.
Autriche.
Bohème.
Bavière.
Saxe.

L'Allemagne, où bouillonnent toutes les idées utiles, sans qu'elles puissent rayonner d'un centre ou d'un principe unitaire, a ses routes ferrées, pour lesquelles l'Autriche et la Bohême, la Bavière et la Saxe

toujours facultatifs pour la compagnie, et non avec cause de déchéance pour ses droits qui sont assurés par la loi de concession.

Une clause essentielle est admise dans les actes législatifs de concession, c'est celle qui protège l'agriculture du pays traversé. Il est généralement prévu que les voitures ou wagons de tout agriculteur, chargés des produits de son industrie agricole, auront droit à être transportés, sur le chemin de la compagnie, aux prix fixés pour le transport des voitures vides.

La compagnie a le droit d'établir des règlemens d'administration intérieure, de police et de sûreté.

Il est pourvu à l'usage et à la conservation des chemins de fer et des ouvrages qui en dépendent, et, à cet effet, quiconque malicieusement cause directement ou indirectement un dommage à un chemin de fer ou à ses dépendances, est condamné à une indemnité égale à trois fois la valeur du dommage.

La compagnie est tenue de clore sa propriété, afin de prévenir tout accident et tout empiétement.

La compagnie est autorisée à élever et à baisser le niveau des routes publiques que son tracé rencontre, de manière à rétablir une circulation libre et sûre sur ces routes; elle est, en conséquence, tenue de payer des indemnités pour les dommages occasionés sur des propriétés publiques, comme sur des propriétés particulières, et cela aux mêmes titres.

La compagnie est également autorisée à construire des ponts viaducs pour le passage de son chemin à travers des rivières navigables, sous l'expresse condition de n'altérer en rien la libre navigation ni les chemins de fer de halage.

Lorsqu'un acte de concession autorise la compagnie concessionnaire à prolonger son chemin dans une ville, il faut que ce chemin ne soit qu'à une voie dans toute la partie traversée, que les rails soient établis de niveau avec le pavé des rues, que la compagnie n'emploie pas de machines locomotives, ou autre force mécanique à la vapeur, comme moyen de traction sur la portion du chemin passant par lesdites rues, et que dans aucun cas elle ne puisse marcher sur

rivalisent d'efforts et de protections. Si la Prusse, modèle de tant de bonnes choses, est encore en arrière ([)](1), il faut l'attribuer à ses ressources financières dont l'ordre et la limite restreinte redoutent la plus légère secousse ([)](2), non moins qu'à sa crainte jalouse d'ouvrir quelques nouveaux débouchés au commerce de Leipsick.

La Russie aura bientôt un chemin de fer. Naturellement dans ce pays de l'autocrate, la première pensée a dû être pour lui. Le premier essai se fera sur les routes de Saint-Pétersbourg aux résidences impériales de Zurskojisclo et de Pétershoff, l'une éloignée de la capitale de six lieues et l'autre de huit.

On ne saurait se le dissimuler : les chemins de fer n'opéreront pas seulement quelques déplacemens d'intérêts privés, mais à coup sûr

---

le chemin avec une vitesse plus grande que de 8 kilomètres, 2 lieues à l'heure, et que la longueur des convois n'excède pas celle d'un attelage ordinaire.

Le principe d'adjudication pour l'exploitation d'une entreprise de chemins de fer n'est point admis.

La durée de la concession est quelquefois à perpétuité, mais elle est généralement limitée à cent ans, quelquefois à moins ; dans ce dernier cas, l'acte législatif a presque toujours concédé le monopole entier de l'exploitation sur une zone déterminée.

Dans quelques actes de concession, tels que dans celui du chemin de fer entre New-York et le lac Érie, outre l'obligation toujours imposée aux directeurs de présenter un rapport annuel et détaillé de toutes leurs opérations, ainsi que de leurs dépenses, et de le déposer à la secrétairerie d'État, on stipule que quinze ans après l'achèvement du chemin de fer, on enregistrera un état soit de tous les péages perçus soit de toutes les dépenses faites.

L'État se réserve toujours le droit de devenir propriétaire d'un chemin de fer, moyennant le remboursement à la compagnie du coût et d'un intérêt très-libéral fixé par cette clause. — (Voir l'excellent ouvrage de M. Poussin sur les *chemins de fer américains*.)

(1) La Prusse ne défend pas les chemins de fer puisqu'il doit en être fait un de Berlin à Postdam ; mais elle se refuse à faire une loi d'expropriation pour cause d'utilité publique, sans laquelle ces chemins sont en quelque sorte impossibles.

(2) On connaît la sévère économie du budget de la Prusse, dont l'une des principales recettes porte sur les barrières ou péage des routes, recette qui pourrait considérablement diminuer par l'établissement des chemins de fer, sans qu'il ait encore été avisé aux moyens d'y suppléer. D'un autre côté, l'État n'est pas assez riche pour confectionner des chemins de fer par lui-même. •

appelleront un jour de nouvelles combinaisons dans les intérêts sociaux et gouvernementaux. Car personne ne peut encore bien calculer leurs effets et leurs conséquences.

Aussi ce nouveau genre de propriété n'est-il pas encore bien classé dans les nations.

Ici, comme en Belgique et dans la Pensylvanie (¹), c'est l'État qui, dans sa capacité souveraine, confectionne les chemins de fer à ses frais et les exploite à son profit.

Là, comme en Angleterre et aux États-Unis, c'est un acte législatif qui, par voie de concession directe, accorde temporairement ou à perpétuité les chemins de fer à des associations particulières. Le principe d'adjudication n'y est point admis. Il en est de même pour tous les chemins de fer d'Allemagne.

En France, quelquefois perpétuelle, quelquefois temporaire, tantôt directe, tantôt résultant d'une adjudication publique, la concession est accordée par une loi, après une enquête administrative, ou par une ordonnance royale s'il s'agit d'un chemin de fer d'embranchement de moins de 20 mille mètres.

En Angleterre et en France, les compagnies concessionnaires sont soumises à un tarif de péage et de transport pour les marchandises et pour les voyageurs.

L'Autriche, la Bohême, la Saxe et la Bavière n'ont point fixé de tarif.

Dans les États-Unis, les compagnies ont en général le droit de déterminer elles-mêmes le prix des transports des marchandises et le prix des places des voyageurs, et rarement on assigne des limites à ce prix.

Les gouvernemens des États particuliers de l'Amérique Septentrionale se rendent souvent actionnaires dans les chemins de fer, afin d'en faciliter l'entreprise et l'exécution.

En France, un projet de loi concernant l'établissement d'un chemin de fer de Paris au Hâvre, présenté à la chambre dans la session

---

(¹) Il y a également dans la Pensylvanie des chemins de fer accordés à des compagnies particulières.

de 1835, porte que le ministre de l'intérieur est autorisé à souscrire pour une somme égale au cinquième du montant des dépenses.

La Saxe, sans intervenir comme actionnaire dans son chemin de fer de Dresde à Leipsick, a autorisé la compagnie à émettre deux millions de papier monnaie, acceptés par le trésor et remboursables par vingtième d'année en annnée. En même temps le gouvernement a garanti à cette compagnie le transport des sels et des lettres sur toute la ligne.

Une loi française, du 25 avil 1833, a autorisé l'établissement d'un chemin de fer de Montbrison à Montrond, sur l'un des accottemens de la route départementale de Lyon à Montbrison. Pour faciliter l'exécution de cette entreprise, le conseil-général de la Loire lui a accordé 25 mille francs. Nous ne parlerons pas des 50 mille francs qui lui ont été donnés en outre par le gouvernement, parce que c'est plus comme faveur que comme principe.

Enfin, en Amérique l'acte législatif de concession accorde souvent le monopole entier de l'exploitation du chemin de fer sur une zone déterminée, lorsque la concession est limitée à moins de cent ans.

Tels sont les principaux caractères qui, jusqu'à présent, basent et différencient la propriété des chemins de fer dans les divers Etats. — Mais il en est deux autres encore dont il convient de vous entretenir plus spécialement : le libre parcours et le privilége.

On appelle libre parcours le droit accordé à toute personne de passer sur un chemin de fer, de s'en servir avec des voitures convenablement construites, en payant seulement les droits fixés par l'acte de concession, et en se conformant aux règlemens que la compagnie concessionnaire du chemin de fer est autorisée à faire.

C'est le système anglais; c'est à peu-près aussi la définition textuelle des différens bills de concession.

Le privilége consiste dans le droit et l'obligation d'une compagnie d'exploiter, *avec ses véhicules et par ses propres moyens*, le chemin de fer qui lui a été accordé, en se conformant aux clauses de l'acte de concession du cahier des charges et aux règlemens de l'administration.

C'est le principe français.

Principales dispositions du bill du chemin de fer de Londres à Birmingham.

Voici quelques-unes des principales dispositions qui régissent les chemins de fer en Angleterre avec le principe du libre parcours ; je les prends dans le bill du parlement qui autorise l'établissement du chemin de fer de Londres à Birmingham. Ce bill, l'un des plus récens et des plus complets, est du 6 mai 1833 :

« Toute personne a le droit de passer le long et sur le chemin de fer, de s'en servir et de l'employer avec des voitures convenablement construites, en payant seulement les droits et péages fixés par le bill, et en se conformant aux règlemens que la compagnie est autorisée à faire.

« Le péage varie suivant la nature des objets transportés, mais le moteur et les wagons, s'ils appartiennent à la compagnie, sont payés à prix débattus entre les concessionnaires et les expéditeurs.

« La compagnie peut baisser le tarif, mais ne peut jamais accorder de faveur partielle.

« Les unités de poids et de distances, le poids d'un wagon et les points de chargement et de déchargement sont fixés par le bill.

« La compagnie, comme l'expéditeur, possesseur de ses wagons, peuvent exécuter le chargement et le déchargement des marchandises.

« La police du chemin appartient aux concessionnaires qui ont le droit de faire toute espèce de règlement pour le service et pour la construction du matériel, pour la forme des wagons et la disposition des machines locomotives.

« Les propriétaires bordiers sont autorisés à faire des embranchemens pour communiquer avec le chemin. La compagnie fait à leurs dépens les ouvertures nécessaires pour opérer cette communication, sans pouvoir exiger aucun péage pour la partie ainsi embranchée.

« Tous les propriétaires bordiers peuvent établir des chemins de fer, ponts ou aqueducs au-dessus, au-dessous, à travers du *railway*, mais sous la surveillance des ingénieurs de la compagnie.

« Toute circulation de bestiaux, sur le chemin de fer, est interdite sous peine d'amende, de même que la circulation des personnes à pied. Cependant les propriétaires bordiers peuvent le traverser avec leurs serviteurs, troupeaux, etc., mais seulement au droit de leur héritage. »

🌺 24 🌺

Inefficacité de la liberté de circulation.

Suivant les uns, la liberté de circulation, écrite dans les bills anglais, n'est rien autre chose qu'un pur hommage rendu au principe; car la compagnie concessionnaire ayant le droit de faire tous les règlemens concernant l'exploitation du chemin, il s'ensuit dès-lors que cette liberté est complètement illusoire. C'est pourquoi, dans la pratique anglaise, ce sont toujours les compagnies concessionnaires qui exploitent le chemin avec leurs propres moyens (¹). — Dans les Etats-Unis, c'est aussi généralement le cas.

Nulle part les chemins de fer ne sont exploités comme route publique.

Effets et conséquences du principe de libre circulation.

Suivant d'autres, l'intelligence de l'intérêt personnel et la nécessité de vivre ensemble ont établi l'ordre et la concorde entre des élémens que l'on aurait tort de considérer comme destinés à s'entrechoquer perpétuellement. « En Angleterre, disent-ils, la liberté est dans la loi; la restriction n'est que dans l'usage. Pourquoi cette restriction n'a-t-elle aucune espèce d'inconvénient? Parce que la liberté lui sert de correctif, et que si les compagnies en abusaient, au moyen des textes fort clairs des bills, des associations se formeraient immédiatement pour l'exploitation des chemins de fer, et l'emporteraient sur les compagnies concessionnaires.» (M. Baude. — Discussion sur le projet de loi du chemin de fer de Montbrison, devant la chambre des députés, dans la session de 1833).

Garanties du libre parcours.

Avec le principe du libre parcours, les garanties du public résident donc dans la faculté qu'a toujours une autre compagnie de se substituer à celle qui ne ferait pas tout ce qu'exigerait l'intérêt général.

Garanties du privilége.

Le privilége place surtout ces garanties dans l'intérêt du chemin de fer, toujours parallèle avec celui du public.

(¹) Il ne faut en excepter que les premiers chemins à barres plates dont l'imperfectio.. ne permet pas un service par machines à vapeur, comme celui de Surry à Croydell qui est un *tram-road* (route à bande). — Il y a ensuite le chemin de Stockon à Darlington dont les propriétaires de mines se servent en commun. « Ces propriétaires, disait M. Legrand à la chambre des députés, dans la discussion du projet de loi sur le chemin de fer de Montbrison, se sont syndiqués et ont réglé entr'eux l'usage d'une propriété commune; mais les transports qu'ils opèrent sont pour leur propre compte et non pour le public. »

Le principe du privilége commande surtout la surveillance de l'administration.

Mais il est une chose que le privilége appelle et commande impérativement : c'est la surveillance de l'administration qui doit réglementer la police d'un chemin de fer, non-seulement parce que c'est une voie publique destinée à l'usage de tous, mais encore parce que n'ayant à redouter, dans les moyens de circulation, aucune concurrence, ce mobile si puissant pour pousser aux améliorations, il faut alors que la vigilance de l'administration y supplée par une intervention efficace et répétée.

Modifications au principe du privilége.

1. Réserve du gouvernement d'accorder d'autres chemins de fer en concurrence.

2. Libre et respective circulation de compagnies à compagnies contigues.

Dans le système français deux modifications essentielles sont apportées au principe du privilége.

La première, c'est le droit *expressément* réservé au gouvernement d'autoriser l'établissement d'autres chemins de fer en concurrence avec le premier concédé.

La seconde modification consiste dans la libre et respective faculté des chemins de fer, de faire circuler leurs voitures, wagons ou machines, des rails de l'un sur les rails de l'autre, lorsque ces chemins peuvent se lier entr'eux. — C'est ce qui résulte du cahier des charges du chemin de fer de Roanne, et telle est aussi la disposition formelle du dernier § de l'article 42 du cahier des charges du chemin de fer de Paris à Saint-Germain, portant : « Les compagnies conces-
« sionnaires des chemins de fer d'embranchement ou en prolonge-
« ment auront la faculté, moyennant les tarifs déterminés, et l'obser-
« vation des règlemens de police établis ou à établir, de faire rouler
« leurs voitures, wagons et machines sur le chemin de fer de Paris à
« Saint-Germain. Cette faculté sera réciproque pour ce dernier che-
« min à l'égard desdits embranchemens et prolongemens. »

Les chemins de fer d'Andrézieux et de Lyon ne contiennent rien de semblable dans leurs cahiers des charges ; mais le même principe nous paraît évidemment résulter de l'obligation où ils sont, soit de se raccorder ensemble, soit d'avoir une voie semblable dans l'écartement de leurs rails. C'est ce que nous allons chercher à démontrer dans le chapitre qui suit.

CHAPITRE III.

—

Liaison du chemin de fer de Lyon avec celui d'Andrézieux.

Une ordonnance royale, du 4 juillet 1827, ayant prescrit aux concessionnaires du chemin de fer de Lyon, une liaison entre ce chemin et celui de Saint-Etienne à la Loire, vers le point de départ et d'arrivée, un arrêté du Préfet de la Loire, du 11 septembre 1829, a statué que la compagnie Seguin frères et Biot serait tenue d'opérer ce raccordement au lieu du Treuil.

Liaison du chemin de fer de Roanne avec celui d'Andrézieux.

Le cahier des charges du chemin de fer de Roanne a également prescrit aux concessionnaires l'obligation de lier leur chemin avec celui d'Andrézieux. — Ensuite d'une convention intervenue entre ces deux compagnies, et d'une ordonnance royale du 23 juillet 1833, leurs deux chemins ont été soudés ensemble au lieu de la Quérillière.

27

Uniformité des plans ap-
prouvés des chemins de fer
de Lyon, d'Andrézieux et de
Roanne pour la largeur des
voies.

Libre circulation envisagée
comme conséquence du rac-
cordement et de l'uniformité
dans les voies.

Nécessité d'un service direct de Roanne à Lyon.

Libre circulation écrite
dans le cahier des charges du
chemin de fer de Roanne.

Des ordonnances royales qui approuvent les plans et les tracés des trois chemins de fer de Lyon, d'Andrézieux et de Roanne, il résulte que ces trois chemins doivent être établis avec un écartement d'un mètre 50 centimètres d'un axe à l'autre de chaque rail, et avec une *ouverture* INTÉRIEURE *de la voie* d'un mètre 44 centimètres (¹).

Le raccordement et l'uniformité dans les voies n'ont et ne peuvent avoir qu'un seul objet, celui de faire regarder les trois chemins comme ne formant qu'une seule et même ligne, d'où l'induction nécessaire qu'il pourra y avoir entr'eux libre circulation de l'un à l'autre. Autrement ne serait-ce pas refuser les conséquences après avoir posé le principe? Et que signifierait une pareille prescription si l'on devait opérer un transbordement à chaque changement de compagnie?

Nos trois chemins de fer, comme nous l'avons déjà dit ailleurs, ne rempliront réellement leur destination que lorsque, n'étant censés faire qu'un même chemin de Roanne à Lyon, il existera de l'une à l'autre de ces deux villes un service actif, sans interruption et sans transbordement. Ce n'est qu'alors qu'ils procureront à la contrée des débouchés faciles et qu'ils deviendront vraiment une communication utile entre le Nord et le Midi pour le transport de leurs provenances respectives.

Au reste, le cahier des charges du chemin de fer de Roanne consacre, de la manière la plus formelle, un parcours respectif entre compagnies, en statuant, dans son article 1er, que *le chemin de fer de Roanne sera mis en communication avec celui d'Andrézieux,* ET SERA

(¹) Dans les États-Unis, la distance entre les bords intérieurs des rails est partout d'un mètre 44 centimètres.

En Angleterre, l'uniformité dans les voies n'est pas précisément toujours aussi générale, quoique la même nécessairement entre tous les chemins de fer communiquant entr'eux. Les chemins de fer de Liverpool à Manchester et de Darlington à Stockton ont 1 mètre 50 centimètres d'axe en axe, et l'épaisseur des rails est de 56 millimètres. — Le chemin de fer de Londres à Birmingham doit avoir, d'après son bill, 1 mètre 49 centimètres d'axe en axe, et l'épaisseur des rails doit être de 55 millimètres.

DISPOSÉ DE MANIÈRE A PERMETTRE LA LIBRE CIRCULATION DES CHARS QUI FRÉ-
QUENTENT CE DERNIER CHEMIN.

En France comme en Amé-
rique, l'écartement des voies
des chemins de fer devrait être
partout le même.

De même qu'en Amérique, il convient, au surplus, d'adopter en France pour tous les *railsways* un système de voie généralement uniforme. C'est même là qu'est la grande pensée, la pensée future et civilisante des chemins de fer, dans l'influence qu'ils sont appelés à exercer, et les développemens qu'il faut leur préparer dès à présent. — Aux Etats-Unis, où le principe fondamental de la constitution laisse un si libre essor à l'esprit actif et industrieux des citoyens, et où il est permis aux compagnies de modifier un tracé, sur une certaine étendue, sans autorisation, le gouvernement fédéral, ainsi que les Etats, veillent cependant avec soin à ce que les compagnies ne s'écartent jamais de l'ensemble unitaire imprimé aux chemins de fer.

Objections contre la libre
circulation de compagnie à
compagnie.

Contre la transmission des wagons d'un chemin de fer sur l'autre, on dit que deux *railsways*, appartenant à deux compagnies différentes, ne peuvent être censés former une seule et même ligne prolongée, que lorsque le principe du libre parcours existe pour ces deux chemins, c'est-à-dire le droit appartenant à chaque expéditeur de faire ses transports avec ses propres moyens. Alors ou l'on traite particulièrement avec la compagnie qui fournit ses wagons, et l'on ne doit à l'autre que le simple péage, ou l'on se fournit à soi-même ses moyens de transport, et l'on ne doit toujours que le droit de péage. — Hors ce cas de libre parcours, une compagnie ne peut être forcée de faire circuler ses wagons sur un autre chemin de fer, non plus que de recevoir les wagons d'une autre compagnie.

Le libre parcours n'est point admis sur les chemins de fer d'Andrézieux et de Lyon, tenus de faire les transports qui leur sont confiés par leurs propres moyens, mais sans que rien puisse les contraindre à recevoir leurs wagons respectifs. Si ces compagnies le font dans quelques circonstances, ce n'est que par l'effet d'une convention particulière que chacune d'elles a le droit de refuser ou de consentir.

D'ailleurs deux sortes d'impossibilité s'élèvent contre le système de ceux qui réclament une transmission respective.

D'abord le matériel d'une compagnie n'est pas disposé pour une autre compagnie.

Ensuite si une compagnie était tenue de faire le service de ses wagons sur une autre compagnie, le chemin de fer de Lyon, par exemple, pourrait donc être contraint d'aller chercher avec ses wagons des marchandises jusqu'à Roanne. Supposez le chemin de Roanne prolongé, à quelles limites s'arrêtera-t-on?

Enfin, ajoute-t-on, il n'y a rien de prévu à cet égard par les cahiers des charges, dès-lors chaque compagnie reste, dans les termes des obligations écrites, dans son acte de concession, c'est-à-dire d'expédier par ses propres moyens, sur son chemin, les transports qui lui sont confiés, et rien de plus.

Toutes les objections déduites du principe du libre parcours s'effacent et tombent bien vite devant le cahier des charges du *railway* de Roanne et devant celui du *railway* de Saint-Germain. La libre circulation d'un chemin de fer sur l'autre, conséquence forcée, pour les chemins de fer de Lyon et d'Andrézieux, du raccordement et de l'uniformité des voies, forme l'une des bases fondamentales du système français en cette matière, base sur laquelle même reposent toutes les combinaisons et toutes les espérances des chemins de fer.

L'objection tirée de la différence du matériel des compagnies n'a rien de sérieux ni de fondé. D'abord la différence ne peut être essentiellement que momentanée; mais ensuite, depuis 1833, les wagons du chemin de fer de Lyon circulent sur celui d'Andrézieux; s'il existe à cet égard quelque légère difficulté, ce n'est qu'entre les compagnies de Roanne et de Lyon, difficultés qui, d'après ce qu'a expliqué la compagnie de Roanne, auront complètement disparu d'ici à peu de mois.

Quant à l'obligation d'une compagnie d'envoyer ses wagons de ses rails sur les rails d'une autre, elle doit naturellement recevoir une limite morale et raisonnable que les uns fixent à trois kilomètres, les autres à l'étendue du bassin houiller.

Dans tous les cas, la compagnie ayant le plus long parcours à faire doit toujours être obligée d'envoyer ses wagons, moyennant un droit de transport sur l'autre compagnie, qui sera aussi tenue, de son côté, de les recevoir moyennant un droit de péage.

Ainsi, lorsqu'un exploitant placé sur la ligne du chemin de fer d'Andrézieux ou s'embranchant avec lui, à moins de trois kilomètres du chemin du Rhône, voudra faire une expédition sur Lyon, ou lieux intermédiaires, il pourra exiger que la compagnie de Lyon lui envoie ses wagons sur celle d'Andrézieux. La compagnie de Lyon sera chargée de payer à celle d'Andrézieux le droit de péage qui lui sera dû, de manière à ce que l'expéditeur n'ait à faire qu'à une seule compagnie.

Ceci admis, et devant nécessairement l'être pour mettre un terme à mille difficultés sans cesse renaissantes, chacune des deux compagnies du Rhône et de la Loire pourrait établir un service direct et journalier entre Roanne et Lyon, en se conformant à un règlement de service arrêté par l'administration sur la proposition des deux compagnies, ou de l'une d'elles seulement, en cas de refus de l'autre.

De cette manière chaque compagnie agirait séparément ou simultanément comme péagère ou comme entrepreneur de transport, c'est-à-dire qu'elle serait également tenue de louer l'usage de son chemin, séparément ou conjointement avec celui de ses voitures et de ses véhicules.

Dans ces diverses combinaisons, le chemin de fer d'Andrézieux, intermédiairement parcouru sur une distance de 13 kilomètres, est regardé comme un embranchement ou prolongement des chemins de fer du Rhône et de la Loire. Déjà il a été envisagé avec raison de cette manière, dans un avis de la chambre de commerce de Saint-Etienne, du 29 octobre 1834, et par un jugement du tribunal de commerce de la même ville, en date du 18 novembre de la même année, dans l'affaire de M. Neyron avec la compagnie du chemin de fer de Lyon.

Il est, nous le croyons, légalement établi qu'une libre circulation doit exister entre nos chemins de fer de Lyon, Roanne et Andrézieux ; que ce principe écrit dans le cahier des charges du chemin de fer de Roanne, résulte nécessairement aussi pour les deux autres, de l'obligation qui leur est imposée d'avoir une voie uniforme et de se raccorder entr'eux.

Mais il faut en convenir, cette libre circulation n'est pas possible dans l'état actuel, parce que, en consacrant le principe, le gouvernement a passé sous silence les moyens d'en assurer l'exécution. Ainsi, il n'a rien réglé pour le droit à payer à la compagnie qui fournirait ses wagons, ni pour le droit à percevoir par celle qui ne fournirait que son chemin. C'est une omission à réparer, en divisant le tarif de chaque compagnie en droit *de transport*, ce qui ne comprend que l'usage des voitures, et en droit *de péage*, ce qui ne comprend que l'usage du chemin de fer. — Peut-être pourrait-on établir cette division en prenant pour base la proportion que l'on trouve dans le cahier des charges du chemin de fer de Paris à Saint-Germain, qui est, sur le total du tarif, d'un tiers pour le transport, et de deux tiers pour le péage.

Toutefois, on ne saurait se dissimuler qu'à raison de la différence qui existe dans les trois tarifs, il est de graves difficultés qui ne pourraient se vider qu'après avoir entendu les trois compagnies et les chambres de commerce, afin que cette circonstance ne devînt pas pour la compagnie de Lyon un moyen détourné de faire augmenter son tarif, tout au moins dans quelques cas donnés.

Il ne nous reste plus maintenant qu'à faire connaître l'état actuel des choses.

État actuel des choses.

Le raccordement du Treuil n'est point encore exécuté, malgré plusieurs mises en demeure, en sorte que non-seulement il n'existe pas de service direct entre Roanne et Lyon, point de correspondance entre les compagnies, mais que même pour le simple trajet de St-Etienne à Roanne, on est obligé de subir trois transbordemens. — Aussi, loin que les transports offrent les facilités et les avantages si fastueusement promis, on continue toujours à expédier nos produits manufacturiers de Saint-Etienne sur Paris par la voie de terre en leur faisant prendre la direction de Lyon.

Ensuite la compagnie du chemin de fer de Lyon refuse le transport des houilles placées sur la ligne du chemin de fer d'Andrézieux, plaide pour ne pas les faire, et quand elle consent à les recevoir, c'est en imposant, de concert avec la compagnie d'Andrézieux, des droits arbitraires aux exploitans placés entre les exigences de deux surtaxes combinées.

De toute nécessité il faut que cet état cesse. Mais quand pourra-t-il prendre fin? Assurément il y aura de grands obstacles à vaincre :

1° Les conseils d'administration de chaque compagnie placés à Paris, d'où ils ne peuvent ni voir ni juger leurs affaires, luttant trop souvent d'efforts et d'influence contre leur propre intérêt mal compris;

2° La compagnie de Lyon, dont la grande préoccupation est de résister aux transports qu'on lui offre, loin qu'elle veuille en favoriser de nouveaux;

3° La compagnie d'Andrézieux espérant trop peut-être que la houille, qui est placée sur sa ligne, sera forcée de se diriger vers la Loire par son chemin, lorsqu'elle n'aura pas d'accès facile auprès du chemin de fer de Lyon;

4° La nécessité de remplacer le système actuel de traction des deux compagnies de Lyon et d'Andrézieux par des machines locomotives; et pour le chemin de fer d'Andrézieux, sinon de doubler dès à présent sa voie dans toute son étendue, du moins de multiplier ses gares d'évitement;

5° L'active jalousie des exploitans méditant les entraves les plus cachées contre tout ce qui pourrait favoriser une concurrence entr'eux;

6° L'inerte individualisme de Rive-de-Gier.

Toutes ces choses seront longues et difficiles à combattre.

N'importe, on en triomphera avec l'énergie d'une administration indépendante qui saura imposer ce que réclame le pays, et ce que commande l'intérêt général. C'est son droit, c'est son devoir.

Résultats d'une libre et respective transmission du wagons d'une compagnie sur l'autre.

Avec un tarif divisé en droit de *transport* et droit de *péage*, et la libre transmission des rails d'une compagnie sur les rails de l'autre, chaque chose se régularisant, on verrait bientôt tous les intérêts se développer sous l'influence d'une légalité favorable à tous, favorable surtout aux compagnies.

Aussitôt le système actuel de traction par chevaux changé par les compagnies de Lyon et d'Andrézieux, et remplacé par des machines locomotives, quels avantages ne se montreraient pas?— Les provenances du Nord et du Midi passant sur nos trois chemins de fer, ainsi que les voyageurs des messageries royales, dont le service se marierait avec le leur, suivant des arrangemens déjà projetés ; nos houilles se croisant en tous sens, tantôt pour le marché de Paris, tantôt pour celui de Lyon et du Rhône. — A la descente, les produits du Bourbonnais et de l'Auvergne venant alimenter St-Etienne et Lyon, les vins du Roannais, les castines, bois, pierres, sables, etc. — A la remonte, une grande partie des vins du Beaujolais, notre clouterie, notre quincaillerie, nos aciers, nos fers, nos armes, le produit de nos verreries, enfin toutes nos marchandises cessant désormais de prendre la route de Lyon pour se diriger sur Paris.

Tels sont les résultats que l'on obtiendrait avec certitude et qu'il nous serait facile de traduire en chiffres, résultats que nos chemins de fer doivent nécessairement présenter, s'ils veulent jamais, en assurant leur succès, réaliser leurs promesses et les espérances qu'ils ont fait naître.

QUESTION.

Le raccordement et l'uniformité des voies prescrits pour nos trois chemins de fer, du Rhône, d'Andrézieux et de la Loire, n'entraînent-ils pas entre eux une libre et respective circulation des rails de l'un sur les rails de l'autre, moyennant un droit de transport *pour la compagnie qui fournit ses voitures ou wagons, et un droit de* péage *pour celle qui fournit son chemin ; et par suite, ne convient-il pas que le gouvernement divise le tarif respectif des compagnies en droit de* transport *et droit de* péage?

Vu l'ordonnance royale, en date du 4 juillet 1827, prescrivant le raccordement et l'uniformité dans la voie des chemins de fer de Lyon, d'Andrézieux et de Roanne ;

Vu l'article premier du cahier des charges du chemin de fer de Roanne, d'après lequel *il doit être mis en communication avec le chemin de fer d'Andrézieux, et disposé de manière à permettre la libre circulation des chars qui fréquentent ce dernier chemin*,

LA COMMISSION est d'avis, à l'*unanimité* :

« Que le principe de la libre et respective circulation des divers
« chemins entr'eux, résultant des ordonnances royales et du cahier
« des charges précités, doit être régularisé dans son exécution par la
« division du tarif de chacune des compagnies en droit de *transport* et
« en droit de *péage*, suivant les bases qui seront adoptées par le gou-
« vernement, après avoir préalablement entendu les parties inté-
« ressées. »

CHAPITRE IV.

—

N appelle lieu de chargement et de déchargement celui où s'opèrent l'embarquement des voyageurs, le chargement et le déchargement des matières ou marchandises confiées à une compagnie de chemin de fer, et où se tiennent en général ses bureaux et ses magasins.

Les lieux de chargement et de déchargement étant aux chemins de fer ce que sont les ports aux canaux ou aux rivières, dans l'usage on les nomme également *ports secs*.

L'assiette d'un *port sec* est assurément l'une des choses à laquelle on doit apporter dès l'origine la plus scrupuleuse attention. Plus d'une condition de prospérité y est attachée. — Aussi voit-on qu'en Angleterre les lieux de chargement et de déchargement répondent toujours à l'importance d'une compagnie. Celui de Liverpool s'étend jusqu'à cinq kilomètres sur un développement de quatre voies.

Arrivage des chemins de fer dans les villes.

Rien d'essentiel sous tous les rapports comme les arrivages des chemins de fer, si imparfaits dans les nôtres, et qui ne seront vraiment établis d'une manière convenable que lorsqu'ils seront placés dans le cœur des villes de Lyon, de Saint-Etienne et de Roanne (¹), en prenant toutes les précautions usitées, en ces cas, soit en Angleterre, soit en Amérique.

Dans l'un des mémoires présentés à la commission, on lit à cet égard ce qui suit :

« Jusqu'à ce jour nos trois chemins de fer s'arrêtent aux portes des villes sur lesquelles ils sont dirigés.

« Pour les voyageurs, il en résulte des inconvéniens et des frais pour se faire transporter en omnibus des différens points d'arrivage à l'intérieur de la ville. C'est aussi un sujet de renchérissement pour le transport des marchandises qu'il est nécessaire, dans l'état des choses, de camionner à des distances assez éloignées.

« Il serait donc important que les chemins de fer arrivassent dans l'intérieur des villes, sur des points convenablement choisis. Le nombre des voyageurs augmenterait en raison des commodités qu'ils trouveraient dans ce nouvel ordre de choses. Le tonnage des marchandises

---

(¹) Parmi les points intermédiaires, l'un des abordages qui méritent le plus l'attention, c'est sans contredit celui de Saint-Chamond, qui n'est pas même encore achevé en conformité des plans. Aux termes d'un arrêté préfectoral, du 11 septembre 1829, un chemin public de *six mètres de largeur* devait être établi par la compagnie du chemin de fer, à ses frais, dans toute la longueur de ce lieu de chargement et de déchargement. Cet arrêté n'est nullement exécuté en ce point, non plus que celui du 17 février 1835 qui en rappelle et prescrit spécialement l'exécution. — Cependant l'ordonnance royale du 11 septembre 1829, qui augmente le tarif à la remonte, n'avait été accordée que sous cette impérieuse condition. « La perception, porte l'article « 2 de cette ordonnance, du tarif à la remonte de Givors à Saint-Etienne, ne pourra commen- « cer que du jour où il aura été constaté que le chemin de fer et SON EMBRANCHEMENT SUR SAINT- « CHAMOND sont entièrement achevés et mis en pleine activité de service. » La sûreté publique, l'intérêt de Saint-Chamond, la dignité même de l'administration supérieure réclament pour que l'exécution de l'ordonnance et des arrêtés ne se fassent pas attendre plus long-temps.

transportées à moins grands frais, deviendrait plus important; les alentours des points d'arrivage prendraient de la valeur, et les compagnies trouveraient, dans un revenu considérable, une ample compensation des frais de prolongement de leur chemin.

« La compagnie de Lyon pourrait arriver sur la place de Bellecour à Lyon, en suivant les quais du Rhône, et sur la place Marengo à Saint-Etienne, en faisant une percée sous le coteau qui sépare le Treuil d'avec la ville.

« La compagnie d'Andrézieux aurait sans doute la facilité d'asseoir sur un accotement de la route royale, le prolongement de son chemin depuis la Terrasse jusqu'à la place Marengo, où s'opérerait la soudure avec le chemin de Lyon.

« Enfin, la compagnie de Roanne devrait prolonger son chemin jusqu'à la tête du bassin du canal de Roanne à Briare, en s'établissant sur un accotement de la route royale de Paris à Lyon, et en passant sur un des trottoirs du pont de pierre de Roanne.

« Depuis plusieurs années la compagnie de Roanne a établi une partie de son chemin sur l'accotement de la route royale à l'arrivée de son établissement au coteau de Roanne, et il n'en résulte aucun inconvénient. »

Règles relatives aux lieux de chargement et de déchargement.

Le cahier des charges du chemin de fer de Lyon ne renferme absolument rien sur les lieux de chargement et de déchargement de cette compagnie, qui ont été fixés par l'article 2 d'une ordonnance royale du 4 juillet 1827, la même qui contient l'approbation du tracé du chemin. Cet article est ainsi conçu : « Les concessionnaires seront tenus « de présenter, dans le délai d'un an, des projets particuliers : 1° pour « les points de chargement et de déchargement à Saint-Chamond, « Rive-de-Gier et Givors ; 2° pour les points de départ et d'arrivée à « Lyon et à Saint-Etienne, en comprenant, pour le point de Saint-« Etienne, la liaison du chemin projeté avec le chemin de fer de « Saint-Etienne à la Loire. Ils remettront ces projets au préfet du dé-« partement qui les adressera à notre directeur-général des ponts-et-« chaussées, avec son avis, pour être statué ultérieurement ce qu'il « appartiendra. »

Dans l'article 3 du cahier des charges du chemin de fer de Paris à Saint-Germain, il est dit que la compagnie indiquera, sur le plan du tracé du chemin, la position et le tracé des lieux de chargement et de déchargement. — C'est tout ce que renferme le cahier des charges à ce sujet.

L'article 2 de la loi du 29 juin 1833 relative à l'établissement du chemin de fer d'Alais à Beaucaire, porte ce qui suit : « Les règlemens « (d'administration publique) détermineront, d'après une enquête « préalable, les lieux de chargement et de déchargement qu'il est né- « cessaire d'établir dans l'intérêt du public et des riverains. »

Cette sage disposition a été ajoutée par la chambre des députés au projet de loi du gouvernement.

Aucun lieu de chargement et de déchargement ne peut être autorisé sans que le plan en ait été soumis à la chambre de commerce ou consultative, et au conseil municipal de la ville où il doit être placé. La chambre de commerce ou consultative s'explique sur tout ce qui concerne la facilité des départs ou des arrivées dans l'intérêt du commerce, et le conseil municipal sur tout ce qui regarde la commodité et l'embellissement de la ville, afin que tout soit coordonné avec le plan général d'alignement.

Une lettre, du 27 juillet 1827, adressée par M. Becquey, directeur-général des ponts-et-chaussées, au préfet de la Loire, résume à peu près les principales règles administratives qui doivent déterminer l'établissement des lieux de chargement et de déchargement.

« Il est incontestable, dit-il, qu'on ne peut imposer aux concessionnaires l'obligation d'en ouvrir un nombre indéfini. La ligne du projet de MM. Seguin frères et Biot rencontre les villes de Saint-Chamond, Rive-de-Gier et Givors, et aboutit d'une part à Saint-Etienne et de l'autre à Lyon. Sur ces cinq points, des lieux de chargement et de déchargement sont évidemment indispensables, et les concessionnaires sont tenus d'en présenter le projet dans le délai d'un an. Si plus tard on reconnaît la nécessité d'en établir de nouveaux, cette nécessité sera constatée dans les formes ordinaires, et il sera statué ultérieurement ce qu'il appartiendra. Il ne faut pas oublier que le choix d'un empla-

[note marginale:] Nécessité de consulter les chambres de commerce ou consultatives, ainsi que les conseils municipaux pour l'établissement d'un lieu de chargement et de déchargement.

[note marginale:] Lettre de M. Becquey, directeur-général des ponts-et-chaussées.

cement pour charger et décharger les marchandises entrainant avec
lui l'achat de terrains particuliers, doit être nécessairement basé sur
des considérations d'utilité publique, puisque ce n'est que dans cette
vue que l'expropriation est permise, et il n'y aurait pas utilité publique là où l'on ne satisferait qu'aux convenances de quelques individus.
Il faut donc que le lieu désigné soit le rendez-vous nécessaire d'une
masse assez importante de denrées et de marchandises, et alors on ne
peut douter que les concessionnaires ne s'empressent de faire les frais
de pareils établissemens, puisqu'il est évidemment de leur intérêt
d'augmenter la masse des objets en circulation sur le chemin de fer. »

Arrêté du préfet de la Loire, du 11 septembre 1829.
Enfin, un arrêté du préfet de la Loire, du 11 septembre 1829,
renferme sur les lieux de chargement et de déchargement des dispositions importantes qui, pour n'être que la consécration d'obligations
ressortant naturellement de la condition de tout chemin de fer, n'en
sont pas moins utiles à rapporter.

Ce sont les articles 8 et 9, ainsi conçus :

« Art. 8. Tous les propriétaires ou directeurs d'établissemens
« industriels ou agricoles, qui voudront s'embrancher sur un point
« quelconque des lieux de chargement et de déchargement, auront
« le droit de le faire, quelle que soit la quotité des transports qu'ils
« pourront fournir annuellement au chemin de fer, et en jouissant
« d'ailleurs des mêmes avantages dont jouiront ceux qui chargeront
« ou déchargeront immédiatement sur lesdits lieux de chargement et
« de déchargement.

« Art. 9. La compagnie du chemin de fer sera toujours tenue de
« laisser charger et décharger sur toute la longueur des lieux de char-
« gement et de déchargement, et sur les points qui seront le plus à la
« convenance de chacun des propriétaires ou exploitans. »

En Angleterre, ce sont toujours les bills de concession qui contiennent, dans les plus minutieux détails, tout ce qui est relatif au nombre,
à l'assiette et au développement des lieux de chargement et de déchargement.

Depuis l'établissement des cinq lieux de chargement et de déchargement fixés par l'ordonnance royale, du 4 juillet 1827, pour le chemin de fer de Lyon, il en a été créé un autre sur la demande des conseils municipaux de Rive-de-Gier et de Châteauneuf, à Couzon, à la
sortie de la percée de Rive-de-Gier.

Un nouveau lieu de chargement et de déchargement a été réclamé
par le maire de la commune de Saint-Paul-en-Jarrest, au lieu de la
Grand'Croix. — Si l'on remarque que cette commune compte sur son
territoire six exploitations houillères en activité, dix-huit fabriques ou
usines, des laminoirs, des moulins à blé, on se fait bientôt une idée de
l'utilité dont serait pour elle un lieu de chargement et de déchargement sur ce point. Tel paraît être en effet son importance, que les ca-
nalistes de Givors croient devoir prolonger leur canal jusques-là.

On a demandé, dans l'enquête, si les propriétaires joignant un lieu
de chargement et de déchargement, ou même la voie du chemin de
fer, ont le droit de bâtir et de prendre des vues droites ou obliques,
sans être soumis à la distance légale entre héritiers et voisins.

Les auteurs et la jurisprudence regardent généralement les ports,
chemins de hallage ou francs-bords des canaux, comme une propriété
réunissant tous les caractères d'une voie publique, c'est-à-dire comme
une propriété privée qui, étant destinée à l'usage de tous, laisse au
public la faculté d'en user dans tout ce qui ne contrarie pas sa destination. C'est ainsi qu'un jugement rendu le 14 décembre 1826,
par le tribunal de Saint-Etienne, et confirmé sur appel, a décidé que
M. Berlier avait eu le droit de prendre des jours sur le port du canal
de Rive-de-Gier, d'y établir des forgets sans être astreint à aucun re-
culement.

Y a-t-il les mêmes raisons de décider à l'égard des ports secs des
chemins de fer? C'est ce qu'il appartient aux tribunaux seuls de juger.

Les bills anglais statuent en général qu'on ne pourra bâtir sur les
routes de fer qu'avec l'autorisation des compagnies.

41

Droit appartenant à l'autorité administrative de prendre tout règlement d'utilité générale en ce qui concerne les chemins de fer, notamment de défendre toute circulation des piétons.

Par sa nature même, un chemin de fer est essentiellement sous la surveillance de l'autorité administrative qui a le droit de prendre à son égard tous les règlemens d'utilité générale qu'elle croit convenables, surtout en ce qui concerne la sûreté publique.

C'est ainsi que le préfet du Rhône, de même que plusieurs maires de l'arrondissement de Saint-Etienne, ont eu raison de défendre, par des arrêtés, de circuler ou de stationner sur le chemin de fer de St-Etienne à Lyon et ses francs-bords, et d'y déposer même momentaément aucuns matériaux ou fardeaux quelconques.

Toute circulation sur les chemins de fer est également interdite par les bills anglais. Il n'y a d'exception qu'en faveur des propriétaires ou détenteurs bordiers qui ont la faculté de traverser un *railway* avec leurs serviteurs, troupeaux, etc, mais seulement au droit de leur héritage.

GARES DE STATIONNEMENT.

On appelle gare de stationnement le lieu où s'arrêtent les voitures ou wagons d'un chemin de fer pour l'embarquement et le débarquement des voyageurs et des marchandises, lieu intermédiaire entre deux points de chargement et de déchargement.

Une gare de stationnement n'est autre chose que le diminutif d'un lieu de chargement et de déchargement, dont le développement convient surtout aux villes traversées par un chemin de fer.

Cahiers des charges du chemin de fer de Paris à Saint-Germain.

Les cahiers des charges de nos trois compagnies de chemins de fer ne font aucune mention des gares de stationnement.

Dans l'article 3 du cahier des charges du chemin de fer de Paris à Saint-Germain, il est dit que la compagnie « indiquera sur le plan du « tracé du chemin, la position et le tracé des gares de stationnement « et d'évitement, ainsi que des lieux de chargement et de décharge- « ment. »

L'article 7 du même cahier des charges porte : «Il sera pratiqué au « moins cinq gares entre Paris et Saint-Germain, indépendamment « de celles qui seront nécessairement établies aux points de départ et « d'arrivée.

« Ces gares seront placées en dehors des voies et alternativement

6

« pour chaque voie. Leur longueur, raccordement compris, sera de
« deux cents mètres au moins; leur emplacement et leur surface se-
« ront ultérieurement déterminés de concert entre la compagnie et
« l'administration. »

Ces dispositions, en ce qui concerne les différentes gares à établir,
ne sont ni assez claires ni assez complètes. Ce sera à l'ordonnance royale
à intervenir sur le tracé du chemin, à y suppléer.

Gares de stationnement du chemin de fer de Liverpool à Manchester.

Sur le chemin de fer de Liverpool à Manchester, dont la longueur
n'est que de 49,300 mètres, il existe dix-huit gares de stationnement
où il n'y a qu'une cabane tenue par un gardien chargé d'annoncer les
voyageurs qui attendent, et où l'on embarque et débarque voyageurs
et marchandises dans des voitures de seconde classe. Les voitures de
première classe ne prennent que des voyageurs et ne s'arrêtent jamais
aux lieux de stationnement.

Outre les dix-huit gares dont nous venons de parler, il y a à 3 milles
1/2 de Liverpool, près le marché aux bestiaux, une plate-forme pour
le chargement des bestiaux; puis à moitié chemin (à Newton), un lieu
de chargement et de déchargement pourvu d'un bureau.

Assurément il est impossible d'offrir plus de commodités et d'avantages à tous les transports et embarquemens intermédiaires, et ce n'est
pas non plus l'un des moindres gages de la prospérité de la compagnie.

Gares de stationnement sur les chemins de fer des États-Unis, notamment sur celui de Charlestown à Augusta.

En Amérique, les gares en général moins multipliées, à raison des
plus rares agglomérations d'intérêt, sont l'objet du plus grand soin sous
tous les rapports. Ainsi, la longueur de celles établies sur le chemin
de fer de Charlestown à Augusta, y compris le raccordement sur un
rayon d'au moins 232 mètres, est de 180 mètres; leur emplacement
est fixé, par rapport à la direction de la voie, à 9 mètres 14 centimètres
en dehors de cette voie. Au milieu de chacune des gares, on a établi
une pompe pour fournir l'eau des machines, et des hangars pour l'approvisionnement du combustible. A chaque extrémité des gares, 6 mètres environ des rails sont mobiles et ont un mouvement perpendicu-
laire qui permet de les rattacher à volonté aux retraites. Au centre de
chaque gare est une plate-forme circulaire qui permet de détourner
d'un convoi les wagons destinés à cette station, et de les amener, au

moyen d'une voie rectangulaire, aux magasins et sous les hangars.

Il n'existe point de lieux de stationnement autres que les ports secs sur le chemin de fer de Saint-Etienne à Lyon.

Le chemin de fer de Saint-Etienne à Lyon, dont la longueur est de 58,000 mètres, n'a que quatre lieux de chargement et de déchargement intermédiaires et n'a point de gares de stationnement. Il est vrai que la compagnie embarque et débarque presque toujours les voyageurs sur divers autres points, tels que : Terre-Noire, la Grand'Croix, Châteauneuf, Irigny, Vernaison, le pont d'Oullins, etc., mais sans qu'il y ait obligation de sa part.

Nécessité de fixer deux lieux de stationnement.

Ne nous occupant que de l'arrondissement de Saint-Etienne, nous croyons qu'on devrait fixer administrativement, quant à présent, tout au moins deux gares de stationnement obligées, savoir : l'une à Terre-Noire, et l'autre à la Grand'Croix, en attendant que le chemin de fer, plus perfectionné, ait compris l'utilité pour lui-même d'en fixer un plus grand nombre. C'est, Messieurs, ce que nous avons l'honneur de soumettre à votre examen.

QUESTION.

Y a-t-il lieu d'augmenter les lieux de chargement et de déchargement et de créer des gares de stationnement sur le chemin de fer de Saint-Etienne à Lyon?

La COMMISSION, à l'*unanimité :*

« Pense qu'il n'y a lieu pour elle d'émettre un avis sur une aug-
« mentation de lieux de chargement et de déchargement, l'enquête
« ne s'étant pas suffisamment expliquée à cet égard.

« Quant aux gares de stationnement, la commission estime qu'il
« devrait en être fixé deux au moins au plus tôt, outre les points de
« chargement et de déchargement, savoir : une à Terre-Noire, com-
« mune de Saint-Jean-Bonnefonds, et l'autre à la Grand'Croix, com-
« mune de Saint-Paul-en-Jarrest. »

CHAPITRE V.

—

FRACTIONS DE DISTANCE ET MINIMUM DE PARCOURS.

L'article 6, § 2, du cahier des charges du chemin de fer de Lyon, porte « que le droit sera perçu à la remonte comme à la descente, par mille kilogrammes de marchandises, et par distance de mille mètres, sans égard aux fractions de distance; ainsi, mille mètres entamés seront payés comme s'ils avaient été parcourus. »

Rien n'est plus clair et plus positif. On ne doit payer que la distance du kilomètre entier pour la fraction des mille mètres entamés. Cependant, un arrêté du préfet de la Loire, en date du 11 septembre 1829, a formellement dérogé à cette disposition impérative du cahier des charges. L'article 12 de cet arrêté est ainsi conçu : « Il sera permis à « tous propriétaires, aux directeurs d'établissemens industriels ou « agricoles et d'exploitations situés entre deux points de chargement

« et de déchargement, d'établir des embranchemens sur le chemin
« de fer, et d'y faire charger et décharger leurs produits et marchan-
« dises à l'exportation et à l'importation, sous la condition : 1° de four-
« nir annuellement au chemin de fer une quotité de transports équi-
« valant au moins à cinq mille tonnes ou à cinquante mille quintaux
« métriques; 2° *de payer la distance entière existant entre les deux*
« *points de chargement et de déchargement entre lesquels l'embran-*
« *chement se trouve placé, comme si cette distance était réellement*
« *parcourue.* »

Réclamations contre l'arrêté
du 11 septembre 1819.

Les réclamations ont été unanimes contre la disposition finale de cet
article 12 qui, au lieu de mille mètres, oblige à payer la distance entière d'un point de chargement à un autre pour une fraction parcourue. Ces points de chargement, comme nous l'avons déjà dit dans le
précédent chapitre, se trouvent fixés aux seules villes de Saint-Etienne,
Saint-Chamond, Rive-de-Gier, Givors et Lyon. Leurs distances sont
les suivantes :

De Saint-Etienne à Saint-Chamond. . . .	12 kilom.
De Saint-Chamond à Rive-de-Gier. . . .	11
De Rive-de-Gier à Givors..	17
De Givors à Lyon.	21

On peut donc, pour une seule distance entamée sur un kilomètre,
payer au minimum dix kilomètres de plus que ce qui est exigé par le
cahier des charges.

DISPUTE DE L'ARRÊTÉ DU 11
SEPTEMBRE 1819.

Cette surtaxe, qui s'exerce soit sur les diverses matières premières
élaborées dans les établissemens industriels placés entre les villes de
chargement, soit sur les produits qu'elles expédient, est évidemment
très-considérable, car presque tous les établissemens de mines ou de
forges se trouvent dans ce cas.

1. Sur les mines de la
Grand-Croix.

Parmi les mines, nous citerons, par exemple, celle de la Grand-Croix,
située dans la commune de Saint-Paul-en-Jarrest, à 6 kilomètres de
Saint-Chamond et à 4 kilomètres de Rive-de-Gier. Cette mine paie la
distance entière de Saint-Chamond à Rive-de-Gier, ce qui, sur environ
50,000 tonnes qu'elle expédie annuellement par le chemin de fer de

Lyon, fait une surtaxe de 20,000 fr. par an pour cette seule compagnie.

1. Sur les forges et les hauts-fourneaux de Terre-Noire.

Les transports en remonte réunis pour les forges et les hauts-fourneaux de Terre-Noire s'élèvent à 20,000 tonnes. Ces établissemens paient 4,000 mètres de distance non parcourue, de Terre-Noire à Saint-Etienne. Le prix de mille mètres par tonnes est de 13 centimes, soit pour les 4,000 mètres. . . . . 52 cent.

Et pour 20,000 tonnes.. . . . . 10,400 fr. »

2. Sur les forges de Saint-Jullien et les hauts-fourneaux de l'Horme.

Les transports de la forge en descente sont de 5,000 tonnes : elle paie au départ 4,000 mètres non parcourus, et à l'arrivée à Lyon 2,000 mètres, en tout 6,000 mètres. Le prix des mille mètres est de 9 centimes 8 dixièmes par tonne, et pour les 6,000 mètres 58 centimes 8 dixièmes.

Soit pour 5,000 tonnes. . . . . 2,940 »

Ces deux sommes réunies forment le total de 13,340 francs que les forges et les hauts-fourneaux de Terre-Noire paient annuellement de plus qu'ils ne devraient, d'après le cahier des charges.

Les forges de Saint-Jullien et les hauts-fourneaux de l'Horme, dont les embranchemens sont à moins de mille mètres du point de chargement de Saint-Chamond, se trouvent à quelques égards dans une condition plus défavorable encore par suite de cette perception. Ainsi, pour les cokes que ces établissemens font venir de Saint-Etienne, ils paient 22,000 mètres, au lieu de 12,000 parcourus, c'est-à-dire comme s'ils étaient transportés à Rive-de-Gier; et si ces cokes arrivent seulement de Terre-Noire, ils paient comme s'ils partaient de St-Etienne, c'est-à-dire 24,000 mètres, au lieu de 6 à 7,000 parcourus.

Les minerais de la commune de Latour, placés près de la ligne du chemin de fer d'Andrézieux, au lieu d'être naturellement expédiés par les chemins de fer sur les hauts-fourneaux de l'Horme, prennent la voie de terre, comme bien plus économique, soit à raison des difficultés de circulation d'un chemin sur l'autre, soit parce que cette difficulté, fût-elle levée, la voie de terre reviendrait toujours à meilleur marché, par l'effet de l'obligation de payer d'un point de déchargement à un autre.

Beaucoup d'autres exemples pourraient être également cités.

Le cahier des charges ne pouvait être modifié par un arrêté préfectoral.

Le cahier des charges est donc violé d'une manière grave par cette perception, dans l'une de ses dispositions fondamentales, annulée par l'effet d'un simple arrêté préfectoral. Et cependant il ne pourrait pas même y être porté atteinte par une ordonnance royale, et à plus forte raison par l'arrêté d'un préfet, qui ne peut statuer hors des limites de l'exécution.

Comment la compagnie de Lyon défend l'art. 12 de l'arrêté du 11 septembre 1829.

Le chemin de fer de Lyon défend l'article 12 de l'arrêté du 11 septembre 1829, sur lequel se base la perception, en le montrant comme une transaction intervenue entre le commerce et la compagnie. Cet article, dit-il, accorde le droit de faire des embranchemens; et nulle part il n'est question de ce droit, ni dans le cahier des charges, ni dans l'ordonnance de concession de la compagnie.

Or, si on annule l'arrêté du 11 septembre 1829 (et à cet égard, la compagnie fait elle-même toutes ses réserves), les embranchemens sont supprimés; partant, tous les expéditeurs intermédiaires étant alors tenus de venir charger et décharger leurs marchandises aux points de chargement, seront dans des conditions bien autrement défavorables que celles où ils se trouvent maintenant; car de cette manière ils paieront d'abord la distance actuelle entre l'embranchement et le point de chargement pour laquelle ils réclament, ensuite le transport par voiture de leurs établissemens aux points de chargement; transport qui leur coûtera environ sept fois la surtaxe dont ils se plaignent, et qui se trouvera ainsi augmenté dans le rapport de 1 à 8. En outre, ils auront à supporter tous les inconvéniens d'un pareil système, notamment les lenteurs et les transbordemens si désavantageux, surtout dans le transport des charbons.

Bientôt, Messieurs, nous apprécierons ces moyens de la compagnie en vous parlant, dans le chapitre qui suit, des embranchemens. Dans l'état où se présente la question, peut-être n'hésiterez-vous pas à émettre l'avis que l'art. 12 de l'arrêté du 11 septembre doit être annulé comme illégal.

Augmentation du nombre des lieux de chargement.

Dans le cas où l'on penserait que le cahier des charges est susceptible d'interprétation, en cette partie des fractions de distance, il pour-

☙ 48 ❧

rait y avoir un moyen-terme de conciliation, que nous nous bornerons seulement à indiquer ; ce serait de multiplier les lieux de chargement en en créant trois de plus ; un au Pont-de-l'Ane, un à Terre-Noire, et le troisième à la Grand'Croix.

MINIMUM DES DISTANCES A DÉTERMINER.

L'art. 12 de l'arrêté du préfet, du 11 septembre 1829, écarté, il reste la disposition de l'art. 6, § 2, du cahier des charges, qui doit être exécuté, et dont il faut encore une fois rappeler ici les expressions. «Le droit sera perçu à la remonte comme à la descente, par mille kilogr. de marchandises, et par distance de mille mètres, sans égard aux fractions de distance. Ainsi, mille mètres entamés seront payés comme s'ils avaient été parcourus. »

Suivant quelques déclarans, il résulterait de cette disposition, que tout expéditeur peut obliger la compagnie à charger et décharger sur tous les points intermédiaires du chemin de fer ; ainsi, qu'un expéditeur veuille ne faire qu'un parcours de 100 mètres, il en aura le droit en payant 1000 mètres.

Cette opinion n'est ni raisonnable ni fondée.

En effet, il faudrait donc admettre qu'en payant 28 centimes 1/2 pour un parcours, même intermédiaire de 1000 mètres, d'un wagon de trois tonnes, la compagnie serait tenue de fournir un conducteur, un wagon, de faire même conduire ce wagon sur un embranchement. La chose n'est pas possible.

Minimum de distance déterminé pour les chemins de fer de Liverpool à Manchester et de Londres à Birmingham.

Les chemins de fer ont spécialement pour but de rapprocher le consommateur du producteur, et par suite, sont essentiellement destinés à être parcourus sur une ligne de quelqu'étendue. Leur tarif a été évidemment établi pour des transports de ce genre.

C'est d'après ces motifs, que sur le chemin de fer de Liverpool à Manchester, quelque petite que soit la distance parcourue par un wagon, on paie toujours dix milles anglais, c'est-à-dire 16 kilomètres ou 4 lieues. Tout plus long parcours se paie ensuite mille par mille. Sur le chemin de Londres à Birmingham, ce minimum est réduit de moitié, c'est-à-dire 8 kilomètres.

Minimum de distance dé-

En France, ce n'est que pour le chemin de fer de Paris à Saint-Germain, qu'un minimum de parcours a été explicitement stipulé par le cahier des charges. Il est fixé à 6 kilomètres.

Nous pensons que l'on devrait également adopter un minimum pour les chemins de fer de la Loire, mais en le portant à 10 kilomètres, celui de 6 kilomètres, fixé pour le chemin de Saint-Germain, nous paraissant trop faible. Peut-être même conviendrait-il d'établir deux *minimum*; l'un de 8, l'autre de 12 kilomètres, suivant que les convois à transporter seraient au dessus ou au dessous d'un tonnage déterminé, celui de 45 tonnes, par exemple, comprenant 15 wagons. On conçoit, en effet, que les inconvéniens de prendre ou de laisser en route un convoi, sont d'autant moindres, proportionnellement pour la compagnie, que ce convoi est plus considérable.

Une pareille addition au cahier des charges, loin d'en être une violation, ne ferait au contraire que remplir, avec les règles de l'équité, une lacune visible.

Il est presque inutile d'ajouter que dans le cas où la perception actuelle par distances serait maintenue, il n'y aurait pas lieu de fixer un minimum de parcours; ce minimum se trouvant tout réglé par la distance même des points de chargement.

QUESTION.

1° *L'article 12 de l'arrêté du préfet de la Loire, du 11 septembre 1829, doit-il être annulé en ce qu'il astreint les expéditeurs à payer la distance entière existant entre les deux points de chargement, entre lesquels l'embranchement se trouve placé, comme si cette distance était réellement parcourue?*

2° *Doit-on déterminer un minimum de distance à payer, en cas de petit parcours?*

La COMMISSION est d'avis à l'*unanimité* :

Sur la première question, « que l'article 12 de l'arrêté du préfet de « la Loire, du 11 septembre 1829, ne peut être maintenu en ce qui « concerne l'obligation de payer la distance entière d'un point de « chargement à un autre, comme si cette distance avait été entière-

7

« ment parcourue, ce qui constitue une dérogation au cahier des
« charges qui ne peut avoir lieu dans aucun cas. »

Sur la seconde question, « qu'il convient de suppléer à une omis-
« sion du cahier des charges, en ce qu'il ne statue rien sur le par-
« cours des petites distances. En conséquence, elle estime qu'il y a
« lieu de compléter le § 2 de l'article 6, en y ajoutant simplement
« la disposition suivante: «Néanmoins, pour toute distance parcourue
« moindre de 10 kilomètres, le droit sera perçu comme pour 10 ki-
« lomètres entiers. »

CHAPITRE VI.

—

DES EMBRANCHEMENS.

On donne le nom d'*embranchement* d'un chemin de fer à un rameau de ce chemin destiné à lier un établissement particulier à la ligne principale.

Un grand nombre d'embranchemens existent sur les chemins de fer de Lyon et d'Andrézieux. Ce dernier chemin a même, dès son origine, été subdivisé par la compagnie exécutante en plusieurs rameaux se raccordant à la ligne principale qui part du Pont-de-l'Ane, et destinés à desservir les principaux centres de mines des environs de Saint-Etienne.

En France, les cahiers des charges des chemins de fer ne renferment aucune clause sur les embranchemens particuliers. Le cahier même des charges du chemin de Paris à Saint-Germain ne parle que des embranchemens ou prolongemens que le gouvernement se réserve le droit d'accorder.

Il n'est question des embranchemens particuliers que dans un arrêté du préfet de la Loire, du 11 septembre 1829, dont nous avons déjà parlé précédemment, et dans une ordonnance royale du 30 juin 1824, relative au chemin de fer d'Andrézieux, et qui porte, dans son arti-« cle 1er, § 5 : « Il sera statué plus tard au fur et à mesure de besoins, « et en se conformant aux termes de l'article 4 de notre ordonnance, « du 26 février 1823, sur l'établissement des rameaux ou embran-« chemens d'exploitation que la compagnie serait dans la nécessité « de construire pour mettre les lignes principales du chemin en com-« munication avec les mines de houille et les entrepôts de la Loire. »

Le droit des embranche-mens particuliers consacré par tous les bills anglais.

En Angleterre, tous les bills sur les chemins de fer consacrent, en termes exprès, le droit des embranchemens particuliers. « Les proprié-« taires bordiers, lit-on dans celui du *railway* de Londres à Birmin-« gham, sont autorisés à faire des embranchemens pour communiquer « avec le chemin. La compagnie fait, à leurs dépens, les ouvertures « nécessaires pour opérer cette communication, sans pouvoir exiger « aucun péage pour la partie ainsi embranchée. »

« Dans le pays de Galles, dit M. Trégold, les chemins de fer qui communiquent des forges aux mines de houille, ou qui vont des principales mines aux canaux et aux rivières, sont très-nombreux, et l'expérience a prouvé qu'ils étaient très-avantageux aux entrepreneurs et au public. Les principaux chemins de fer sont joints à quantité de chemins particuliers plus petits, et qu'on nomme *tram roads*, qui facilitent beaucoup le commerce dans un pays aussi inégal et dont les chemins sont fort mauvais. »

Chaque propriétaire construit à ses frais les embranchemens dont il a besoin, et est tenu d'amener les wagons jusques sur une ligne parallèle à la ligne principale où la compagnie doit venir les prendre.

Embranchemens, objets de nécessité absolue pour les pro-priétaires usiniers et exploi-tans intermédiaires.

En supposant que le droit de former des embranchemens ne soit consacré par aucun acte administratif, ils n'en doivent pas moins être considérés comme faisant partie essentielle des chemins de fer, principalement dans l'intérêt du commerce comme dans celui des compagnies.

La célérité et l'économie, tel est le but d'un chemin de fer, et tels sont les motifs d'utilité générale qui font que le gouvernement autorise l'expropriation des propriétés nécessaires à son établissement.

Le but ne serait-il pas complètement manqué, si les propriétaires, les usiniers et les exploitans, ne pouvant établir des rameaux d'embranchement, étaient toujours obligés d'apporter leurs produits dans un lieu de chargement, puis de les décharger pour les recharger aussitôt après? Nous l'avons déjà dit, ceci seul augmenterait la dépense des transports dans la proportion de 1 à 8.

Un chemin de fer n'est pas seulement établi pour faciliter les transports d'un point de chargement à un autre, mais surtout aussi pour desservir toute la ligne qu'il parcourt, pour la féconder dans tous ses points. C'est même par cela seul qu'il devient vraiment objet d'utilité publique.

Ne serait-il pas étrange, par exemple, de voir la compagnie des mines de fer, ou celle des fonderies et forges situées à Terre-Noire sur la ligne même du chemin de fer, à 4,000 mètres de Saint-Etienne et à 6,000 de Saint-Chamond, obligées d'aller chercher à Saint-Etienne ou à Saint-Chamond les minerais ou les fontes qu'elles font venir, ou bien encore d'y transporter leurs produits, au lieu de les faire écouler directement par des sections de chemin qui se lieraient au chemin principal?

C'est surtout pour les produits de nos pays que les embranchemens sont indispensables, c'est-à-dire pour les houilles, les minerais et les fontes qui ne peuvent habituellement supporter que les frais de transport des voies perfectionnées. Sous ce rapport, comme par l'effet de leurs résultats sur le commerce, les embranchemens doivent être considérés comme objets de nécessité absolue, et dès-lors essentiellement d'utilité publique.

Embranchemens, objets de nécessité absolue pour une compagnie de chemin de fer.

Mais ils sont également une des sources de la prospérité d'une compagnie de chemin de fer. Celle de Lyon le sentait bien lorsque, dans son rapport de 1826, à travers ses calculs d'espérance, elle parlait de ceux qu'elle fondait sur les EMBRANCHEMENS *qui devaient desservir les villes ou*, ajoutait-elle, LES USINES VOISINES DE LA ROUTE EN FER (V. pag. 30).

Les embranchemens étant à la charge des particuliers, diminuent d'autant les frais d'établissement et d'entretien des places de chargement et de déchargement proprement dites.

Dans les embranchemens, un chemin de fer trouve ce précieux avantage que les points de chargement ne sont pas encombrés par les wagons. On les dépose sur les embranchemens, on les y charge, et ils y restent jusqu'à ce que, chose fort simple, ils soient entraînés par le convoi qui doit les prendre.

Par la disposition même des embranchemens, les chargemens et les déchargemens sont bien plus faciles et plus prompts que sur les lieux de chargemens et de déchargemens d'une compagnie, ce qui permet à cette compagnie de tirer un parti bien plus profitable de son matériel.

Dans l'état actuel des choses, les places de chargement et de déchargement du chemin de fer de Lyon seraient tout-à-fait insuffisantes sans les embranchemens, pour tous les wagons qui arrivent ou qui partent, notamment celle de Saint-Etienne qui n'a qu'une longueur de 670 mètres sur un développement de trois voies : c'est de toute évidence.

Enfin, les avantages que trouve le commerce dans les embranchemens refluent surtout sur une compagnie de chemin de fer, en ce qu'ils amènent sur son chemin une grande quantité de marchandises qui, autrement, ne pourraient y arriver, à raison des dépenses et des inconvéniens qu'entraînerait un transport accessoire par la voie de terre.

Les embranchemens sont donc partie constituante des chemins de fer. Disons mieux, il n'y a pas de chemin de fer possible sans embranchemens. Leur suppression ne serait pas seulement un grand dommage pour le commerce, mais encore la ruine certaine de la compagnie qui la demanderait. Aussi, ne pouvons-nous regarder comme sérieux le langage de la compagnie de Lyon, lorsqu'elle parle de faire supprimer ceux qui se lient à son chemin, et surtout nous ne croirons jamais qu'un gouvernement consacre une pareille chose dont le succès serait bientôt repoussé par ceux-là même qui l'auraient obtenu.

La compagnie du chemin de fer d'Andrézieux favorise l'établissement des embranchemens.

Suivant ce qui a été généralement exposé à la commission, la compagnie du chemin de fer d'Andrézieux, loin de jamais contester le droit des embranchemens, les aurait au contraire toujours recherchés et favorisés. « Cette compagnie, a dit M. Véry, accorde à qui que ce soit le droit d'embranchement; elle fournit même, à ses frais, l'entrée du rameau, afin que personne n'ait droit de propriété sur son terrain; elle n'exige aucune remise pour le parcours de ces embranchemens qui se fait aux frais de l'expéditeur et par ses propres moyens. Celui-ci ne paie la compagnie que lorsqu'il arrive sur le rail de la compagnie. »

Halage des wagons sur les embranchemens, opéré par les expéditeurs qui sont responsables du matériel de la compagnie.

Ce sont en effet les expéditeurs qui opèrent le chargement et le halage des wagons, et qui font à leurs frais toutes les manœuvres nécessaires pour ramener les wagons sur la voie principale, après les avoir pris eux-mêmes à l'ouverture de l'embranchement. Les expéditeurs sont responsables des avaries qui peuvent survenir au matériel de la compagnie, lorsqu'il est en circulation ou en stationnement sur les rameaux.

Les conditions d'un embranchement doivent être réglées par la compagnie du chemin de fer.

Lorsqu'un embranchement est demandé à une compagnie de chemin de fer, c'est cette compagnie qui doit en viser les plans, régler les conditions, soit pour la pente, soit pour la courbe et le mode de construction, soit enfin pour le choix du point de raccordement. Tous les frais qui en résultent sont naturellement à la charge de celui qui demande le rameau.

Nécessité de l'autorisation administrative pour établir un embranchement.

Il ne devrait point être fait d'embranchement sans l'autorisation de l'administration, dont le droit de surveillance, dans tout ce qui concerne un chemin de fer, semble essentiellement appeler ici la nécessité de son intervention.

Déclarations de M. Coste devant la commission d'enquête, en ce qui concerne les embranchemens.

Voici comment M. Coste, directeur du chemin de fer, s'est exprimé sur la question des rameaux, dans la première séance où il a été entendu devant la commission d'enquête :

« S'occupera-t-on, a-t-il dit, des embranchemens?

« Je me bornerai à présenter à cet égard une seule observation. Sans doute la compagnie est obligée d'accepter tous embranchemens sur le chemin de fer, sous les conditions de l'article 12 de l'arrêté du 11 septembre 1829. Mais je demanderai que ces embranchemens ne puissent être faits qu'autant que la compagnie en aura visé les plans. Ce n'est pas, continue-t-il, que j'aie l'intention d'exiger que les courbes se développent sur un rayon de 500 mètres. Désormais ce rayon peut être bien moindre en adoptant pour les roues, comme j'en ai le projet, le système de M. Laignel. Mais aujourd'hui le matériel de la compagnie est exécuté pour des courbes au minimum de 500 mètres. En conduisant les wagons dans des courbes de 60 mètres, on brise les boîtes et les supports, et on fausse les essieux. A Saint-Étienne, tous les embranchemens sont dans ce cas, et la destruction ou détérioration du matériel de la compagnie en a été proportionnellement augmenté. »

Plus tard, M. Coste s'est exprimé de la manière suivante :

« Il semble résulter du procès-verbal de la deuxième séance, que j'ai admis le droit de tous à établir des embranchemens aux conditions fixées par l'arrêté du 11 septembre 1829. Je me suis mal expliqué, car je croyais avoir dit : « Je ne discute pas le droit de tous à établir des « embranchemens ; je ne l'admets ni ne le repousse, mais je raisonne-« rai dans l'hypothèse que l'arrêté du 11 septembre est conforme au « cahier des charges et aux ordonnances de concession. »

« Il n'est question de ce droit d'embranchement ni dans les ordonnances de concession, ni dans le cahier des charges, ni dans l'ordonnance du 4 juillet 1827 ; cependant le commerce demande qu'on lui donne encore une plus grande extension et que la compagnie du chemin de fer soit tenue de laisser conduire ses wagons jusqu'à Roanne. Ce droit ne pourrait être reconnu que par une interprétation, ou même une addition au cahier des charges faite par qui de droit. Sans m'arrêter plus long-temps sur ce sujet, et sans faire remarquer qu'il y a contradiction lorsqu'on prétend que l'art. 6 du cahier des charges doit être exécuté à la lettre, qu'aucun pouvoir n'a le droit de le modifier, et que d'un autre côté on réclame des additions à ce même cahier des charges, imitant la plupart des personnes entendues dans

l'enquête, je déclare que la compagnie du chemin de fer fait toutes
ses réserves contre l'arrêté du 11 septembre 1829 (¹). »

L'établissement d'embran-
chement communiquant avec
les mines peut-il donner lieu à
une expropriation pour cause
d'utilité publique :

*Peut-il y avoir lieu à expropriation pour cause d'utilité publique
en faveur de l'établissement des embranchemens ayant pour objet de
lier une exploitation de mines avec la voie principale d'un chemin de
fer ?*

En d'autres termes : *Y a-t-il lieu d'autoriser des rameaux de chemin de fer dans l'intérêt d'une exploitation de mines, par application
des lois des 28 juillet 1791 et 21 avril 1810 ?*

(¹) Le conseil d'administration de la compagnie du chemin de fer de Lyon vient de publier un
mémoire dans lequel on lit ce qui suit sur les embranchemens :

« L'arrêté du 11 septembre 1829 contient diverses dispositions qui, sous le prétexte d'expliquer l'article 6 du cahier des charges, en modifient complètement les conditions. Ainsi il y est
stipulé que tout établissement industriel ou agricole a le droit de s'embrancher sur un point quelconque du chemin. Or, cette stipulation viole le cahier des charges. Car l'obligation imposée à la
compagnie de faire les transports par ses propres moyens est étendue à toutes les exploitations
des mines, quelle que soit leur distance d'un point de chargement ou de la ligne principale du
chemin de fer; tandis que, d'après le même article 6 du cahier des charges, ce sont seulement
les marchandises confiées sur les points de chargement que la compagnie est tenue de transporter
sans pouvoir en refuser aucune.

« Ce n'est pas tout; ces embranchemens sont exécutés sans que la compagnie en ait visé les plans.
Mais n'y a-t-il pas certaines conditions d'art qu'elle a droit d'exiger pour la conservation de son
matériel? N'a-t-elle pas, par exemple, le plus grand intérêt à ce que les embranchemens se lient
bien avec le chemin de fer, à ce que les courbes soit ménagées de manière à laisser une entrée
facile? Le matériel de la compagnie est exécuté pour des courbes au minimum de 500 mètres de
rayon, en sorte qu'en conduisant les wagons dans des courbes de 60 mètres, on brise les boîtes
et les supports et l'on fausse les essieux. C'est, en effet, ce qui se passe à Saint-Etienne où tous les
embranchemens sont dans le cas que nous venons de signaler. Il en résulte que la destruction du
matériel augmente dans une proportion rapide, et grève la compagnie de frais considérables
qu'elle ne devrait pas supporter.

« L'entretien des wagons est une dépense énorme. La perte sur les roues présente seule une
somme de 80,000 fr. Le graissage ne coûte pas moins de 40,000 fr. par an. Enfin, un nombre
considérable de wagons a déjà été détruit depuis l'ouverture du chemin de fer.

« En outre, l'arrêté dont il s'agit, ou plutôt l'interprétation qu'il a reçue, peut-être à tort,
autorise les exploitans à emmener les wagons jusqu'à leurs dépôts, sans que la compagnie conserve aucun droit de surveillance sur cette partie de son matériel. Qu'en résulte-t-il? C'est que

8

Cette importante question a fait, dans le sein de la commission, le sujet d'une grave discussion, qu'il ne sera sans doute pas inutile de reproduire avec quelques détails.

Un membre a fait observer « que nos chemins de fer, qui sont surtout destinés au transport de la houille, ne rempliraient qu'imparfaitement le but qu'on s'est proposé, si les propriétaires de fonds intermédiaires pouvaient s'opposer à la communication directe entre un chemin de fer et les exploitations. L'utilité publique, suivant lui, ayant autorisé l'expropriation forcée pour établir le tronc principal, le même motif doit autoriser les ramifications qui peuvent s'y rattacher.

---

tantôt on les détériore en les chargeant sans précaution, que tantôt on laisse voler les planches qui en forment la doublure, que tantôt enfin, on les retient plusieurs jours, parce que les chargemens ne sont pas prêts et que le charbon n'est pas même encore extrait de la mine. De telle sorte que le matériel de la compagnie est abandonné sans responsabilité aux exploitans qui en usent, non pas comme s'il leur appartenait, car ils en auraient plus de soin, mais avec une négligence trop ordinaire pour la propriété d'autrui.

« Enfin, il est question de donner plus d'extension encore à cette faculté. On demande que la compagnie soit tenue de laisser conduire ses wagons jusqu'à Roanne. Pour peu que la ligne du chemin de fer se continue, on demandera sans doute, et avec autant de raison, que la compagnie laisse 'emmener ses voitures jusqu'à Paris. Le chemin de fer de Paris à Saint-Etienne deviendrait ainsi l'embranchement du chemin de fer de Saint-Etienne à Lyon.

« La compagnie ne peut rester en proie à de semblables exigences. Pour remédier à un pareil état des choses, elle a étudié ce qui se passe en Angleterre, où les chemins de fer sont plus répandus qu'en France, et dont on lui a souvent cité les règlemens comme des modèles à suivre. Elle a reconnu que sur le chemin de fer de Stockton à Darlington, par exemple, qui est également destiné à desservir des mines de houille, les extracteurs fournissaient eux-mêmes les wagons; la compagnie ne fournit que la voie et le moteur. C'est en effet, ce qui semble le plus équitable et le plus conforme à la bonne exécution du service. La compagnie livre la route; mais elle ne peut être tenue de fournir les voitures et de donner à chaque extracteur le droit de les emmener à son exploitation; il est naturel que chacun d'entre eux possède ses wagons, afin d'en pouvoir disposer comme il l'entend.

« Ainsi donc, les wagons sont construits, réparés et graissés par les extracteurs de houille. Les frais de traction sur les embranchemens sont également à leur charge. Il y a plus : la compagnie du chemin de fer entretient un inspecteur de wagons auprès de chaque embranchement, qui écrit avec de la craie sur les wagons les réparations qui lui paraissent nécessaires ; il conserve une copie de ces observations, et si les réparations n'ont pas été faites quand les wagons reviennent chargés, l'inspecteur a le droit de les faire mettre hors de la voie. La compagnie du chemin de fer

« D'ailleurs, a-t-il ajouté, l'article 25 de la loi du 28 juillet 1791 et les articles 43 et 44 de la loi du 21 avril 1810, consacrent le droit d'ouvrir et de créer tous chemins reconnus indispensables pour arriver aux centres d'exploitation de la manière la plus sûre et la plus économique, à la charge de payer le double du revenu au propriétaire de la surface dépossédé. Si les travaux nécessaires pour l'établissement du chemin peuvent priver le propriétaire de la jouissance du revenu au-delà d'une année, il peut exiger des concessionnaires de mines l'acquisition des terrains à l'usage de l'exploitation, d'après une estimation portée au double de leur valeur.

---

de Darlington a éprouvé à son origine quelques difficultés ; mais aujourd'hui les habitudes sont prises, et le service n'éprouve aucune entrave.

« Voilà ce qui se passe en Angleterre et ce qui doit guider la France dans le choix des règles qui doivent présider au service du chemin de fer. »

La réponse contre le chemin de fer de Lyon repose surtout sur des faits dont la vérification serait facile s'ils étaient déniés. Mais d'abord, l'article 6 du cahier des charges ne dit nullement ce que lui fait dire la compagnie, que *ce sont seulement les marchandises confiées sur les points de chargement qu'elle est tenue de transporter*. Loin de là, d'après l'article 6, elle est tenue de transporter *toutes les marchandises et matières quelconques qui lui seront confiées*. Les marchandises peuvent lui être remises sur chacun des kilomètres de son chemin de fer, ce qui résulte évidemment du 2ᵉ paragraphe de ce même article, portant que *mille mètres entamés seront payés comme s'ils avaient été parcourus*. Si toutes les marchandises devaient partir d'un même point, une telle stipulation serait un non sens. Mais il n'en est pas ainsi dès l'instant surtout qu'elle trouve dans l'existence des embranchemens une application raisonnable, nécessaire, confirmée par une longue exécution, la même, du reste, que ce qui existe sur tous les chemins de fer.

La compagnie de Lyon prétend que les embranchemens sont exécutés sans qu'elle en ait visé les plans, qu'il y a certaines conditions d'art qu'elle a droit d'exiger pour la conservation de son matériel. — Mais cette compagnie a fait bien plus que de viser les plans, elle a construit le plus souvent elle-même les embranchemens pour le compte des particuliers, d'autres fois elle a fourni les poseurs et les matériaux ; ses ingénieurs ont dirigé les travaux, elle a remis facture, ou bien encore il existe avec elle des traités exécutés. Pourquoi se plaindre maintenant de la raideur des courbes ?

Pour de grandes lignes où les wagons doivent circuler avec une grande vitesse (de 4 à 8 lieues à l'heure), il convient que les courbes soient développées autant que possible, non pas seulement pour ménager le matériel, mais pour atténuer la force centrifuge et pour que la vitesse n'em-

« Ceci est fondé sur ce que les mines, quoique propriétés privées, sont néanmoins objets d'utilité publique, et que d'ailleurs le passage réclamé n'ayant de durée que pendant l'existence de l'exploitation, le propriétaire de la surface ne saurait élever aucune plainte raisonnable, puisqu'il doit recevoir le double du revenu dont il est privé, tant que durera la dépossession.

« Ces principes et ce droit viennent d'être récemment appliqués par deux arrêtés de M. le préfet de la Loire, qui ont autorisé les concessionnaires des mines de Couloux et les concessionnaires des mines de Combesplaine, à ouvrir un chemin plus court et plus économique que

---

porte pas le wagon hors de la voie. La compagnie n'ignore pas tout cela, et c'est pourquoi elle n'a pas cru devoir exiger des courbes à grands rayons pour les embranchemens où la vitesse n'est en général que d'un quart de lieue à l'heure. D'ailleurs, elle ne pouvait pas demander plus aux particuliers qu'elle n'avait fait pour elle-même, pour ses propres rameaux de Bérard, de St-Chamond et de la gare de Perrache à Lyon.

Contre l'accusation de détérioration ou de vol des planches de la doublure des wagons, les extracteurs articulent que leur intérêt seul suffirait pour repousser ce reproche, à raison des pertes qu'ils pourraient essuyer si les wagons étaient dépouillés de leurs doublures. Les lettres de voiture de la compagnie portent que LA COMPAGNIE NE GARANTIT POINT LE COULAGE DU CHARBON TOUTES LES FOIS QU'IL A LIEU PAR SUITE DE L'ÉTAT DE SON MATÉRIEL. Dès qu'un wagon a été accepté sur un embranchement, il est toujours censé avoir été remis en bon état. Une détérioration peut vite et facilement y être aperçue, et le propriétaire de l'embranchement en devient responsable aussitôt après l'acceptation du wagon.

Du reste, la compagnie conserve toujours un droit de surveillance sur les embranchemens, elle y est aussi maîtresse que sur sa ligne. Elle y entrepose ses wagons qui sont en réparation, pour laisser son chemin libre. Souvent aussi elle en use pour la manœuvre et la facilité de son propre service : deux convois, l'un en remonte, l'autre en descente, se rencontrent-ils sur la même voie, l'un des deux emprunte l'embranchement le plus à proximité, pour laisser passer le convoi le plus pressé.

Comment concevoir ensuite que la compagnie du chemin de fer puisse sérieusement demander la suppression des embranchemens tantôt exécutés par elle, tantôt sous la foi de traités, tantôt enfin, tracés et combinés sous sa direction.

Mais ce n'est pas leur suppression que veut réellement la compagnie. Elle sait bien que sans les embranchemens, ses ports secs seraient loin de suffire pour les chargemens et déchargemens. Aussi se garderait-elle bien d'y renoncer jamais. Ce qu'elle voudrait, c'est qu'il fût décidé que les embranchemens ne constitueront point pour elle une obligation de droit, afin de pouvoir ensuite

ceux déjà existant, savoir : les premiers pour se mettre en communication avec un chemin vicinal, et les seconds avec la route royale de Lyon à Saint-Etienne.

« Or, il y a même raison de le décider à l'égard d'un chemin de fer qui est aussi une voie publique à l'usage de tous. »

Un autre membre a dit « qu'une expropriation ne pouvant avoir lieu que dans l'intérêt public, un exploitant ne peut dès-lors être admis à faire exproprier dans son seul intérêt;

« Que les articles 43 et 44 de la loi du 21 avril 1810, qui règlent les indemnités à payer par les concessionnaires des mines aux propriétai-

---

en faire un objet de concession amiable au profit des plus forts enchérisseurs. Voilà son but, voilà son arrière-pensée.

Décidât-on (ce qui ne pourra jamais être) que les embranchemens sont facultatifs de la part de la compagnie, que ceux qui existent aujourd'hui seraient maintenus par les tribunaux, soit à raison de la possession, soit à raison de ce que des établissemens se sont formés, des baux ont été consentis, sous la foi de ces embranchemens.

Mais jamais on ne verra l'administration accorder ainsi un droit arbitraire à une compagnie. D'ailleurs, les principes en matière de chemin de fer repoussent un droit semblable. Tout doit être égal entre tous, et suivant que le portent les bills anglais, il n'est pas permis à une compagnie de favoriser qui que ce soit, en faisant des conditions meilleures à une personne qu'à une autre.

Quant au règlement établi pour le chemin de fer de Stockton à Darlington, d'après lequel les extracteurs fournissent eux-mêmes leurs wagons, il y a deux réponses à faire, en ce qui concerne le chemin de fer de Lyon :

La première, c'est que d'après son cahier des charges, qui ne peut être ni altéré, ni modifié, la compagnie est tenue d'effectuer, PAR SES PROPRES MOYENS, tous les transports qui lui sont confiés.

La seconde, elle vient de M. Legrand. C'est celle qu'il fit, en 1833, à la tribune, lorsqu'on voulait introduire le principe du libre parcours en France pour les chemins de fer, en invoquant précisément ce qui avait lieu sur le chemin de fer de Stockton à Darlington. Après avoir prouvé que la liberté de circulation, quoique écrite dans les bills anglais, n'a jamais été mise en pratique, et que c'est toujours la compagnie concessionnaire qui exploite le chemin avec ses propres moyens, « je sais, dit M. le directeur-général, qu'il existe un chemin de fer (celui de Stockton » à Darlington) dont les propriétaires de mines se servent en commun. Ces propriétaires se sont « syndiqués. Ils ont réglé entr'eux l'usage d'une propriété commune, mais les transports qu'ils « opèrent sont pour leur propre compte, et non pour celui du public. » (V. *Moniteur* du 29 mars 1833.)

res de surface sur les terrains desquels ils établiront leurs travaux, ne font aucune mention des *chemins;*

« Que lors même que des chemins se trouveraient nominativement désignés comme étant au nombre des *travaux des mines,* ainsi que cela était exprimé dans l'article 25 de la loi du 28 juillet 1791, on ne pourrait regarder comme appartenant à ce genre de chemins, ceux qui ont pour objet de servir un transport des produits des exploitations, attendu que ces produits, du moment qu'ils sont extraits des mines, sont des *fruits* obtenus d'une propriété privée, des fruits qui sont devenus un bien-meuble du concessionnaire, aux termes de l'art. 9 de la loi du 21 avril 1810, des fruits auxquels une loi spéciale n'a pas étendu la faveur exceptionnelle qu'elle assure aux *travaux d'exploitation* des mines, à raison de leur nature particulière.

« Toutefois, ajoute ce même membre, une compagnie de chemin de fer doit toujours avoir le droit, en ce qui la concerne, de faire exproprier pour un embranchement qu'elle demanderait elle-même, parce qu'alors on considérera que c'est une dépendance de son chemin, une continuité de son droit d'expropriation. »

Enfin, un troisième membre a fait observer «que l'expropriation, à raison de l'établissement d'un embranchement, ne peut avoir lieu, dans tous les cas, qu'en vertu d'une ordonnance royale, sauf à l'exploitant ou à la compagnie du chemin de fer à se pourvoir pour l'obtenir, et à faire déclarer qu'il y a utilité publique à cet égard; que ceci vrai pour le concessionnaire de houille, l'est aussi pour une compagnie de chemin de fer qui ne peut exproprier qu'après que son tracé a été approuvé par une ordonnance royale; et dès-lors qu'un embranchement n'a pas été compris dans ce tracé, il faut de toute nécessité recourir à une ordonnance nouvelle qui peut seule déclarer des propriétés exploitables (¹). »

(¹) La commission n'a pas cru devoir donner d'avis sur cette question, quoique longuement agitée dans son sein, par la raison qu'elle n'avait pas fait l'objet de réclamations assez directes dans l'enquête.

La question examinée s'est présentée dans l'arrondissement de St-Etienne, sur la demande des concessionnaires de Bérard qui sollicitaient la liaison de leur exploitation houillère avec le chemin de fer d'Andrézieux. Nous allons faire connaître quelle a été l'opinion émise à cet égard par le conseil général des mines, à la majorité de cinq voix contre quatre :

« Le conseil considérant

« 1° Qu'il est sans doute d'un haut intérêt pour les mines que leurs débouchés soient rendus faciles pour l'établissement de voies de communication qui permettent le transport à peu de frais des produits des exploitations, et que ce n'est pas sans quelque regret que le conseil a dû déclarer qu'il ne trouvait dans les lois sur les mines aucune disposition qui permît d'établir des règles particulières pour protéger ce transport ;

« 2° Que cet objet peut même, dans certains cas, être assez important et assez lié à l'intérêt général, pour qu'il y ait lieu de le considérer comme étant d'*utilité publique,* et de lui appliquer les mesures déterminées pour les cas d'utilité publique, par la loi du 8 mars 1810 ;

« 3° Que c'est ainsi que le chemin de fer de Saint-Etienne à la Loire, destiné principalement au transport des produits des nombreuses mines de houille du bassin de Saint-Etienne, a été déclaré, par l'ordonnance du 26 février 1833, un objet d'utilité publique, et assimilé à un canal de navigation relativement à cette utilité, comme relativement aux droits que le gouvernement pouvait conférer aux concessionnaires dudit chemin ;

« 4° Que les formalités prescrites par une ordonnance, en exécution de la loi du 8 mars 1810, ayant été remplies, une seconde ordonnance, en date du 30 juin 1824, a autorisé la confection de ce chemin de fer dans une direction déterminée, et que le § 5 de l'article 1er de cette seconde ordonnance a même prévu le cas dans lequel, au fur et à mesure des besoins, il y aurait lieu de statuer sur l'établissement de rameaux ou embranchemens destinés à mettre les lignes principales du chemin de fer en communication avec les mines de houille ; mais que la possibilité d'appliquer à ces rameaux les dispositions fondées sur l'utilité publique, n'est prévu, par ledit article, que pour le cas où la nécessité desdits rameaux ou embranchemens serait invoquée *par la compagnie du chemin de fer ;*

« 5° Qu'il semble donc que l'on sortirait de l'esprit de l'ordonnance du 30 juin 1824, si l'on considérait l'intérêt particulier qu'un concessionnaire de mines peut avoir à faire arriver facilement les produits de son exploitation sur le chemin de fer, autorisé par ladite ordonnance, ou même l'avantage qui pourrait résulter pour les consommaeurs, de la diminution des frais de transport de la houille de cette exploitation, comme constituant un objet d'utilité publique et comme suffisant pour faire accorder à ce concessionnaire, en opposition au droit commun, les droits dont le gouvernement fait usage pour l'exécution des travaux publics, droits qui ont été accordés à la compagnie du chemin de fer pour atteindre un but d'intérêt général et avec la faculté de compléter cet objet d'intérêt général par l'établissement de rameaux ou embranchemens particuliers;

« 6° Que d'ailleurs les chemins de fer étant assimilés par l'ordonnance du 26 février 1823 aux canaux de navigation, l'administration des ponts-et-chaussées étant, en conséquence, seule chargée de l'exécution de cette ordonnance, comme elle est chargée en général de l'instruction des demandes en établissement des chemins de fer, et en particulier de l'application du § 5 de l'article 1er de l'ordonnance du 30 juin 1824, le conseil des mines, qui a reconnu qu'aucune disposition tirée des lois sur les mines n'était applicable à l'espèce, ne se trouve plus compétent, pour émettre un avis formel sur la manière dont le rameau du chemin de fer demandé par les concessionnaires des mines de Bérard, peut être autorisé,

PENSE qu'à la vérité il paraîtrait résulter du § 5 de l'article 1er de l'ordonnance du 30 juin 1824, que la faculté d'établir, comme objet d'utilité publique, des rameaux ou embranchemens pour mettre les lignes principales du chemin de fer de Saint-Etienne à la Loire en communication avec les mines de houille, serait réservée pour l'ensemble des intérêts, à la compagnie du chemin de fer, qui seule pourrait être admise à demander à construire ces rameaux ou embranchemens ; mais qu'il n'appartient qu'à l'administration des ponts-et-chaussées d'émettre une opinion formelle à ce sujet, et de donner son avis relativement au rameau de chemin qui serait destiné à faire communiquer les mines du Soleil avec le chemin de fer, les dispositions des lois sur les mines n'étant pas applicables à ce rameau de chemin. »

Un embranchement doit-il être astreint à livrer un tonnage déterminé ? Maintenant une seule question reste à examiner, c'est de savoir si celui qui veut établir un embranchement pour entrer en communication avec le chemin de fer, doit être, ou non, astreint à lui livrer un tonnage déterminé.

Les avis sont fort partagés sur cette question. Ceux qui pensent qu'il convient de déterminer un tonnage, prétendent que si une grande ligne de transport pouvait être sillonnée d'embranchemens par tous les riverains, il en résulterait des entraves et des retards continuels dans le service. D'ailleurs, ajoutent-ils, on conçoit que chaque embranchement devant plus ou moins nécessiter le déplacement d'employés, il est juste d'assurer à la compagnie pour dédommagement un tonnage quelconque, surtout en n'accordant le paiement des transports qu'à partir des mille mètres entamés.

Ceux qui soutiennent qu'il ne doit être imposé aucun tonnage en faveur du chemin de fer, se fondent sur ce que rien n'est incertain comme le produit d'une exploitation ou d'un commerce ; que l'obligation d'un tonnage peut devenir en certain cas fort onéreuse, parce que tel qui produit beaucoup aujourd'hui, demain pourra ne plus rien faire. Ensuite ils s'appuient sur ce qu'il ne faut pas considérer l'industrie seule et exclusivement dans le but d'un chemin de fer, mais aussi l'agriculture à l'exemple de l'Angleterre et de l'Amérique, où l'on a tout aussi bien en vue le transport des denrées, des bestiaux et des engrais, que le transport des marchandises.

QUESTIONS.

1° *Un chemin de fer doit-il être soumis à l'obligation de laisser prendre des embranchemens aux propriétaires, aux usiniers ou aux exploitans ?*

9

2° *Celui qui veut prendre un embranchement sur un chemin de fer, doit-il être astreint à lui fournir un tonnage déterminé?*

Sur la première question, la COMMISSION est d'avis, à l'*unanimité :*

« Qu'on ne peut refuser aux propriétaires, usiniers ou exploitans,
« la faculté d'établir des embranchemens ou rameaux de chemin pour
« communiquer directement de leurs propriétés, usines ou exploita-
« tions, avec le chemin de fer. »

Sur la seconde question, la COMMISSION est d'avis, à la *majorité :*

« Que celui qui veut obtenir un embranchement, ne doit être sou-
« mis à aucun tonnage. »

La *minorité* pense « qu'il est juste d'assujétir ceux qui veulent s'em-
« brancher avec un chemin de fer à lui fournir un tonnage, mais que
« la quantité de 5,000 tonnes par an déterminée par l'article 12 de
« l'arrêté du 11 septembre 1829 pour le chemin de fer de Lyon, est
« trop élevée, et devrait être réduite à un transport annuel de 1,000
« tonnes, ce qui ferait à peu près un wagon par jour ouvrable. »

CHAPITRE VII.

—

CHARGEMENS ET DÉCHARGEMENS DES MARCHANDISES.

La compagnie du chemin
de fer de Lyon doit-elle faire
les chargemens et les déchargemens des marchandises à ses
frais?

Quelques réclamans ont prétendu dans l'enquête, que la compagnie du chemin de fer, étant voiturière, devait effectuer
les chargemens et les déchargemens des marchandises à ses frais, et
même, devait, suivant les uns, les rendre à domicile; mais la compagnie a répondu, et avec raison nous le pensons, que son tarif n'é-
tant établi uniquement que pour le transport des marchandises sur
son chemin, là aussi s'arrêtaient ses obligations et le droit des expéditeurs.

L'arrêté du 11 septembre
1829, met les chargemens et
déchargemens aux frais des
expéditeurs.

C'est pourquoi l'article 10 de l'arrêté du 11 septembre 1829 porte :
« Les chargemens et déchargemens s'opéreront aux frais des proprié-
« taires ou exploitans, soit qu'ils les fassent eux-mêmes ou qu'ils les

« fassent faire par les agens de la compagnie, au moyen d'arrange-
« mens particuliers avec elle. »

Le cahier des charges du chemin de fer de Paris à St-Germain met également les chargemens et déchargemens aux frais des expéditeurs.

Par la même raison le cahier des charges du chemin de fer de Paris à Saint-Germain stipule, dans sa 10ᵉ clause supplémentaire, que « les frais accessoires non mentionnés au tarif, tels que ceux de char- « gement, de déchargement et d'entrepôt dans les gares et magasins « de la compagnie seront fixés par un règlement qui sera soumis à « l'approbation de l'administration supérieure. »

Nécessité d'un règlement sur les chargemens et les déchargemens.

La nécessité d'un règlement sur les chargemens et lesdéchargemens se fait d'autant plus sentir que, s'il fallait en croire de nombreuses plaintes, il existerait à cet égard un désordre que les agens subalternes de la compagnie favorisent bien plutôt qu'ils ne cherchent à le préve- nir, afin de donner plus librement cours à leurs habitudes de préfé- rences et d'arbitraire.

Un pareil règlement ne peut être que temporaire, étant nécessaire- ment susceptible de recevoir de temps en temps des modifications, résultat des améliorations progressives introduites par la compagnie.

C'est ainsi qu'en Angleterre, dont on ne saurait se lasser d'invoquer l'expérience, on renouvelle de temps en temps les divers règlemens de service intérieur. Les bills en font même une obligation formelle aux compagnies.

Faut-il un tarif pour les chargemens et les décharge- mens des marchandises?

Quelques personnes, et la compagnie elle-même, à l'origine de l'en- quête, ont demandé qu'il fût fait un tarif pour les frais de chargement et de déchargement des marchandises.

Dès l'instant que chacun est libre de charger et de décharger, con- vient-il bien de faire à cet égard un tarif? Quant à nous, Messieurs, nous ne le croyons pas. Il nous semble qu'il vaut mieux laisser à cha- cun le soin de débattre son prix et de s'entendre avec la compagnie.

La garantie pour chacun est dans la liberté de pouvoir faire soi-même les chargemens et les déchargemens de ses marchandises ou de les faire faire par d'autres que par la compagnie. Assurément elle doit avoir une foule de moyens pour les effectuer à meilleur marché que qui que ce soit; mais si elle ne le fait pas, il s'élèvera bientôt des concurrences.

Avec le système de liberté, la concurrence est toujours menaçante pour pousser aux améliorations. C'est la loi de ce système, c'est son bienfait. Ainsi, sous l'influence de cette pensée, la compagnie sera toujours suffisamment rappelée dans les voies de la raison, qui seront aussi celles de son intérêt.

QUESTIONS.

1° *La compagnie du chemin de fer est-elle tenue de faire les chargemens et les déchargemens des marchandises, sans augmentation de son tarif?*

2° *Convient-il de faire un tarif pour les frais de chargement et de déchargement, dans le cas où la compagnie ne serait pas tenue de ces frais?*

Sur la première question, la commission est d'avis, à la *majorité* :

« Que la compagnie du chemin de fer ne doit pas être tenue de « faire les chargemens et les déchargemens des marchandises à ses « frais; mais que chaque expéditeur doit être libre de les effectuer « par lui-même ou par ses agens. »

Sur la seconde question, la commission est d'avis, à la même *majorité* :

« Qu'il convient de faire, pour les chargemens et les déchargemens, « un règlement et un tarif dont les bases seront proposées par la com- « pagnie, pour ensuite être arrêtées par l'administration, les cham- « bres de commerce et consultatives préalablement entendues. »

CHAPITRE VIII.

—

Ce qu'on entend par maxi- mum et minimum de poids. ar maximum et minimun de poids, nous entendons un poids fixe et déterminé, au dessus et au dessous duquel un chemin de fer n'est pas obligé de faire des transports d'après son tarif.

Ainsi, suivant son cahier des charges, le chemin de fer de Paris à Saint-Germain ne peut être tenu de transporter au dessous de 100 kilogrammes (8e clause supplémentaire du cahier des charges), ni une masse indivisible au dessus de cinq mille kilogrammes (article 35 du cahier des charges), non plus que les denrées ou objets qui, sous le volume d'un mètre cube, ne pèsent pas 200 kilogrammes (article 36 du cahier des charges).

Les chemins de fer de Lyon Il n'a point été déterminé de maximum ni de minimum de poids pour

..i d'Andrézieux n'out point de
maximum ni de minimum de
poids déterminé.

les chemins de fer de Lyon et d'Andrézieux. Leurs cahiers des charges ne renferment aucune clause à cet égard. De là, surtout dans la compagnie du chemin de fer de Lyon, des difficultés sans cesse répétées.

Nécessité de déterminer un
maximum et un minimum de
poids.

« On concevra vite, a dit M. Coste dans la première séance où il a été entendu, la nécessité d'astreindre les expéditeurs à l'obligation de livrer un poids déterminé, si l'on ne veut pas exposer la compagnie et le commerce lui-même à des entraves qui pourraient souvent se renouveler, et cela pour satisfaire quelquefois des exigences qui ne méritent aucune faveur. Ainsi on expédie une grande quantité de tonneaux vides de Saint-Etienne à Lyon. La compagnie est dans l'habitude de les placer sur des wagons chargés de marchandises lourdes telles que le fer. Supposez que les expéditeurs de ces tonneaux prétendissent avoir des wagons à leur disposition, et pour eux seuls, de même que les autres expéditeurs, c'est-à-dire avec la même régularité, en même nombre et au même prix, ne serait-ce pas la chose la plus absurde, lorsqu'on se reporte au peu de poids rapproché de l'énormité du volume?

« Partout il y a des conditions particulières pour le transport de ce qu'on appelle dans le commerce *marchandises encombrantes* de même que pour les objets dits de *messagerie*.

« Enfin, ajoute M. Coste, il conviendrait de fixer la charge d'un wagon. Le matériel et le prix des relayeurs sont faits pour une charge de 3,000 kilogrammes par wagon. La compagnie ne chargeant pas elle-même, très-souvent les wagons, en charbon dit *pérat* surtout, sont surchargés et vont à 4 ou 5,000 kilogr.; on peut faire payer la surcharge, mais si des accidens arrivent par suite de ce trop grand poids du wagon, ils sont toujours à la charge de la compagnie. »

M. Coste expose bien les difficultés.

Le minimum de poids dé-
terminé à 500 kil., dans l'article pour le chemin de fer de
Roanne.

Lors de la confection du cahier des charges du chemin de fer de Roanne, on sentit qu'il était indispensable de déterminer une quotité de poids; en conséquence, l'article 8 porte dans sa disposition finale : « Le transport des masses indivisibles pesant plus de 2,000 kilogram. « ou des marchandises qui, sous le volume d'un mètre cube, ne pè- « seraient pas 500 kilogrammes, ne sera point obligatoire. »

Observations de la chambre

Dans la délibération du 26 avril 1828, la chambre consultative des arts et manufactures de Saint-Etienne fit les observations suivantes sur cette disposition : « Cet article serait une véritable proscription de toutes les marchandises sortant de nos fabriques ; *la moitié des objets de quincaillerie et d'armurerie, et tous les objets de soieries se trouveraient ainsi hors du tarif ; les grains, les liqueurs, les pommes de terre, les bois de chauffage,* toutes ces productions si importantes pour la plaine du Forez, seraient à la merci de l'exigence d'une compagnie : il en serait de même des engrais dont la plaine a un si grand besoin ; et le gouvernement ne peut vouloir user d'une exception au droit de propriété, que dans l'intérêt général, et non pour favoriser des prétentions arbitraires. Il serait donc juste, prudent et sage de proposer la fixation de la qualité de *marchandises encombrantes* seulement à celles dont le poids ne s'élèverait pas à 100 kilogrammes le mètre cube, au lieu de 500 kilogrammes, et encore convient-il de leur assigner un tarif particulier.

A ces observations pleines de justesse et de fondement, l'administration ne fit qu'une demi-concession, en réduisant, par décision du ministre de l'intérieur, du 14 mai 1828, à 250 kilogrammes le poids dont le minimum était fixé à 500.

Le bill anglais sur le chemin de fer de Londres à Birmingham consacre ce qui suit relativement à la quotité du poids : 1° la compagnie pourra fixer un tarif particulier pour les chargemens dont le poids n'excédera pas 500 livres ; 2° le poids des wagons chargés ne pourra pas dépasser quatre tonnes ; 3° pour les masses indivisibles d'un poids supérieur, le tarif des droits pourra être porté à 4 pences par tonne et mille ; 4° enfin, si le poids de ces objets excède 8 tonnes, y compris celui de la voiture, une permission spéciale devra être demandée à la compagnie qui pourra exiger le droit qu'elle jugera convenable.

Maintenant, Messieurs, en vous faisant connaître les dispositions des articles 35 et 36 du cahier des charges du chemin de fer de Paris à Saint-Germain, et la huitième clause supplémentaire de ce même cahier des charges, nous vous aurons rappelé à peu près tout ce qui existe sur le maximum et le minimum de poids en cette matière.

Article 35 : «Les droits de péage et les prix de transport déterminés au tarif précédent ne sont pas applicables :

« 1° A toute masse indivisible pesant plus de 3,000 kilogrammes;

« 2° A toute voiture pesant avec son chargement plus de 4,000 kilogrammes.

« Néanmoins, la compagnie ne pourra se refuser ni à transporter les masses indivisibles pesant de 3 à 5,000 kilogrammes, ni à laisser circuler toute voiture qui, avec son chargement, pèserait de 4 à 8,000 kilogrammes, mais les droits de péage et les frais de transport seront augmentés de moitié.

« La compagnie ne pourra être contrainte à transporter les masses indivisibles pesant plus de 5,000 kilogrammes, ni à laisser circuler les voitures qui, chargement compris, pèseraient plus de 8,000 kilogr. »

Article 36. «Les prix de transport déterminés au tarif précédent ne seront point applicables :

« 1° Aux denrées et objets qui, sous le volume d'un mètre cube, ne pèsent pas 200 kilogrammes;

« 2° A l'or et à l'argent, soit en lingots, soit monnayés ou travaillés, au plaqué d'or et d'argent, au mercure et au platine, ainsi qu'aux bijoux, pierres précieuses et autres valeurs.

« 3° Et en général à tout paquet ou colis pesant isolément moins de 250 kilogrammes, à moins que ces paquets ou colis ne fassent partie d'envois pesant ensemble une demi-tonne et au-delà, d'objets expédiés à ou par une même personne, et d'une même nature, quoique emballés à part, tels que sucres, cafés, etc.

« Dans les trois cas ci-dessus spécifiés, les prix de transport seront librement débattus avec la compagnie. »

Huitième clause supplémentaire. «Les quatrième et cinquième paragraphes de l'article 36 seront modifiés ainsi qu'il suit :

« Et en général à tout paquet ou colis pesant isolément moins de 100 kilogrammes, à moins que ces paquets ou colis ne fassent partie d'envois pesant ensemble plus de 200 kilogrammes ou au-delà, d'objets expédiés à ou par une même personne, et d'une même nature, quoique emballés à part, tels que sucres, cafés, etc.

« Dans les trois cas ci-dessus spécifiés, les prix de transport seront librement débattus avec la compagnie.

« Néanmoins, au dessous de 100 kilogrammes, et quelque soit la « distance parcourue, le prix de transport d'un colis ne pourra être « taxé à moins de 40 centimes. »

Nous l'avons déjà dit, le cahier des charges du chemin de fer de Saint-Etienne à Lyon est entièrement muet sur les unités de poids. C'est une lacune à remplir, et en faisant une nouvelle disposition à ce sujet, ce ne sera ni une modification, ni même une interprétation du cahier des charges, mais tout simplement une omission réparée.

En l'absence de toute clause à cet égard, dans son cahier des charges, la compagnie du chemin de fer de Lyon en a inséré une dans ses lettres de voiture ; la voici :

« Vu la gravité des accidens qui sont en général la suite des surcharges, et la presque impossibilité de vérifier le poids des marchandises *au départ*, la compagnie prévient :

« 1° Qu'elle ne recevra pas de déclaration au dessous ni au dessus de trois tonnes par wagon ;

« 2° Qu'elle se réserve de faire vérifier le poids du wagon à l'arrivée ;

« 3° Qu'il sera passé 150 kilogrammes de surcharge par wagon ; mais en cas d'excédant sur cette tolérance, il sera perçu, quelque soit la distance parcourue, savoir :

Pour 150 kilog.	1,20 p. 0/0, soit	fr. 1	80
301 —	2 —	6	»
501 —	3 —	15	»
701 —	5 —	35	»
1000 —	8 —	80	»

Ce sont là évidemment des stipulations arbitraires, que rien ne justifie, et qui ne sont nullement obligatoires pour le commerce. Aussi ont-elles été vivement attaquées. Ecoutons ce qu'a dit à ce sujet le sieur Flachon dans l'enquête :

« Une pareille stipulation dans les lettres de voiture ne saurait en aucune manière lier les expéditeurs. En fait de prix du transport des

marchandises, il n'en est pas de la compagnie comme des autres voituriers. Les voituriers ordinaires peuvent faire tels transports que bon
leur semble et à tels prix qu'ils jugent convenables. L'expéditeur en
recevant sa lettre de voiture accepte ou refuse les conditions qui y sont
stipulées. Chacun est libre de s'adresser à la concurrence. D'ailleurs,
on ne peut pas tarifer le commerce des particuliers. Mais une compagnie de chemin de fer ne doit son existence qu'à l'intérêt public, n'a
été autorisée qu'à raison de cet intérêt. Elle se doit à tous, et pour tous
elle a des règles qui lui sont tracées et dont elle ne peut s'affranchir
sous aucun rapport. Ces règles sont celles qui dérivent de son cahier
des charges, qui lui impose l'obligation de faire des transports pour
tout le monde, et suivant le prix qu'il détermine. Ce cahier des charges
forme la condition de son existence, le contrat passé entre elle et le
public, et toute stipulation par laquelle la compagnie voudrait changer ou modifier ce contrat est nécessairement sans force.

« Ainsi nulle part il ne résulte du cahier des charges du chemin de
fer de Lyon, qu'on ne pourra lui donner ni plus ni moins de trois
tonnes par wagon : cette stipulation de ses lettres de voiture est donc à
la fois nulle, arbitraire et vexatoire. »

Dans l'état, il est indispensable de déterminer un maximum et un
minimum de poids, et nous croyons qu'on ne saurait rien faire de
mieux que d'adopter pleinement à cet égard les dispositions du cahier
des charges du chemin de fer de Paris à Saint-Germain. C'est, Messieurs, ce que nous avons l'honneur de vous proposer.

QUESTION.

*Convient-il de fixer un maximum et un minimum de poids pour la
compagnie du chemin de fer de Lyon, et d'après quelles bases les dé-
terminera-t-on ?*

La COMMISSION est d'avis, à l'*unanimité :*

« Qu'il convient de fixer un maximum et un minimum de poids
« pour la compagnie du chemin de fer de Lyon d'après les bases du
« cahier des charges du chemin de fer de Paris à St-Germain rappe-
« lées au rapport. »

CHAPITRE IX.

—

PERCEPTIONS ILLICITES (¹).

e qui excite les plaintes les plus vives et les plus nombreuses contre le chemin de fer de Lyon, ce sont assurément les

---

(¹) La commission d'enquête a cru devoir s'enquérir sur la question qui suit :

« *Pourquoi, malgré la diminution du prix des transports résultant du tarif du chemin de fer de Lyon, la houille est-elle aussi chère sur le marché de Lyon, depuis l'existence de ce chemin, qu'elle l'était avant sa mise en activité ?*

« *Doit-on l'attribuer aux perceptions illicites de la compagnie du chemin de fer ou à toute autre cause ?* »

Voici les renseignemens recueillis à cet égard :

« Quand nous n'avions, a dit M. Bréchignac, pour transporter notre houille à Lyon que la voie de terre, une voiture à trois chevaux, ou une voiture à un cheval chargeaient ordinairement

droits accessoires qu'il perçoit en sus de son tarif, et qui dépassent quelquefois le prix principal du transport.

---

trois tonnes de gros charbon, soit 24 bennes à 1 fr. 50 c. l'une.	36	»
« Le voiturier était satisfait en revendant à Lyon, s'il lui restait pour son transport.	54	»
« Ensemble pour le consommateur.	90	»
« Aujourd'hui, ces 24 bennes de gros charbons ne se vendent pas plus cher à St-Etienne.	36	»
« Frais de transport du wagon de trois tonnes de Saint-Etienne à Lyon. . . .	17	07
« *Frais accessoires pour le vendeur.* — Chargement et approche jusqu'au chemin de fer.	4	»
« *Frais accessoires pour le chemin de fer.* — Lettre de voiture, droit d'avis, d'estacade, de pesage, de hausse, de sous-pape, de déchargement, etc.	8	50
« *Frais accessoires pour le commissionnaire de Lyon.* — Magasin à Perrache, chargement et transport en ville.	9	10
« Déchet aux deux déchargemens et aux deux mesurages.	5	13
« Bénéfice du commissionnaire ou entrepositaire.	10	»
« Somme égale.	90	»

« La comparaison de ces deux comptes fera de suite apercevoir que l'extracteur ne vend pas plus cher, mais que le consommateur de Lyon ne bonifie rien depuis l'existence du chemin de fer; parce que ce chemin, après le prix du tarif sur un wagon de trois tonnes, s'approprie des droits accessoires sous toutes les dénominations qu'il lui a plu d'imaginer.

« Le voiturier par terre chargeait lui-même le charbon à Saint-Etienne, sur la mine, le rendait à la porte du consommateur de Lyon, tout pesé, tout mesuré, et arrangé sans déchet dans la charbonnière.

« Le chemin de fer s'arrêtant à Perrache a fait naître nécessairement entre l'exploitant de houille, le consommateur et le voiturier, une nouvelle branche d'industrie exploitée par des commissionnaires ou entrepositaires qui ont des frais à se rembourser, tels que patente, chances de crédit et autres, outre les bénéfices qu'ils doivent encore raisonnablement faire.

« Il ne s'ensuit pas que le chemin de fer n'ait point apporté d'amélioration ni à Saint Etienne ni à Lyon. Il est vrai de dire qu'en transportant de plus grandes quantités de marchandises, qu'on aurait jamais pu le faire par la voie de terre, le chemin de fer a fourni aux extracteurs de Saint-Etienne le moyen de donner plus de développement à leurs entreprises, et d'assurer à Lyon que ses établissemens industriels pourront se multiplier sans jamais craindre de manquer de houille.

« Les frais accessoires du chemin de fer qui ne se paient qu'une fois par chaque wagon, se-

Les droits fixés par le tarif sur les transports des marchandises sont de 0 fr. 098 par mille kil. et par distance de mille mètres, prix de l'ad-

---

raient bien moins onéreux et moins sensibles, si le wagon avait de grandes distances à parcourir. Ainsi, ils seraient presque nuls si l'on chargeait à Saint-Etienne pour Paris ou pour Marseille. »

Ecoutons maintenant M. Coste, directeur du chemin de fer :

« Désirant, a-t-il dit, éclairer autant qu'il est en mon pouvoir la commission de St-Etienne, je vais donner quelques explications sur un fait qui a été mal apprécié : je veux parler du prix élevé de la houille à Lyon, et dans d'autres contrées, que l'on a cherché à expliquer par des droits *excessifs* prélevés par la compagnie du chemin de fer. La cause de cette élévation du prix de la houille est toute entière dans l'inondation des mines de Rive-de-Gier.

« Le tarif du chemin de fer est invariable, et lorsque le prix du charbon s'élève, le bénéfice est pour l'exploitant. Voici des chiffres qui justifient complétement la compagnie du chemin de fer :

« La recette brute du chemin de fer s'est élevée pendant le mois de juin 1835 à   221,469   19

« Savoir :

« 38,827 tonnes de marchandises, droits acquittés conformément au tarif. .	155,077 23
« 46,968 voyageurs et produits des omnibus de Lyon.	45,584 50
« Pont de la Mulatière.	7,956 95
« Produits de la gare de Perrache.	1,407 16
« Frais au départ (chargement, entrepôt, garanties, lettres de voiture.) . .	4,000 69
« Droits de trappe sur 9,508 wagons à 15 centimes.	1,426 20
« Droits de bascule sur 4,352 wagons à 15 centimes.	676 »
« Entrepôt et magasinage temporaire.	812 04
« Avis, menus frais, produits divers provenant de surcharges.	936 85
« Déchargemens.	3,591 60
« Somme égale.	221,469 19

« La portion des frais compris dans les six derniers articles, supportée par la houille, s'élève au plus à 8,000 fr.

« On a transporté 33,000 tonnes de houille, soit par tonne 0 f. 24 c.

« Deux centimes par hectolitre et dans ces deux centimes les frais de déchargement sont comptés. Je laisse à la commission le soin de rapprocher les résultats des accusations portées contre la compagnie du chemin de fer. »

M. Vachier, exploitant à Saint-Etienne, traite la question de la manière suivante :

« Il faut distinguer, dit-il, les houilles des trois bassins différens.

« 1° Celles du bassin de Firminy et de la Ricamarie;

« 2°   —   de Saint-Etienne;

« 3°   —   de Rive-de-Gier.

judication tranchée le 27 mars 1826 à MM. Seguin, Biot et Comp^e, sur leur soumission approuvée par ordonnance royale du 7 juin suivant.

« 1° Houilles du bassin de Firminy et de la Ricamarie. — Ces houilles qui ont beaucoup de réputation à Lyon, y étaient conduites, avant la confection du chemin de fer, par des voituriers ordinaires qui achetaient directement sur la mine et vendaient à Lyon la houille rendue à la porte du consommateur, moyennant un profit qui, combiné avec le prix de la voiture, pouvait s'élever à 2 fr. par 100 kilogr. Ils vendaient ordinairement à la mesure ancienne, benne de Lyon, qui pesait 60 kilogr. en menu. Cette benne, qui n'était pas métrique, a été remplacée depuis par l'hectolitre qui pèse en menu 80 kilogr.

« Pour pouvoir comparer facilement les prix des charbons aux deux époques, nous réduirons les quantités en unités de poids de 100 kilogr.

« Ainsi, la houille de Firminy et de la Ricamarie se vendait en 1829, sur le parc de la mine, au même prix qu'aujourd'hui, soit 1 fr. 25 c. les 100 kilogr. de pérat; ajoutons pour prix de transport et bénéfice du voiturier, 2 fr., il en résultait une valeur de 3 fr. 25 c. pour 100 kilogr. rendus à Lyon à la porte du consommateur.

« Voici comment s'opère aujourd'hui ce transport à Lyon par le chemin de fer :

« Un commissionnaire qui tient magasin à Bérard, sur les bords du chemin de fer, achète sur la mine au prix de 1 fr. 25 c. les 100 kilogr., ci 1 25

« Il faut conduire de la mine dans son magasin, moyennant le prix de . . . . » 40

« Frais de déchargement dans les wagons, déchet en menus, au chargement et déchargement, et bénéfices. » 45

« Soit 2 fr. 10 c. prix du pérat actuel aux magasins de Bérard. 2 10

« Prix du transport sur le chemin de fer aboutissant seulement à Perrache. . . » 57

« Frais de déchargement et de sous-pape. . . . . » 07

« Frais d'entrepôt et de manutention du magasinier de Perrache. . . . . . » 20

« Déchet en menu qui ne se vend que 1 fr. 25 c., tandis que le pérat se vend 4 fr. » 60

« Transport de Perrache chez le consommateur de Lyon. . . . . » 25

« 5 à 6 pour % de bénéfice pour le magasinier de Perrache. . . . . . . » 21

« Prix aussi actuel des 100 kilogr. de pérat à Lyon par le chemin de fer. . . . 4 »

« Le prix par le chemin de fer est donc élevé de 75 centimes de plus que par les voitures ordinaires.

« Mais pourquoi alors ne se sert-on pas des voitures ordinaires?

« Les voituriers ne peuvent transporter de la houille à Lyon au prix de 2 fr. les 100 kil. qu'à la condition d'avoir un transport au retour, c'est-à-dire à la remonte. Et en effet, tant qu'ils en ont eu, ils ont fait une vive concurrence au chemin de fer qui prit la mesure de renoncer momentanément, non-seulement à l'augmentation du tarif à la remonte, obtenue par ordonnance du 16 septembre 1834, mais encore à une partie de son tarif primitif. Le résultat de cette mesure fit d'abord descendre à 1 fr. le prix des 100 kilogr. à la remonte qui finit par manquer to-

Une nouvelle ordonnance royale du 16 septembre 1831, extensive de l'adjudication, a statué ce qui suit : « Les droits sur le chemin de

---

talement. Alors les voituriers réduits aux abois vendirent leurs équipages. Ce résultat obtenu, la compagnie a déclaré qu'elle retirait au commerce les bonifications qu'elle faisait à la remonte.

« 2° HOUILLES DU BASSIN DE SAINT-ÉTIENNE. — Les houilles qui proviennent des mines éloignées du rail du chemin de fer peuvent être rangées, pour les frais de transport, dans la catégorie de celles de Firminy et de la Ricamarie, les frais d'*approchage* aux rails variant suivant la distance de la mine au chemin de fer.

« Les houillères situées sur le chemin de fer, ou s'embranchant avec lui, étant chargées directement dans les wagons, ont moins de déchet à supporter. Elles sont affranchies de tous les frais au départ, et ceux à l'arrivée peuvent être considérablement diminués, par l'emploi des entrepôts que l'on peut avoir à Lyon.

« Ces houilles reviennent à Lyon les 100 kilogr. pérat pris sur la mine. 1 25
« Transport sur le chemin de fer. . . . . » 57
« Frais d'entrepôt et de manutention à Lyon. . . . . » 20
« Déchet en menu. . . . . » 33
« Transport chez le consommateur. . . . . » 25

« Prix réel pour le moment. 2 60

« Ces charbons peuvent donc être fournis à la consommation de Lyon à un prix très-restreint, si le consommateur, plus clairvoyant, renonçait au préjugé assez répandu à Lyon, que les houilles de Saint-Étienne ne valent rien, et venait acheter directement aux entrepôts de ces mines; il passe par les mains de revendeurs qui, profitant du préjugé à tort répandu contre ces qualités, les vendent pour et à l'égal des qualités renommées de Rive-de-Gier et la Ricamarie. »

« 3° HOUILLES DU BASSIN DE RIVE-DE-GIER. — Ces houilles ont beaucoup augmenté depuis quelques années sur le parc même des mines. L'unique cause de cette augmentation vient de l'inondation des grandes mines de ce bassin et de leur réputation de supériorité en qualité sur celle de Saint-Étienne. Le chemin de fer n'est pour rien dans cette augmentation, parce que le canal de Givors a toujours, avant comme après le chemin de fer, suffi aux débouchés des produits de ces mines. Le chemin de fer a empêché les houilles de ce bassin devenues insuffisantes d'atteindre un prix exhorbitant, en conduisant sur ses marchés les houilles abondantes de Saint-Étienne.

« Il faut remarquer que le prix de la houille à Lyon, est moins élevé que le vulgaire le croit de bonne foi, et il nous serait facile de le prouver par des chiffres, si nous avions une mercuriale des prix antérieurement au chemin de fer. Une cause de cette erreur est d'abord le changement de la benne de Lyon qui est devenue l'hectolitre. Depuis le chemin de fer et la facilité de peser avec des bascules, la vente du gros ne s'opère plus qu'au poids, et le vulgaire confond encore machinalement le quintal métrique avec l'ancienne mesure de Lyon.

« Les causes qui influent sur le prix du charbon à Lyon, qui tiennent à la compagnie du chemin de fer, et qu'on peut lui reprocher, sont les suivantes :

« fer de Saint-Étienne à Lyon sont fixés jusqu'au 31 décembre 1841,
« à *douze centimes* pour la remonte de Givors à Rive-de-Gier, et à

« 1° L'accaparement des terrains qui sont nécessaires pour l'entrepôt des charbons sur tous les points de départ et d'arrivée. Elle retire de ces terrains des loyers excessifs de 1 fr. 25 c. par mètre carré;

« 2° Les petites exactions qu'elle réduit à l'infiniment petit de 2 c. par hectolitre, mais qui n'en forment pas moins annuellement des sommes énormes;

« 3° La perception du tarif sur des distances imaginaires et sur d'autres non parcourues ni commencées, perception illicite qui grève le transport de 6 p. 100 de son prix;

« 4° La dîme que prélèvent en nature sur toute la longueur du chemin de fer tous les employés de la compagnie qui se chauffent aux dépens du public;

« 5° Le manque de *cadres*, espèce particulière de chariots propres au transport des grosses houilles qui ne font pas éprouver autant de déchet que les wagons.

« 6° Enfin et surtout, l'*insuffisance de transports*, qui fait tenir les prix sur les houilles, parce que, d'une part, l'exploitant, pour se couvrir de ses frais, est obligé de réaliser, sur les petites quantités qu'il peut expédier, les mêmes bénéfices que lui procureraient de plus grandes masses; et que de l'autre, l'acheteur marchande d'autant moins sur le prix, qu'il tient à une plus prompte expédition. Cette insuffisance de transports laisse les entrepôts de Lyon sans approvisionnement, et les magasiniers de Lyon tiennent le prix d'autant plus haut, que la marchandise est plus rare sur la place, et qu'il n'est pas possible d'y en faire arriver en abondance, ce qui empêche toute concurrence. »

« Nul doute, s'exprime M. Boggio, que le chemin de fer du Rhône n'ait procuré des avantages bien réels dans le prix de la houille pour le consommateur de Lyon. La preuve ressortirait suffisamment de ce que les acheteurs comme les expéditeurs mêmes de Rive-de-Gier recherchent tous à l'envi la voie du chemin de fer plutôt que celle du canal de Givors, quoique cependant, depuis la mise en activité du *railway*, ce canal ait abaissé le péage sur la houille de 27 cent. 1/2 à 11 cent. 1/4 par hectolitre.

« Si, malgré ces avantages, les charbons n'ont pas diminué sur le marché de Lyon, cela tient à plusieurs circonstances.

« La première, et la plus importante de toutes, c'est l'inondation de Rive-de-Gier, par suite de laquelle les principaux puits n'exploitent plus. Ensuite, c'est que la plupart de celles qui restent en activité sont obligées à de plus grands frais pour maintenir les eaux au niveau de leurs travaux.

« Malgré ces immenses inconvéniens, les charbons de Rive-de-Gier sont toujours restés à Lyon au même prix, ce qui n'est dû qu'à l'existence seule du chemin de fer qui, outre qu'il transporte à meilleur marché que par les moyens qui existaient avant lui, a ouvert le débouché de Lyon aux bassins de St-Étienne, de la Ricamarie et de Firminy qui y versent désormais la plus grande partie de leurs produits.

11

« *treize centimes* pour la remonte de Rive-de-Gier à Saint-Etienne.

« Les droits de transport pour la remonte de Lyon à Givors, et pour
« la descente de Saint-Etienne à Lyon, resteront fixés tels qu'ils l'ont
« été par l'ordonnance du 7 juin 1826. »

Enumeration des droits accessoires exigés par la compagnie du chemin de fer en sus de son tarif.

Outre ces droits, la compagnie du chemin de fer de Lyon exige encore les perceptions suivantes :

1. Perceptions de distances non parcourues ;
2. Perception, dans divers cas, d'un poids excédant le poids réel ;
3. Perception du denier fort ;
4. Droit d'occupation de la voie principale ;
5. Droit de hausse ;
6. Droit de bascule ;
7. Droit d'accompagnement ;
8. Droit d'avis ;
9. Droit de trappe ;

« Sans cela, les charbons seraient aujourd'hui à un prix bien plus élevé à Lyon. On pourrait dire qu'ils auraient augmenté dans la proportion du transport par terre de Saint-Etienne à Rive-de-Gier, qui était de 75 cent. les 100 kilogr. avec celle du prix du transport actuel par le chemin de fer, qui est de 20 centimes, c'est-à-dire qu'ils auraient augmenté de 55 cent. les 100 kil.

« Pour être même complétement exact, il faudrait ajouter aux 55 cent., les déchets résultant dans le charbon qui, par l'effet du transport, de pérat devient menu, déchet bien autrement fort par la voie de terre que par un chemin de fer, puisqu'il n'est pas moins du quart d'une totalité transportée.

« Sur les chemins de fer de l'Angleterre et de l'Amérique, pour que le déchet soit moins fort, tous les wagons qui servent à transporter la houille sont placés sur des ressorts.

« Le prix de ces wagons suspendus est de 800 fr. soit en Amérique soit en Angleterre. C'est à peu près aussi le prix auquel ils reviendraient en France, au lieu de 500 fr. que coûtent les wagons actuels non suspendus.

Au reste, il n'est pas entièrement vrai que la houille soit aussi chère maintenant à Lyon qu'avant l'existence du chemin de fer. Les pérats de Saint-Etienne se sont vendus 2 fr. les 100 kil. rendus à la gare de Lyon. Il en coûte 25 cent. pour les transporter à domicile, ce qui fait 2 fr. 25 c., tandis qu'avant le chemin de fer le prix variait de 3 fr. 25 c. à 3 fr. 50 c.

« Pourquoi donc le consommateur paie-t-il toujours l'ancien prix ? C'est qu'au lieu d'aller le chercher lui-même à la gare, il en charge un commissionnaire qui fait passer pour du charbon de Rive-de-Gier celui de Saint-Etienne, et parvient ainsi à maintenir les anciens prix.

10. Droit de chargement;
11. Droit de bachage;
12. Droit de déchargement;

> Ces droits sont exigés des commissionnaires en roulage, encore qu'ils chargent et déchargent eux-mêmes.

13. Droit de gare;
14. Droit de lettre de voiture;
15. Droit de magasinage.

Telle est la nomenclature des perceptions accessoires reprochées à la compagnie du chemin de fer de Lyon. «C'est, a dit l'un des réclamans dans l'enquête, à qui mieux mieux dans cette compagnie, à qui inventera des dénominations nouvelles servant de prétexte à quelque droit nouveau. »

A l'exception des cinq derniers articles, et encore le bachage se trouvant nécessairement compris dans le chargement, il n'y a pas de doute que tous les autres droits sont illicites et seraient condamnés par les tribunaux.

Perceptions de distances non parcourues. Parmi les réclamations multipliées qui ont été élevées relativement à la perception de distances non parcourues, nous nous bornerons à faire connaître celle de M. Dugas-Viallis, maître de forges à Saint-Jullien, qui, en quelques mots, résume à peu près toutes les autres.

« La compagnie du chemin de fer, a-t-il dit, perçoit le droit sur un parcours plus long que celui qui existe réellement. Ainsi, la première borne milliaire, du côté de Saint-Etienne, n'est placée qu'à 300 mètres environ du point de départ, et la dernière borne, à l'arrivée à Lyon, ne porte que le n° 55. De cette borne à l'extrémité du chemin de fer, il y a moins de mille mètres. La longueur totale du chemin serait donc de 55 mille mètres environ. Cette perception sur un parcours de 2,700 mètres qui n'existent pas, est illégale. »

La chambre consultative de Saint-Chamond s'est également plaint à plusieurs reprises de ce que la compagnie du chemin de fer compte comme entière chaque fraction de kilomètre existante entre Lyon et Givors, Givors et Rive-de-Gier, Rive-de-Gier et Saint-Chamond, arrivant ainsi à exiger le droit sur 46 mille mètres au lieu de 44 mille.

Probablement toutes ces réclamations ne tarderont pas à cesser, un arrêté de M. le préfet de la Loire, du 28 octobre 1835, venant de prescrire une mensuration contradictoire.

En attendant, voici le tableau des distances actuelles, tel qu'il a été dressé par la compagnie du chemin de fer de Lyon, et d'après lequel elle fait ses perceptions :

DESCENTE.				REMONTE.			
LIEUX.	DISTANCE.	Tarif	PRIX PAR TONNE.	LIEUX.	DISTANCE.	Tarif.	PRIX PAR TONNE.
De St-Etienne à St-Cham.	12	» 098	1 18	De Lyon à Givors.	24	» 098, »	2 06
— Rive-de-Gier. .	22	» »	2 16	— Rive-de-Gier..	37	» 098,12	3 98
— Givors.	37	» »	3 63	— St-Chamond. .	46	» » 13	5 15
— Lyon..	58	» »	5 69	— Saint-Etienne.	58	» »	6 74
De St-Cham. à Rive-de-Gier.	11	» »	1 08	De Givors à Rive-de-Gier..	17	» 098,12	2 04
— Givors.	26	» »	2 55	— St-Chamond. .	26	» 12,13	3 22
— Lyon..	46	» »	4 51	— Saint-Etienne.	37	» »	4 65
De Rive-de-Gier à Givors..	17	» »	1 67	De Rive-de-Gier à St-Cham	11	» 13	1 43
— Lyon..	37	» »	3 63	— Saint-Etienne.	22	» 13	2 86
De Givors à Lyon..	24	» »	2 06	De St-Cham. à St-Etienne.	12	» 13	1 56

Perception , dans divers cas, d'un poids excédant le poids réel.

Chaque wagon contient ou doit contenir trois tonnes, soit 3 mille kilogram. — S'il s'agit de charbon *malbrou*, *pérat* ou *menu-raffort*, les 3 mille kilogrammes peuvent bien entrer dans un wagon.

Mais s'il s'agit d'un chargement de coke, de charbon *grêle* ou de *menu-maréchal*, les wagons ne contiennent pas 3 mille kilogrammes. Le charbon *menu-maréchal*, qui se charge le plus fréquemment, ne pèse que 900 à 930 kilogrammes par tonnes, soit 2,700 à 2,800 kilogrammes le plus par wagon. Ainsi, la perception sur cette sorte de houille serait donc d'un quinzième de plus qu'elle ne doit être.

Les réclamations élevées sur ce point devant la commission d'enquête ne peuvent cesser que par l'établissement d'une bascule pour le pesage du charbon, ce qui ne serait pas moins favorable à la compagnie qu'au commerce, puisqu'elle se plaint souvent elle-même d'excessives surcharges qui nuisent à son chemin.

Perception du denier fort.

Dans un mémoire présenté à la commission d'enquête de Saint-Etienne par le commerce de Givors, on lit : « La compagnie du chemin de fer perçoit 1 fr. 67 cent. par tonne, de Rive-de-Gier à Givors, et elle compte 17 distances.

« Or, quand bien même les 17 distances s'y trouveraient, elle ne devrait percevoir que 1 fr. 65 cent. 60 mil., ce qui établit une différence de 1 cent. 1/4 par tonne au profit de la compagnie. »

En parcourant, en effet, le tableau des perceptions et des distances dressé par la compagnie, et ci-dessus transcrit, on voit que d'un lieu de chargement à un autre, sans tenir compte des fractions de centime, elle perçoit toujours le centime entier.

Autres perceptions.

Les autres perceptions, telles que les droits d'occupation de la voie principale, de hausse, de bascule, d'accompagnement, d'avis, de trappe, d'estacade ou de sous-pape, ne méritent pas qu'on s'y arrête sérieusement, pour démontrer que ces perceptions n'ont point de fondement légitime et ne reposent que sur un capricieux arbitraire de la compagnie.

Frais accessoires excédant le droit principal.

« Lorsque la compagnie du chemin de fer de Lyon obtint l'autorisation d'établir un chemin de fer, a dit M. Génissieu, directeur des fonderies et forges de Terre-Noire, elle publia que le prix de sa soumission était suffisamment élevé pour couvrir ses frais et lui assurer des bénéfices. Elle devait, disait-elle, chercher ses produits plutôt dans une grande masse de transports que dans l'élévation du tarif.

« Elle paraît, plus tard, avoir pensé différemment; car, loin de tendre à transporter beaucoup, elle a constamment repoussé la demande du commerce qui l'engageait à augmenter son matériel qui est évidemment insuffisant; et elle a voulu trouver ses bénéfices dans une longue série de frais accessoires qu'elle a ajoutés arbitrairement au droit de parcours, de telle sorte que le droit de parcours est souvent moindre que les frais accessoires.

« On peut avoir à payer à la fois :

« Le droit de chargement,

« Le droit de bâchage,

« Le droit de lettres de voiture,

« Le droit d'avis,

« Le droit de trappe,

« Le droit de pesage à la bascule, etc.

« Tous ces frais réunis forment pour cent kilogrammes de marchandises une dépense de.. . . . . »^f 29^c »^{m.}

« A quoi il faut ajouter :

« Le transport du magasin de l'expéditeur au lieu de chargement du chemin de fer, au minimum. . . . . » 10 »

« Les frais de magasin à Perrache, d'agent pour recevoir la marchandise, et de transport à Lyon. » 27 »

« Total des frais accessoires.. . . . . . » 66 »

« Le parcours même, en comptant 58 kilomètres, est de.. . . . . » 56 84

« Total, tous frais compris. . . . . . . 1^f 22^c 84^{m.}

« Il est donc vrai que les frais accessoires sont de 9 centimes 16 millièmes de plus que le droit principal, et il est vrai aussi qu'on peut charger par charrette et par la route ordinaire, aux frais de 1 fr. 20 c. les cent kilogrammes.

« On ne doit pas conclure de cette dernière observation, que l'établissement du chemin de fer n'ait pas été avantageux au commerce, et n'ait pas amené une diminution dans le coût du transport. Il est certain, au contraire, que la réduction que l'on obtient aujourd'hui des voituriers n'est due qu'à la concurrence du chemin de fer; mais on doit cependant tirer cette conséquence que si, par charrette, on a le transport à 1 fr. 20 c., le chemin de fer peut facilement apporter des modifications dans les droits qu'il ajoute à celui du p... cours. »

Maisons de roulage.

Il existe à Saint-Etienne quatre maisons de commission en roulage; ce sont MM. Gorrand et Thiers, Saurel frères, Gerest et Baudrand.

Les services du roulage expédient chaque jour, savoir :

Les commissionnaires en roulage expédient de Saint-Etienne à Lyon, 9 tonnes de marchandises par jour, dont 6 par la voie de terre, et 3 par le chemin de fer.

MM. Gorrand et Thiers	3,000 kilog.	**Par le Chemin de Fer.**
MM. Saurel frères, environ	3,000	
MM. Gerest, environ	1,500	**Par la Voie de Terre.**
M. Baudrand, environ	1,500	
Total par jour.. . . .	9,000 kil.	

Suivant ce qui a été rapporté devant la commission, MM. Gorrand et Thiers, les seuls qui n'aient point de service par la route de terre, payeraient 86 francs par jour pour le transport de 6 tonnes dont 3 partent chaque jour de Saint-Etienne et 3 de Lyon. Ce n'est qu'à ces conditions qu'ils auraient obtenu un service régulier du chemin de fer. Ces mêmes conditions ont été offertes à tous les commissionnaires qui, n'ayant pas voulu accepter, ne peuvent plus confier au *railvay* de Lyon que les marchandises qui ne demandent ni célérité, ni exactitude, soit à raison des exigences de la compagnie, soit à raison des lenteurs qu'on leur fait subir. C'est du moins ainsi qu'ils s'expliquent. *De là, l'une des raisons pour lesquelles jusqu'à présent ce railvay n'a été absolument d'aucune utilité au commerce de Saint-Etienne, si ce n'est pour le transport des houilles ou des fers.*

Le chemin de fer demande donc 86 francs pour le transport de 6 mille kilogrammes qui, d'après son tarif, ne devraient coûter que 34 francs 14 centimes, en supposant même, ce qui est contesté, que le parcours fût réellement bien de 58 kilomètres.

D'après ce qui a été encore expliqué à la commission, il n'en coûte pas plus cher pour les fourgons en poste marchant sur la route de terre, que les 86 francs que demande le chemin de fer pour le transport de 6 mille kil., si l'on y joint les frais qu'il faut faire pour transporter la marchandise du magasin du commissionnaire au lieu d'embarquement du chemin de fer, et du lieu d'arrivée au domicile des destinataires.

En vain il existe un tarif, en vain on déterminera un minimum de poids que la compagnie sera tenue de transporter; tous les calculs du commerce seront constamment trompés, si les marchandises confiées au chemin de fer ne sont pas expédiées le jour même ou le lendemain de leur remise.

Conçoit-on qu'il y ait encore des roulages par la voie de terre de St-Etienne à Lyon, avec tous les moyens qui sont à la disposition du chemin de fer pour effectuer les transports avec célérité et économie, et lorsque, pour répondre à tous les besoins de ce genre, il lui suffirait de mettre quatre ou cinq wagons seulement, par jour, à la disposition, soit des commissionnaires, soit des expéditions dont la compagnie se chargerait elle-même? C'est un calcul bien mal entendu à tous égards, que de refuser ainsi des transports qu'il serait si facile d'accorder; ce qui excite des plaintes d'autant plus générales contre le chemin de fer, qu'elles partent de toutes les branches du commerce, et d'autant plus vives que les espérances sont plus déçues.

QUESTION.

Quels sont les droits accessoires illicitement exigés par la compagnie du chemin de fer de Lyon?

La COMMISSION est d'avis à l'*unanimité :*

« Qu'à l'exception des lettres de voiture, des chargemens et des
« déchargemens, quand ils sont effectués par la compagnie, des droits
« de gare quand les marchandises y sont introduites, et des droits de
« magasinage, 24 heures après l'avis donné de l'arrivée des marchan-
« dises, toutes les autres perceptions sont illicites, et que les réclama-
« tions à cet égard doivent être portées devant les tribunaux. »

CHAPITRE X.

—

RESPONSABILITÉ.

Les règles sur la responsabilité sont tracées par nos codes.

es règles relatives à la responsabilité demandée contre la compagnie du chemin de fer sont toutes tracées dans nos codes.

Toutefois, on ne saurait se dissimuler que de graves accidens peuvent atteindre les personnes et les choses, et que la responsabilité de tels accidens peut soulever les questions les plus difficiles.

Par exemple, dans un éboulement ou un affaissement, quand y aura-t-il force majeure, *vis divina?* C'est ce que les tribunaux auraient à résoudre.

Déposition du sieur Fla-
chon, sur la responsabilité des
transports.

« Nul doute, a dit le sieur Flachon dans l'enquête, que comme voiturière la compagnie du chemin de fer ne soit responsable de tous les transports qu'elle effectue.

11

« Cependant, lorsque l'expéditeur fait lui-même son chargement, la compagnie prétend n'être nullement responsable des accidens qui arriveront en route; elle exige même, à cet égard, des déclarations; et si on les refuse, elle refuse de son côté de faire les transports.

« Si le chemin de fer n'entendait faire peser sur l'expéditeur que les avaries provenant du vice de chargement, cela ne saurait souffrir de difficulté. Il y a d'ailleurs à cet égard des règles générales pour tous les roulages, applicables dès-lors à la compagnie.

« Mais ce n'est pas là ce que veut la compagnie du chemin de fer. Ce qu'elle veut, c'est une déclaration qui l'affranchisse indéfiniment de toute responsabilité lorsqu'elle ne charge pas elle-même; ou plutôt, ce qu'elle veut réellement, c'est forcer les expéditeurs à lui faire faire les chargemens pour en retirer les bénéfices.

Jugement du tribunal de commerce de Lyon fixant les principes sur la responsabilité.

« Un jugement du tribunal de commerce de Lyon, du 29 janvier 1835, fixe les véritables principes, et il n'y a qu'à s'y tenir. Ce jugement a considéré que la « compagnie du chemin de fer étant intéres- « sée aux conditions des transports qu'elle opère, et, pour tout ce « qui n'est pas réglé par ses statuts, soumise à toutes les dispositions « du droit commun, elle est dès-lors responsable, comme faisant office « de voiturier, de la perte ou de l'avarie de la marchandise, sauf le « cas de force majeure, ou de vice de la chose légalement constaté. »

La question de responsabilité appartient aux tribunaux.

La question de responsabilité du chemin de fer est toute de faits dont l'appréciation appartient aux tribunaux.

Ainsi, l'avarie ou la perte de la marchandise provient-elle de quelque vice du chargement fait par l'expéditeur, ou doit-on les attribuer à quelques circonstances provenant du chemin de fer? C'est tout ce qu'il y a à examiner.

Suivant les observations les plus généralement faites, les avaries seraient principalement le résultat de la précipitation apportée dans les chargemens et les déchargemens; quelquefois aussi du choc des wagons qui, venant se heurter précipitamment les uns contre les autres, brisent souvent les objets fragiles surtout, sans qu'il en apparaisse aucune trace extérieure.

Dans tous les cas, sur des points de faits semblables, la commission ne peut avoir aucun avis à donner. Il importait seulement d'exposer les plaintes élevées à ce sujet.

Demande d'un préposé du gouvernement auprès de la compagnie du chemin de fer. Une instruction ministérielle du 22 octobre 1817, régulatrice des sociétés anonymes, porte ce qui suit : « Un mode particulier de sur-« veillance permanente peut être exigé à l'égard des sociétés anony-« mes dont l'objet intéresse l'ordre public. »

Evidemment, cette surveillance permanente ne peut s'opérer que par la présence d'un agent spécial, d'un préposé du gouvernement.

Et déjà la demande en a été faite par la chambre consultative de St-Chamond.

Cet agent veillerait, selon elle, à l'exécution du cahier des charges, à la sûreté des personnes et des marchandises. Il constaterait le refus de service et l'état de la voie.

Il serait en correspondance avec l'administration et le ministère public, qu'il instruirait par des procès-verbaux.

La même idée à peu près a été produite dans un mémoire présenté à la commission par M. Bréchignac.

L'Etat a-t-il le droit par lui ou ses concessionnaires, d'ouvrir une route ou voie publique, sans indemnité, à travers une concession? *Lorsqu'un chemin de fer traverse une mine houillère dont la concession est antérieure à la sienne, les propriétaires de ce chemin sont-ils responsables envers les concessionnaires de houille, et tenus de les indemniser du dommage qu'ils peuvent éprouver à raison de l'obligation où ils pourraient être de discontinuer, ou même simplement de restreindre leur exploitation, dans l'intérêt de la sûreté publique?*

Cette question a été présentée dans l'enquête. Mais nous concevons bientôt qu'il n'appartient nullement à la commission de s'expliquer à cet égard. Toutefois, Messieurs, nous avons pensé que sans vouloir entreprendre de la discuter ici, il pouvait être bon d'exposer rapidement quelques-unes des raisons qui partagent les avis sur cette question d'un immense intérêt pour notre pays. C'est de la connaissance des difficultés qui sont nées que doivent sortir les moyens de prévenir celles qui sont à naître, et à ce titre il y a d'utiles enseignemens à recueillir dans la pratique et l'expérience de nos contrées, pour tout ce qui concerne la matière si neuve et si peu connue des chemins de fer.

Moyens contre le principe d'indemnité. Ceux qui prétendent qu'un chemin de fer traversant une concession houillère ne lui doit aucune indemnité, argumentent ainsi :

La loi, qui attribue au gouvernement le droit de disposer de l'exploitation des mines, et qui permet l'expropriation du propriétaire du sol en faveur de celui réputé le plus capable, a pour motif l'intérêt du public bien plus que du concessionnaire auquel elle accorde gratuitement cette exploitation. Si celui-ci n'accepte que dans l'espoir d'un bénéfice, et s'il n'est pas non plus dans l'intention du gouvernement de ne lui laisser que des charges et des pertes, cependant par la cession gratuite d'une chose qui, dans les vrais principes du droit, appartenait à autrui, il lui indique assez qu'il n'obtient pas une faveur sans mélange d'obligations, et qu'il aura à supporter sans se plaindre toutes les chances dérivant et de la nature et de l'origine des biens cédés.

C'est donc pour l'intérêt général que la concession existe ; les motifs de la loi, la loi elle-même dans l'ensemble de ses dispositions, le prouve évidemment.

D'où la conséquence que toute restriction, tout sacrifice imposé au concessionnaire pour la cause de l'intérêt général ne donne ouverture à aucun droit ou à aucune indemnité. Il n'accomplit alors que la condition de son existence, et il ne l'a jamais ignoré.

Mais, dit-on, la loi assimile les concessions de mines aux autres biens, et si les propriétaires des immeubles ordinaires ne souffrent une perte ou une diminution de valeur que sauf indemnité, pourquoi en serait-il autrement des concessions qui sont légalement de même nature ?

On abuse de l'article 7 de la loi de 1810, en l'appliquant hors des cas pour lesquels il a été créé.

Cet article, en effet, ne règle que le mode de disposition et transmission entre le concessionnaire, ses héritiers et les tiers, les droits de ceux-ci comme créanciers contre le concessionnaire, c'est-à-dire il décide que les concessions passent aux héritiers, qu'elles se vendent, se donnent, s'hypothèquent, s'exproprient comme les autres biens, mais là s'arrêtent les effets de l'article 7. Le concessionnaire n'a jamais eu le droit d'user et de jouir de sa concession comme d'un bien ordinaire. Toute la loi sur les mines résiste à cette assimilation. En effet, le propriétaire d'un immeuble use et abuse. Il cultive comme il l'entend ou ne cultive pas du tout, à sa volonté. Personne ne peut se plaindre. — Le concessionnaire, au contraire, ne jouit de la mine, c'est-à-dire ne l'exploite que sous la continuelle surveillance et tutèle du gouvernement. Il ne lui est pas libre de commencer et de continuer ses travaux comme il l'entend, mais il est tenu de les faire approuver et de suivre toutes les prescriptions de l'autorité. L'exploitation commencée, il ne peut l'abandonner qu'avec permission. Ne voulut-il pas exploiter, il y sera forcé si l'intérêt de la localité ou du commerce le réclame; comme il sera forcé d'arrêter son exploitation dès que l'intérêt public l'exigera.

Et tous les règlemens qui lui sont imposés, il doit les exécuter sous peine de condamnations pécuniaires, de poursuites correctionnelles, même de déchéance de son droit.

Sans doute il peut réclamer contre les ordres de l'autorité, s'il les croit injustes; mais c'est au gouvernement seul, c'est-à-dire à l'autorité souveraine représentée par les ministres et le conseil d'Etat, qu'il peut recourir, et la décision définitive intervenue, il ne lui reste qu'à obéir.

On voit l'immense différence qui existe entre le mode de jouissance d'une propriété ordinaire et celui d'une concession.

Elle dérive de leur nature même. La première toute appliquée à l'intérêt individuel, la seconde à l'intérêt général.

Il devient dès-lors évident que les restrictions imposées au concessionnaire pour la conservation de ce dernier intérêt ne donnent ouverture à aucune indemnité. Est-il obligé de réduire, d'interrompre ses travaux pour éviter de nuire à l'habitation, à la vie des hommes, il faut qu'il le supporte (art. 15 et 50 de la loi de 1810), et il n'y a point de considération sur la date de ses travaux; à quelque époque qu'ils remontent, du moment où ils nuisent au public, ils s'arrêteront, car l'intérêt du public était préexistant. Et quelle comparaison entre quelques valeurs minérales à jeter dans le commerce et la vie des hommes, quelquefois de familles entières! Ainsi, des travaux d'exploitation nuiront-ils aux routes créées par le gouvernement, compromettront-ils la viabilité? il interdira ces travaux, quoiqu'antérieurs à la création des routes. En ce cas, comme en tout autre, le concessionnaire de la mine restera sans action, sa première loi étant de ne rien faire contre l'intérêt de tous.

Ces principes s'appliquent à la cause des chemins de fer, voies de communications perfectionnées et supérieures aux anciennes par leurs immenses résultats.

D'ailleurs, les chemins de fer sont constitués comme établissement d'utilité publique, et ils ont été par leurs cahiers de charges formellement subrogés à tous les droits du gouvernement.

Comment donc l'arrêté administratif qui, pour conserver la circulation d'un chemin de fer, modifie ou entrave l'exploitation d'une mine, ouvrirait-il une action en indemnité? L'autorité agit dans l'étendue de ses pouvoirs, dans l'intérêt public, et bien moins pour l'intérêt matériel du chemin dont elle n'a à s'occuper que fort secondairement, que pour la sûreté et l'existence de tous ceux qui parcourent une voie qu'elle-même a livrée à tous, et dont elle doit éloigner les dangers.

En vain dirait-on que la concession, même gratuitement, aura entraîné pour son exploitation des dépenses énormes, et qu'il serait injuste de laisser le titulaire paralysé dans ses travaux, sans indemnité. C'est là une chance qui lui est déclarée par la nature de son titre et les dispositions de la loi. Ce n'est pas pour lui en première ligne que la concession est octroyée, c'est pour l'intérêt public d'abord. Il doit s'y sacrifier constamment et sans murmure.

En vain, objectera-t-on encore qu'un nouveau possesseur peut avoir acquis à titre onéreux. Mais il n'a pas plus de droit que son auteur, il ne fait que le continuer et répond même des faits de celui-ci, principe tout spécial aux concessions de mines, et deux fois appliqué par le tribunal de Saint-Etienne et par la cour de Lyon.

Du reste, si au lieu de se déterminer par des principes légaux, il fallait se laisser inspirer par des tempéramens d'équité, que dirait-on de la prétention d'un concessionnaire qui veut indemnité pour une minime partie de sa mine rendue indisponible par la création du chemin de fer, lorsqu'à cette création même il doit l'écoulement rapide et lucratif de ses produits et des bénéfices peut-être inespérés? »

Moyens en faveur d'une indemnité.
Ceux qui soutiennent qu'une indemnité est due par le chemin de fer aux concessionnaires de houille se fondent sur les motifs suivans :

Tout fait quelconque qui cause un préjudice oblige à la réparation du tort causé. — Personne ne peut faire sa condition meilleure au détriment d'autrui.

Ces principes sont tellement impérieux, que peut-être seuls ils existent sans exception, appliqués surtout au respect de la propriété. Ainsi, au nom de la société, au nom de l'utilité publique, au nom même de la défense de la patrie, on ne peut s'emparer d'aucune propriété sans être soumis à un juste dédommagement. Il y a mieux, jamais, par des mesures spéciales, une propriété ne peut être restreinte dans sa jouissance, grevée de servitudes, sans qu'il y ait également lieu à indemnité.

Dès que la concession d'une mine a été accordée, c'est une propriété de la même nature que toutes les autres, toute aussi inviolable que celle de la surface dont elle est entièrement détachée. « L'acte de « concession, porte l'article 7 de la loi du 21 avril 1810, donne la « propriété perpétuelle de la mine, laquelle est dès-lors disponible et « transmissible comme tous les autres biens, et dont on ne peut être « exproprié que dans le cas et selon les formes prescrites pour les « autres propriétés, conformément au code civil et au code de pro- « cédure civile. »

Dès-lors, il ne peut être porté aucun dommage par qui que ce soit, même par le gouvernement, au concessionnaire d'une mine, sans que ce dommage ne soit réparé par celui qui le cause. Si donc ce concessionnaire est gêné dans l'exercice de son droit de propriété par un chemin de fer, il doit être indemnisé de tout le préjudice qu'il éprouve.

Sous l'empire de la loi du 21 avril 1810, les mines, suivant l'expression de l'orateur du gouvernement, sont une propriété *ordinaire*, non pas en ce sens qu'un concessionnaire puisse jamais en abuser, mais en ce sens qu'il ne pourra jamais être dépossédé, inquiété ou restreint dans sa jouissance, que dans les cas prévus par la loi, de la même manière que tous les autres propriétaires et à charge de dédommagement.

Personne n'oserait élever la question contre le propriétaire de la surface et lui disputer la réparation du dommage qui lui serait fait. Pourquoi le contesterait-on davantage à un concessionnaire de mines qui est entièrement à ses droits, en son lieu et place? — En effet, depuis la promulgation de l'art. 552 du code civil, les mines, cessant d'être une propriété domaniale, ont été déclarées propriétés privées, dépendantes de la surface, et dont le propriétaire de la surface n'a été dépossédé pour cause d'utilité publique, par la loi du 21 avril 1810, qu'à la charge d'une indemnité consistant dans la redevance que lui accorde cette loi. — C'est ainsi que le concessionnaire se trouve pleinement aux droits du propriétaire de la surface, et doit obtenir la même protection et les mêmes garanties que lui.

Qu'on remarque d'ailleurs qu'un concessionnaire fait souvent des dépenses énormes sous la foi de l'inviolabilité de sa propriété. Admettez un seul cas où, soit pour l'Etat, soit pour tout autre, il puisse être dépossédé, ruiné, et bientôt vous n'en faites plus qu'une propriété précaire, incertaine, trompant ainsi le but du législateur lorsqu'il disait que « les mines devenant, entre les mains de ceux qui les exploitent, « des propriétés perpétuelles, protégées et garanties par le code civil, « auront l'avantage inappréciable de donner aux exploitans cet esprit « de prévoyance, de conservation et de perfectionnement qui semble « appartenir exclusivement au propriétaire. »

Au reste, voulut-on considérer les mines comme une propriété domaniale, il suffit que le législateur leur ait imprimé le caractère de propriété privée aussitôt après la concession accordée, pour que le concessionnaire ne puisse être troublé en aucune manière, et par qui que ce soit, dans la jouissance légale de sa concession, sans être dédommagé.

Ces principes vrais et applicables même contre l'Etat, si l'Etat, dans son intérêt, et hors des limites de l'article 50 de la loi de 1810, voulait arrêter ou restreindre une exploitation, à plus forte raison sont vrais et applicables contre la restriction qui ne serait apportée que dans l'intérêt privé d'un chemin de fer.

Sans doute l'autorité administrative peut prescrire au concessionnaire toutes les mesures que commande la sûreté publique, c'est même une obligation pour elle écrite dans l'article 50 de la loi de 1810. Alors l'administration n'a en vue qu'une seule chose, la sûreté des personnes et des propriétés, et nul n'a de profit à en retirer. Il en serait de même à l'égard d'un propriétaire dont la maison menaçant ruines compromettrait la sûreté publique. Mais s'il arrivait que l'Etat eût un intérêt dans les mesures qui seront prescrites, l'Etat, dans ce cas, devrait sans nul doute une indemnité. — Là est toute la distinction à faire. Y a-t-il ou non un intérêt à servir? peut-on enrichir quelqu'un au détriment d'un autre, une compagnie au préjudice d'une autre compagnie? L'Etat lui-même peut-il jamais retirer un avantage de qui que ce soit sans une juste indemnité?

« Si le magistrat politique, dit Montesquieu, veut faire quelqu'é« dilice public, *quelque nouveau chemin*, il faut qu'il indemnise : le « public est, à cet égard, comme un particulier qui traite avec un par« ticulier. C'est bien assez qu'il puisse contraindre un citoyen de lui « *vendre* son héritage et qu'il lui ôte ce grand privilège qu'il tient de « la loi civile, de ne pouvoir être forcé d'aliéner son bien. » (Esprit des lois, liv. 26, chap. 15.)

Suivant Beaumanoir, quand un grand chemin ne peut être rétabli on en fait un autre, le plus près de l'ancien qu'il est possible, mais on *dédommage* les propriétaires *aux frais de ceux qui tirent quelqu'avantage du chemin.*

En résumé, toutes les fois qu'un chemin de fer, traversant une concession de houille, cause un préjudice aux concessionnaires de la mine, en les obligeant à abandonner ou à restreindre leur champ d'exploitation, il doit y avoir lieu à indemnité, soit qu'on considère la compagnie du chemin de fer comme aux droits du gouvernement, soit qu'on la considère comme aux droits du propriétaire de surface.

En effet, subrogée aux droits du gouvernement, elle ne l'est que pour exproprier les terrains qui lui sont nécessaires, mais à charge de répondre et *d'indemniser toute espèce de dommage* (articles 3 et 4 du cahier des charges). Le gouvernement, du reste, même en matière de concession gratuite, n'a pas le droit de retirer tout ou partie de sa concession sans indemnité (article 48, tit. 11 de la loi du 16 septembre 1807). A plus forte raison en matière de mines, propriétés particulières, soit avant, soit depuis la concession (article 552 du code civil, — article 7 de la loi du 21 avril 1810), qui ne sont concédées que moyennant un prix stipulé en faveur de la surface, dont la mine était originairement une dépendance ; enfin, le gouvernement n'a, dans aucun temps, sur les mines, d'autres droits que ceux de simple police, et les mesures qu'il prescrit dans cet intérêt, soit en vertu de l'article 50 de la loi du 21 avril 1810, soit en vertu de l'article 25 du cahier des charges joint aux concessions de mines, le sont toujours aux frais de ceux qui en profitent.

Si on considère la compagnie du chemin de fer comme subrogée au droit des propriétaires de surface, elle doit, comme lui, respecter le tréfonds, et, de même que lui, ne peut rien faire qui en entrave l'exploitation.

La question que nous examinons s'est présentée dans l'arrondissement de Saint-Étienne entre les concessionnaires de houille de Couzon et la compagnie du chemin de fer de Lyon.

L'affaire d'abord soumise à l'administration des mines, l'ingénieur émit l'opinion qu'il était dû indemnité aux concessionnaires de Couzon par la compagnie du chemin de fer de Lyon, « de la valeur des pro- « priétés cédées ou à céder, comme aussi l'estimation de toute moins « valeur qui résulterait de la restriction apportée médiatement ou im- « médiatement à la jouissance de leur propriété souterraine. »

Le conseil général des mines émit ensuite l'opinion « qu'il y avait « lieu de déterminer administrativement les portions des gîtes ac-

La question d'indemnité a été soumise au tribunal de St-Étienne.

Opinion de l'ingénieur des mines de Saint-Étienne.

Opinion du conseil général des mines.

« cordés dont la jouissance devait être interdite au concessionnaire
« qui en conservera la nue propriété, et de faire régler en conseil de
« préfecture les indemnités auxquelles le concessionnaire aura droit
« pour la moins valeur, les torts ou dommages qui pourront résulter
« pour lui de cette privation de jouissance. »

Arrêté du préfet de la Loire, du 25 novembre 1829.

Le préfet de la Loire rendit, le 25 novembre 1829, un arrêté interdisant aux concessionnaires de Couzon tous travaux d'exploitation sous le chemin de fer et au-delà de deux plans verticaux parallèles à l'axe de ce chemin, distant dudit axe, l'un au nord de 36 mètres, l'autre au sud de 20 mètres. Cet arrêté statue « sauf aux concessionnaires de « Couzon à se pourvoir devant qui de droit, pour réclamer à MM. Se- « guin frères, Biot et consorts, toutes et telles indemnités auxquels ils « auraient droit de prétendre conformément aux lois, soit en raison « des travaux, soit pour tous autres torts, pertes ou dommages. »

Jugement du tribunal de Saint-Étienne, du 31 août 1833.

La contestation portée devant le tribunal civil de Saint-Etienne, le 31 août 1833, il est intervenu le jugement suivant :

« Attendu qu'une concession de mines est une propriété dont on ne peut être dépossédé en tout ou en partie, que suivant les formes légales, même pour cause d'utilité publique, que conséquemment et dans cette hypothèse, on doit, autant que la nature de cette propriété peut le permettre, suivre les règles qui sont tracées à cet égard; que si l'indemnité, dans le cas spécial d'une concession de mines traversée souterrainement par un chemin de fer, ne peut être évalué avant la prise de possession, cette circonstance ne change rien au fond de la chose;

« Attendu que par les jugemens des 27 août 1828 et 9 juillet 1829, le tribunal de Saint-Étienne qui a consacré le principe qu'indemnité était due aux concessionnaires de Couzon, et que pour estimation, tant du terrain de la concession qui serait traversé par le chemin de fer, que des torts qui pourraient en être la suite, des experts ont été nommés par le tribunal, à défaut par les parties de s'entendre sur cette nomination;

« Attendu que d'après les principes suivis en matière de dépossession et d'expropriation pour cause d'utilité publique, non-seulement les experts doivent estimer la partie de la propriété dont on est dépossédé, mais encore la moins valeur que cette dépossession ou les travaux qu'on veut exécuter apportent au surplus de la propriété; que dès-lors les deux jugemens qui ont d'ailleurs acquis l'autorité de la chose jugée, sont conformes aux vrais principes;

« Attendu que la demande du 12 mars 1830, sur laquelle le tribunal s'est déclaré compétent, par son jugement du 19 juin 1830, bien qu'elle paraisse avoir pour objet spécial l'arrêté du préfet de la Loire du 25 novembre 1829, n'est, dans la vérité, qu'un accessoire de la demande principale, à raison de laquelle a été rendue l'interlocutoire du 9 juillet 1829; que cet arrêté du 25 novembre 1829, quoique intervenu par mesure de police, sur la demande néanmoins des sieurs Seguin frères et Comp[e], ne peut, dans l'état, être un obstacle à ce que les propriétaires du chemin de fer soient tenus de payer une indemnité; que bien que postérieurs à ces jugemens, il n'est, à vrai dire, qu'un guide à l'indemnité, à fixer une limite du préjudice qui peut être causé aux mines de Couzon; que dans le fait il ne constitue pas plus un préjudice nouveau que la demande du 12 mars ne constitue une demande nouvelle; qu'en déterminant l'espace dans lequel l'exploitation ne peut avoir lieu, il réalise une éventualité qui a déjà fait l'objet d'une réclamation judiciaire, et fait cesser l'incertitude sur l'étendue des dommages dont le tribunal s'était réservé l'appréciation, après l'estimation des experts, et que cette estimation devient plus que jamais nécessaire;

« Attendu que d'après l'état de la procédure et la position des parties au procès, il devient inutile de s'occuper des autres questions qui ont été discutées à l'audience;

« Attendu qu'une première expertise ayant déjà été ordonnée entre les mêmes parties, pour les mêmes causes, et à l'occasion des mêmes objets, c'est le cas de charger les mêmes experts de comprendre dans leur estimation toute l'indemnité qui peut résulter en faveur des concessionnaires de Couzon, de l'arrêté préfectoral du 25 novembre 1829;

« Attendu que MM. Michail et Dièvre ne pouvant ou ne voulant occuper la mission qui leur a été confiée, par le jugement du 9 juillet 1829, l'un à cause de son changement de résidence, l'autre par des motifs qu'il a présentés, c'est le cas de procéder à leur remplacement,

« Le tribunal, jugeant en premier ressort et en matière ordinaire, dit et prononce que l'instance introduite par les exploits des 10 et 13 avril 1829, sur requête et ordonnance du 16 juin suivant, dans laquelle est intervenu jugement interlocutoire du 9 juillet 1829, et celle introduite par exploit du 12 mars 1830, sont jointes; que MM. Clapeyron et Fénéon, ingénieurs des mines et professeurs de l'école des mines de Saint-Etienne, y demeurant, sont nommés en remplacement de MM. Michail et Dièvre, et prêteront serment devant M. le président de la deuxième chambre, lesquels, conjointement avec M. Harmet, expert nommé précédemment, procéderont aux vérifications et estimations déjà ordonnées par le présent jugement, dans lesquelles estimations sera comprise celle du préjudice résultant de l'inhibition d'exploiter à la distance déterminée par l'arrêté du 25 novembre 1829, et de toutes les conséquences dudit arrêté, pour ensuite de leur rapport, être, par le tribunal, statué ce qu'il appartiendra, les dépens réservés. »

Arrêt de la cour royale de Lyon, du 12 août 1835.

Le jugement du tribunal de St-Etienne qui consacrait le principe d'indemnité, déféré à la cour royale de Lyon, a été infirmé par arrêt du 12 août 1835, ainsi conçu :

« Attendu en fait que la concession du périmètre houiller dit de Couzon, qui fut accordée aux sieurs Allimand, Bernard et Comp⁴, extracteurs-associés, parties intimées, par ordonnance royale du 17 août 1825, n'avait précédé ainsi que de dix mois environ l'autre ordonnance du 27 juin 1826, d'après laquelle les sieurs Seguin frères, Biot et Comp⁴, ou la compagnie pour qui ils agissaient, demeurèrent définitivement concessionnaires du chemin de fer à établir de Saint-Etienne à Lyon, par Saint-Chamond, Rive-de-Gier et Givors, chemin de fer pour le tracé duquel de longs travaux avaient déjà eu lieu auparavant, et qui, suivant le tracé définitif approuvé ultérieurement le 4 juillet 1827, après toutes les publications requises, sans aucune

opposition ni réclamation quelconque de la part des intimés, a eu sa direction souterraine sur une ligne assez prolongée au travers du périmètre houiller dit de Couzon, à eux concédé antérieurement comme est dit ci-dessus;

« Attendu que par acte authentique du 1er avril 1828, la compagnie du chemin de fer traita avec la défunte dame du Roseil, représentée aujourd'hui par le sieur du Roseil, son fils, partie intervenante, et que celle-ci vendit à la compagnie du chemin de fer, mais sous l'expresse réserve du tréfonds, c'est-à-dire de la redevance qui pourrait lui appartenir comme propriétaire de la surface d'une partie du périmètre houiller concédé aux intimés, tout l'espace de terrain qu'il serait nécessaire de prendre dans sa propriété pour le passage souterrain ou à ciel ouvert du chemin de fer, d'après le tracé qui avait été définitivement adopté;

« Attendu que c'était fort peu de temps auparavant, qu'à la date du 8 février de la même année 1828, les sieurs Allimand, Bernard et Compe, parties intimées, avaient obtenu de M. le préfet de la Loire, en leurs qualités de concessionnaires dudit périmètre houiller de Couzon, l'autorisation d'ouvrir un nouveau champ ou puits d'exploitation; puits dit de Saint-Lazare, qui est celui par lequel leurs travaux d'exploitation s'avancèrent bientôt dans le périmètre à eux concédé, jusqu'à une distance très-rapprochée de la ligne souterraine du chemin de fer;

« Attendu que de tels travaux ayant paru tendre ouvertement à compromettre la sûreté et l'existence même du chemin de fer, un arrêté pris par M. le préfet du département de la Loire, le 25 novembre 1829, ensuite d'une pétition des appelans et des rapports des ingénieurs des mines, interdit aux intimés, concessionnaires des mines de Couzon, toute continuation de leurs travaux d'exploitation, soit au dessous du chemin de fer, soit au-delà de deux plans verticaux, parallèles à l'axe de ce même chemin, et distant dudit axe, l'un de 30 mètres au nord, et l'autre de 20 mètres au midi, sauf aux concessionnaires de Couzon, fût-il dit par ledit arrêté, à se pourvoir pardevant qui de droit, pour réclamer contre la compagnie du chemin de fer, toutes et telles indemnités auxquelles ils pourraient avoir droit, conformément aux lois;

« Attendu enfin que l'interdiction faite ainsi aux concessionnaires de Couzon, d'exploiter une partie du périmètre à eux concédé, interdiction qu'ils entendent faire considérer comme une sorte d'expropriation pour cause d'utilité publique, à raison de laquelle la compagnie du chemin de fer, comme subrogée aux droits du gouvernement, devrait être tenue à une juste indemnité envers eux, est devenue, en effet sous ce rapport, l'objet d'une action en indemnité qui a été admise contre la compagnie du chemin de fer, par le jugement dont est appel, rendu le 31 août 1833;

« Attendu en droit, que depuis la loi du 21 avril 1810, conformément aux art. 7 et 8, les mines de houille, quoique concédées à titre gratuit par le gouvernement, constituent bien, pour les concessionnaires, une propriété perpétuelle et immobilière, disponible et transmissible comme les autres biens, et dont on ne peut être exproprié que dans le cas et selon les formes prescrites relativement aux autres propriétés, mais qu'un titre spécial de cette même loi soumet néanmoins ce genre de propriété qu'elle-même a créé, et qui est de nature toute particulière, à une surveillance continue de la part de l'administration, surveillance telle, suivant l'article 50, que si l'exploitation d'une mine compromet la sûreté publique, la conservation des puits, la solidité des travaux, la sûreté des ouvriers mineurs ou des habitans de la surface, il doit y être pourvu par le préfet comme il est pratiqué en matière de grande voirie et suivant les lois;

« Attendu d'ailleurs que dans tout le territoire sous lequel gissent des mines quelconques qu'a concédé le gouvernement, celui-ci a toujours le pouvoir incontestable d'y établir, d'y ouvrir, comme partout ailleurs, telles routes nouvelles, telles voies publiques qu'il juge nécessaires ou utiles, et lesquelles même peuvent être de nature à favoriser le propre intérêt des concessionnaires de mines en leur facilitant le transport des matières par eux extraites, comme aussi que dans le cas où les travaux d'exploitation de certaines mines, tels qu'ils sont poussés par les concessionnaires, tendent à s'avancer ou sous le sol même des routes, ou à trop peu de distance d'icelui, et à compromettre ainsi la sûreté de la voie publique, l'exercice de la grande voirie, qui appartient à l'autorité administrative, doit bien alors consister à interdire la continuation des travaux d'exploitation auxquels les concessionnaires ont donné une si dangereuse direction, sans que d'un tel interdit qui n'a pas du tout les caractères d'une expropriation pour cause d'utilité publique, puisse résulter pour eux aucun droit à indemnité contre le gouvernement, puisque la concession qu'ils ont obtenue de lui, ne leur a été accordée qu'à la charge par eux de subir sans cesse, quant à la direction de leurs travaux, la surveillance établie par l'art. 50 de la loi précitée;

« Attendu que par l'effet de la concession qu'a accordée le gouvernement aux parties appelantes pour l'établissement d'un chemin de fer de Lyon à Saint-Etienne, ce chemin est devenu une route publique établie à perpétuité dont la compagnie doit procurer l'usage au public, d'une manière non interrompue pour tous les transports qui peuvent s'y opérer;

« Attendu qu'à raison de l'établissement d'un tel chemin, lequel, quoique établi par une compagnie de particuliers, et à leurs frais, n'en est pas moins une voie publique comme si c'était le gouvernement qui l'eut établi lui-même, la compagnie a été subrogée par son titre de concession, à toutes les obligations du gouvernement, de même qu'à tous ses droits;

« Attendu qu'en vertu de cette subrogation, les appelans, concessionnaires du chemin de fer, ont eu et dû avoir, comme l'avait eu le gouvernement, un droit d'expropriation pour cause d'utilité publique, sur tous les terrains au travers desquels ledit chemin devait être dirigé, à la charge d'une juste et préalable indemnité envers les propriétaires; qu'en effet, telle est bien le droit dont ils ont usé, et telle est aussi l'obligation qu'ils ont remplie à l'égard de la dame du Roscil, mère de l'intervenant, en particulier, laquelle se trouvait propriétaire de la surface d'une petite partie du périmètre houiller dit de Couzon, concédé précédemment aux intimés; mais que comme subrogés aux droits et aux obligations du gouvernement, ils ne sont pas plus que lui, passibles d'indemnité envers les intimés concessionnaires de ce même périmètre houiller, à raison de l'interdiction qui leur a été faite par l'autorité administrative de continuer à diriger leurs travaux d'exploitation, soit en dessous du chemin de fer, soit au-delà de deux plans verticaux d'une largeur déterminée, parallèles à l'axe d'icelui, interdiction qui ne sera peut-être que temporaire, ou qui du moins pourra être restreinte, si on en vient à reconnaître dans la suite qu'il ne soit pas nécessaire de la maintenir en tout ou en partie pour la sûreté du chemin de fer; interdiction enfin qui, au lieu de pouvoir être considérée comme une expropriation pour cause d'utilité publique, n'a été, ainsi qu'il est dit ci-dessus, qu'un acte de surveillance et de voirie, une de ces mesures de haute police auxquelles tous les concessionnaires de mines quelconques sont perpétuellement soumis, soit par la nature et les énonciations de leurs titres de concession, soit par la loi même qui a érigé ces sortes de concessions en propriétés privées;

« Attendu, au surplus, que l'appel émis par la compagnie du chemin de fer porte uniquement sur le jugement rendu par le tribunal de Saint-Etienne, le 31 août 1833, lequel a déclaré passibles d'indemnités envers les intimés, à raison de l'interdiction sus-mentionnée, et que contre cet appel c'est sans fondement qu'a été opposée de la part des intimés une prétendue exception de chose jugée qu'ils entendent faire résulter de deux autres jugemens précédemment rendus entre les parties par le même tribunal, l'un le 9 juillet 1829, l'autre le 19 juin 1830, jugemens qui, tous deux, ont bien acquis l'autorité définitive de la chose jugée, mais desquels, d'après les dispositions portées en l'art. 1351 du code civil, ne peut aucunement dériver l'exception dont il s'agit.

« Attendu, en effet, qu'il n'y a jamais lieu, etc.. . . . .

« Par tous ces motifs, la cour, rendant droit sur l'appel, met le jugement dont est appel au néant; émendant et faisant ce que les premiers juges auraient dû faire, dit et prononce que la compagnie du

14

chemin de fer est déclarée exempte de toute indemnité envers les intimés à raison de l'interdiction dont il s'agit;

« Condamne les intimés en tous les dépens de cause principale et d'appel, et sera l'amende restituée. »

La cause est actuellement pendante devant la cour de cassation.

CHAPITRE XI.

—

VOYAGEURS.

Transport des voyageurs, non prévu par les cahiers des charges.

Lorsque l'on fit la concession de nos trois chemins de fer, ni l'administration, ni les compagnies n'avaient prévu que ces chemins dussent un jour servir à transporter des voyageurs. Aussi l'acte de concession n'ayant en vue que le transport des marchandises, n'en fait-il aucune mention.

Cependant, les chemins de fer construits en Angleterre ayant ouvert leurs rails à la circulation des personnes, les compagnies françaises suivirent leur exemple au fur et à mesure de l'achèvement de leurs entreprises.

Le chemin de fer d'Andrézieux en fit le premier l'expérience, et celui de Lyon organisa peu après les moyens de transport pour les voyageurs et pour les marchandises.

Effets du transport des voyageurs par le chemin de fer.

Cette exploitation eut deux effets presque immédiats : le premier,
d'augmenter considérablement le nombre des voyageurs ; le second,
de faire tomber toutes les entreprises qui suivaient la même ligne par
la voie de terre.

Ce dernier fait fixa particulièrement l'attention des localités que
traverse le chemin de fer. On sentit que toute concurrence avec ce
chemin serait désormais impossible ; que le compagnie aurait par là un
véritable monopole dont elle pourrait se prévaloir pour élever à son
gré le prix des places.

Ces inquiétudes furent simultanément exprimées par les chambres
consultatives de Saint-Etienne, Saint-Chamond et Rive-de-Gier, et
par le conseil d'arrondissement de Saint-Etienne.

Le chemin de fer chercha d'abord à rassurer le public en faisant un
tarif raisonnable pour les voyageurs, qui fixait le prix des places à 2 fr.
au minimum et 4 fr. au maximum, de Saint-Etienne à Lyon, et en établissant un service direct de Rive-de-Gier à Saint-Etienne desservant
Saint-Chamond, en remplacement de celui qui existait par la voie de
terre.

Après avoir obligé toutes les voitures des voyageurs à cesser leur service, le chemin de fer tarda peu à supprimer le service si nécessaire de
Rive-de-Gier à Saint-Etienne, puis à augmenter le prix de ses places.

Demande d'un tarif pour les
voyageurs.

Alors les plaintes les plus vives se firent entendre ; de toutes parts on
demanda que les places des voyageurs fussent l'objet d'un tarif.

Motifs pour lesquels le chemin de fer de Lyon repousse
un tarif pour les voyageurs.

La compagnie prétendit qu'en remplissant les obligations qui lui
avaient été imposées par son cahier des charges, elle restait maîtresse
d'utiliser son chemin comme elle l'entendrait, et en dehors de tout contrôle, soit du public, soit de l'administration ; qu'ainsi, du moment où
toutes les marchandises confiées à ses wagons étaient transportées au
prix fixé par son tarif, nul n'avait le droit de s'enquérir des autres usages
du chemin de fer ; tel est encore le langage qu'elle tient aujourd'hui.

Motifs qui doivent déterminer à faire un tarif.

L'administration et le public lui répondaient et lui opposent toujours que le chemin qu'elle appelle sien, est néanmoins exclusivement
destiné à l'usage du public, tellement qu'il n'appartiendrait point à
la compagnie d'en user à son gré, en le détournant de cette destina-

tion, et à plus forte raison d'en abuser ; qu'il émane d'une concession, c'est-à-dire d'un acte exorbitant du droit commun, qui se limite par les termes qui l'expriment; que ces sortes d'actes s'interprètent toujours *stricto sensu;* qu'ainsi, loin que la faculté de transporter les marchandises implique le droit de transporter aussi les voyageurs, cette faculté est au contraire exclusive de toute autre ; que s'il a fallu une concession pour l'accorder, il faudra une concession nouvelle pour l'étendre, et qu'enfin l'administration est rigoureusement en droit d'interdire au chemin de fer le transport des voyageurs, et à plus forte raison de soumettre ce transport à un tarif.

Ajoutons qu'une compagnie de chemin de fer étant nécessairement anonyme, ne peut également, sous ce rapport, exister que par l'autorisation du gouvernement; qu'elle n'a réellement et légalement de droit ni en deçà ni en delà de cette autorisation.

Lettre du directeur-général des ponts-et-chaussées.

M. le directeur-général des ponts-et-chaussées, pensant qu'il convenait d'imposer un tarif à la compagnie du chemin de fer de Lyon pour le transport des voyageurs, écrivit, le 13 juin 1833, à M. le préfet de la Loire, pour le charger de recueillir tous les renseignemens nécessaires à cet égard (¹).

(¹) Par la même lettre, M. le directeur-général des ponts-et-chaussées demandait un projet de règlement pour la sûreté des voyageurs. Nous croyons utile de donner ici celui qui a été dressé le 25 septembre 1833, de concert avec MM. Kermaingant et Seguin, par M. Dumas, ingénieur en chef des ponts-et-chaussées, ainsi que le rapport qui l'a accompagné. Probablement l'administration supérieure ne tardera pas à s'occuper de ce règlement dont elle-même a depuis long-temps reconnu et proclamé la nécessité. — Bien que dans la pratique on suive à peu près toutes les dispositions du projet que nous allons faire connaître, il importe néanmoins de lui donner au plus tôt une sanction légale qui autorise à poursuivre et réprimer les contraventions qui peuvent y être faites.

Projet de règlement de police du chemin de fer de Saint-Etienne à Lyon.

« Art. 1er — Chaque voie aura une destination particulière, l'une pour la montée et l'autre pour la descente; cet ordre ne pourra être interverti que dans le cas d'accident ou de force majeure. Dans ce cas, toute la partie comprise entre deux tourne-voies correspondant au point intercepté sera considéré comme percement à une voie et assujétie en conséquence aux mêmes précautions.

En conséquence, la chambre de commerce de Saint-Étienne, les chambres consultatives de Saint-Chamond et de Rive-de-Gier, l'autorité municipale de ces mêmes villes, furent consultées.

***

Gardiens

« Art. 2. — Un gardien sera placé à chaque porte des percemens à une seule voie. Les deux gardiens d'un même percement communiqueront entr'eux au moyen de deux cordons indépendans, armés de sonnettes.

« Art. 3. — Les gardiens de Terre-Noire et de Rive-de-Gier seront munis de freins-heurtoirs pour prévenir les accidens en arrêtant les wagons qui pourraient s'échapper, et d'une trompette pour avertir les cantonniers en cas de besoin.

« Art. 4. — Lorsqu'une voiture ou un convoi arrivera à l'une des extrémités d'un percement à une seule voie, le gardien, qui doit tenir habituellement la porte fermée, sonnera ; il ne laissera la voiture ou le convoi s'engager dans le percement que lorsque le gardien de l'autre extrémité aura répondu à son signal et fait connaître qu'il n'y a aucun danger.

« Art. 5. — Les niches pratiquées dans les percemens seront constamment éclairées au moyen d'une lampe.

« Art. 6. — Il sera placé un gardien à chacun des points où le chemin de fer traverse la route royale. Le gardien veillera à ce que le passage soit entretenu en bon état, à ce qu'il n'arrive pas d'accidens et à ce que les voitures et les wagons du chemin de fer ne stationnent pas sur la route. Entre Saint-Etienne et Rive-de-Gier, ces gardiens seront munis de freins-heurtoirs et de trompettes.

« Art. 7. — Le gardien placé à la rencontre du chemin et de la route royale, à l'entrée de Rive-de-Gier, tiendra habituellement le chemin fermé au moyen de la chaine établie à cet effet, et il veillera à ce que des freins-heurtoirs soient placés un peu en avant de la chaine, et d'autres à dix mètres environ à l'amont. Au signal qui lui sera donné de l'arrivée du convoi, il fera pivoter la chaine, barrera ainsi la route et enlèvera ensuite les freins-heurtoirs. Il sera muni d'une trompette pour avertir le convoi de modérer sa vitesse ou d'arrêter, en cas qu'il se présentât quelque obstacle au passage. La circulation sur la route ne devra pas être interrompue pendant plus de cinq minutes.

« Art. 8. — Un gardien sera établi à l'aval de tous les points de chargement. Il veillera à ce que la chaine placée en cet endroit soit habituellement fermée et précédée de freins-heurtoirs qui ne seront enlevés qu'au moment du départ des convois.

Cantonniers

« Art. 9. — Il sera établi des cantonniers entre chaque borne de mille en mille mètres.

« Ces cantonniers seront chargés d'entretenir la ligne en bon état, d'avertir les conducteurs de voitures s'il y a quelques précautions à prendre pour la sécurité des voyageurs, pendant le passage sur leur station, et d'interdire au public toute circulation sur le chemin de fer, excepté sur les points où cette faculté a été expressément réservée aux riverains.

« Art. 10. — Entre Saint-Etienne et Rive-de-Gier, les cantonniers seront munis de freins-heurtoirs comme les gardiens de cette partie de route, et dans le même but.

Voitures des voyageurs.

« Art. 11. — Chaque voiture de voyageurs, y compris le cadre à la suite, devra être munie

Les places les moins chères ne devraient pas aller au-delà de 2 fr., d'après l'avis de la chambre consultative de Saint-Chamond et des

---

d'un frein en bon état que les conducteurs tiendront continuellement en main, et qu'ils ne pourront abandonner sous aucun prétexte entre Saint-Etienne et Rive-de-Gier. La vitesse à la descente, sur cette partie du chemin, ne pourra pas excéder six lieues à l'heure.

« Les conducteurs sonneront de la trompette pour s'avertir, toutes les fois que, pour une cause quelconque, ils devront arrêter leur voiture ou en diminuer la vitesse.

« Art. 12. — Chaque voiture, y compris le cadre à la suite, sera munie d'une lanterne que le conducteur allumera toujours à l'entrée des percemens à une voie, et sur les autres points du chemin lorsque la voiture marchera pendant la nuit.

« Art. 13. — En entrant dans les percemens, les conducteurs sonneront de la trompette, et ensuite, de minute en minute, par deux ou trois éclats forts et courts jusqu'à la sortie.

« Ils sonneront également de la trompette toutes les fois qu'ils approcheront d'un des points où la route royale ou tout autre chemin fréquenté est traversé par le chemin de fer, et lorsqu'ils seront obligés de s'arrêter en route, afin d'avertir les voitures qui pourraient les suivre de modérer leur vitesse.

« Art. 14. — Lorsque les conducteurs rencontreront en route une machine locomotive ou un convoi marchant avec rapidité, qu'ils parcourront des parties de la ligne en réparation ou dans un état qui pourrait leur faire craindre quelque accident, ils ralentiront leur marche, mettront pied à terre et prendront à la main la bride du premier cheval pour l'empêcher de sortir de la voie.

« Art. 15. — Les conducteurs ne devront prendre et rendre les voyageurs que dans cinq bureaux : de Saint-Etienne, de Saint-Chamond, de Rive-de-Gier, de Givors et de Lyon, aux endroits où seront établis les relais, et entre Givors et Lyon, à Grigny, Vernaison et Irigny, sur les points qui seront donnés pour rendez-vous au public.

« Art. 16. — L'heure du départ des voitures, le temps du parcours et le prix des places une fois fixés, ne pourront être changés sans prévenir le public au moins huit jours à l'avance par voie d'affiches et d'insertions dans un journal de Lyon et de Saint-Etienne.

Wagons. « Art. 17. — Aucun convoi de wagons ne pourra être lancé entre Saint-Etienne et Givors qu'une demi-heure après le départ ou le passage des voitures des voyageurs.

« Aucun convoi ne pourra également être lancé de Saint-Etienne ou de Rive-de-Gier pendant la demi-heure qui précédera le retour présumé des voitures, d'après le tableau affiché de l'heure des départs.

« Les wagons ne pourront pas marcher pendant la nuit.

« Art. 18. — De Saint-Etienne à Rive-de-Gier, les convois ne pourront pas être de plus de quatorze wagons; ils seront conduits par deux conducteurs placés l'un en tête, l'autre au milieu, et manœuvrant chacun un frein pouvant enrayer les roues de deux wagons.

« Art. 19. — Un registre spécial sera déposé dans chacun des cinq bureaux du chemin de fer et au bureau de perception du pont de la Mulatière, à l'effet de recevoir les déclarations des maires de Saint-Chamond et de Rive-de-Gier, tandis que la chambre de commerce de Saint-Etienne élèverait le minimum à 2 fr. 61 c. , et

---

voyageurs qui auraient remarqué quelques infractions aux réglemens ou auraient des sujets de plaintes contre les conducteurs de voitures ou de wagons, postillons, charretiers, cantonniers, machinistes et autres ouvriers employés sur la ligne.

« Art. 20. — Toutes les fois qu'il arrivera un accident sur le chemin de fer, le préfet de la Loire ou celui du Rhône devront en être informés dans les vingt-quatre heures.

« Art. 21. — Tous les ans il sera fait une visite générale du chemin, à l'effet de s'assurer si les ouvrages sont en bon état et ne présentent danger pour la circulation. Indépendamment de cette visite annuelle, d'autres visites pourront avoir lieu sur l'ordre du préfet, si un événement imprévu ou une circonstance quelconque faisait naître des craintes sur la sûreté du passage.

« Dressé par l'ingénieur en chef de la Loire.

« Montbrison, le 22 septembre 1833.

« *Signé* Dumas. »

Rapport de l'ingénieur en chef de la Loire sur le règlement de police du chemin de fer de Saint-Etienne à Lyon.

« Le 6 novembre 1832 , M. le préfet de la Loire demanda à l'ingénieur en chef de lui faire une proposition sur les précautions à prendre pour prévenir tout accident sur le chemin de fer de Saint-Etienne à Lyon, notamment dans les parties en percées. Le 27 du même mois, l'ingénieur en chef fit un rapport où il indiquait ces précautions ; il faisait observer en même temps que de nouvelles mesures seraient nécessaires lorsque les wagons partiraient de Saint-Etienne, et qu'aucun convoi ne devrait être lancé sur la pente rapide de Saint-Etienne à Rive-de-Gier, avant que l'administration n'eut reconnu ces mesures suffisantes. On ignore quelle suite fut donnée à ce rapport.

« Le 24 juin dernier, d'après une lettre de M. le directeur-général , en date du 13 du même mois, provoquée par la délibération du conseil général de la Loire, M. le préfet demanda à l'ingénieur en chef un projet de règlement de police pour garantir la sûreté publique sur le chemin de fer de Saint-Etienne à Lyon, et des renseignemens sur le tarif qu'il serait convenable d'imposer à la compagnie pour le transport des voyageurs. Le projet de règlement fut adressé le 1er août suivant à M. le préfet pour être soumis à l'examen du conseil général réuni en ce moment. Aucune discussion n'eut lieu en conseil. Il y fut donné lecture des diverses réclamations , des délibérations de la chambre de commerce de Saint-Etienne, des chambres consultatives de Saint-Chamond et de Rive-de-Gier, du projet de règlement dont on vient de parler, etc., etc. Le conseil se borna à donner son approbation aux diverses mesures réclamées, et à recommander cette affaire de la manière la plus pressante à la sollicitude de l'administration. Toutes ces pièces ont été communiquées ensuite à l'ingénieur en chef pour le mettre en mesure de completter son projet de règlement.

« On peut voir par le dossier, que l'exploitation du chemin de fer de Saint-Etienne à Lyon a

le maire de Saint-Etienne jusqu'à 3 fr. 48 c. ; mais suivant ces deux dernières opinions, ce prix de 3 fr. 48 c. serait aussi le maximum,

---

soulevé des plaintes nombreuses contre la compagnie, mais on peut voir aussi que toutes ne se rapportent pas au règlement de police généralement réclamé. Quelques-unes ont trait à l'achèvement de certains ouvrages qui ont été faits depuis, ou qu'on est en train de terminer ; d'autres signalent des infractions au cahier des charges, d'autres s'élèvent contre le prix actuel pour le transport des voyageurs, d'autres enfin réclament quelques mesures de police de détails qui n'ont rien de particulier aux voitures du chemin de fer et sont communes à toutes les voitures publiques.

Au milieu de toutes ces plaintes, de toutes ces réclamations, de tous ces avis, l'ingénieur en chef a dû chercher d'abord à démêler ce qui lui était plus particulièrement demandé. La Lettre de M. le directeur-général, du 13 janvier dernier, ne pouvait lui laisser aucun doute à cet égard. Il est question enfin *d'un règlement de police pour garantir la sûreté publique.*

Police qui n'intéresse pas la sûreté publique. — C'est d'un règlement de ce genre seulement qu'il a cru avoir à s'occuper ; et d'ailleurs il eût été fort embarrassé s'il lui eût fallu faire un règlement de police pour la compagnie considérée comme entrepreneur de diligences ou comme commissionnaire de roulage. Un tel projet eût soulevé des questions sur lesquelles il n'a pas été renseigné suffisamment et qui ne paraissent pas de son ressort.

Il ne croit pas non plus avoir à s'occuper des infractions prétendues à l'exécution du cahier des charges. Si ces infractions sont réelles, il faut s'adresser aux tribunaux qui sont chargés de maintenir les droits des réclamans comme ceux de la compagnie. Si la question est douteuse et s'il y a lieu à interprétation du cahier des charges, il faut s'adresser à l'autorité administrative qui décidera ; mais un article du règlement ne saurait trancher une question contentieuse.

La question du tarif pour le transport des voyageurs est de ce nombre : l'ingénieur en chef ne se croit pas appelé à la discuter. Son opinion serait d'ailleurs de fort peu d'importance. Ce qui importe davantage, ce sont les renseignemens qu'il est en mesure de fournir à l'administration. Voici ceux qu'il a pu recueillir.

« Il existe sur le chemin de fer trois espèces de voitures : les berlines, les omnibus et les cadres ; ces dernières ne sont pas suspendues. Le prix des places est de :

« 6 f. 50 c. dans le coupé de la berline.

« 5   50   dans l'intérieur de la même voiture.

« 4   50   dans les omnibus.

« 3   50   dans les cadres.

« Tous ces prix vont être augmentés de fr. 0 50 c., à la suite du jugement qui condamne la compagnie à payer les droits ainsi que les voitures sur les routes ordinaires.

« Les berlines contiennent 20 places, les omnibus 14, les cadres 20.

« Le transport d'un voyageur dans la berline revient à la compagnie, tous les frais payés et en tenant compte de l'usé de la voiture et de l'entretien du chemin de fer, à fr. . .   2   35

15

tandis que la chambre consultative de Saint-Chamond propose de porter ce maximum à 6 fr., le maire de Rive-de-Gier à 4 fr. et le maire de Saint-Chamond à 3 fr. 50 c.

« Le même transport dans les cadres et omnibus, revient moyennement
à fr. 1 65

« Or, la compagnie fait payer les places de la berline moyennement 5, 70 et celles des cadres et omnibus moyennement fr. 3, 03. Elle perçoit donc un produit net de 3, 35 sur les premières places et 2, 28 sur les secondes (l'augmentation qui va avoir lieu de 0, 50, paiera les droits récemment imposés).

« En prenant le taux moyen du tarif et en comptant un voyageur pour 100 kilogrammes avec ses effets, la compagnie n'aurait à percevoir que fr. 0, 67 entre Saint-Étienne et Lyon, si on assimilait ce transport à celui des marchandises. En retranchant de ce chiffre fr. 0, 27 (un peu plus du tiers) pour l'entretien du chemin et pour les frais, il resterait seulement fr. 0, 40 pour le produit net qui doit être comparé à celui de 3, 35 et de 2, 28 ou moyennement de fr. 2, 80 en nombre ronds (différence de fr. 2 40).

« Le nombre des voyageurs augmente journellement sur le chemin de fer; il est aujourd'hui de plus de 500 par jour entre les deux points extrêmes, ce qui résulte clairement des recettes des deux derniers mois et en particulier de celle du mois d'août qui a été de fr. 74,000. La compagnie perçoit donc chaque jour, tous frais faits, sur 500 voyageurs, une somme de fr. 1,200, qui ne serait que de 200 en considérant ces voyageurs comme marchandises et en leur appliquant le tarif moyen. En résumé, elle fait sur cet objet un bénéfice net de fr. 1,000 par jour ou de 3 à 400,000 par an sur lequel elle n'avait pas compté non plus que l'administration.

« Malgré le prix élevé des voitures du chemin de fer, il y a eu amélioration notable pour les voyageurs. On payait dans les berlines qui faisaient le voyage par la route royale, 9 fr. dans le coupé, 8 fr. dans l'intérieur et 6 fr. dans la rotonde. Le prix de quelques carrioles à demi suspendues étaient de fr. 4 50. Le trajet avait lieu en 7 heures, pendant qu'il se fait en quatre et demie à la descente, et 5 heures à la remonte sur le chemin de fer.

« Les voitures dont on vient de parler ont cessé leur service, mais en grande partie à cause du déplorable état de la route royale. Si cette route était viable, nul doute qu'il ne s'établit bientôt des voitures en concurrence avec celles du chemin de fer. Il faut remarquer que la circulation de ces dernières n'a pas lieu pendant la nuit, et que le nombre des départs, qui est aujourd'hui de deux, ne peut guères être augmenté sans entraver le service des wagons. Or, les relations entre deux villes comme Lyon et Saint-Étienne exigent des départs très-multipliés. D'un autre côté, sur une bonne route, des diligences bien installées dépasseraient aisément la vitesse des voitures du chemin de fer. On doit vivement désirer qu'une telle concurrence s'établisse. A défaut d'un tarif, ce serait un sûr moyen de forcer la compagnie à baisser ses prix et en même temps d'améliorer son exploitation. Et, il faut le répéter, ce défaut de concurrence tient uniquement au mauvais état de la route royale.

« Ce mauvais état a été signalé depuis long-temps; mais on avait espéré que la confection du

Dans un rapport à M. le préfet de la Loire, à la date du 11 décembre 1833, M. le sous-préfet de Saint-Etienne a émis sur ce point l'avis suivant :

---

chemin de fer, en diminuant considérablement le roulage qu'elle avait à supporter, permettrait bientôt de l'entretenir convenablement avec le crédit habituel. Malheureusement ces espérances n'étaient pas fondées ; on se propose de présenter sous peu un travail à ce sujet. Il suffit de dire ici que d'après un relevé fait récemment, il passe près de seize cents colliers par jour sur la partie de cette route qui devait être le moins fréquenté. Or, il résulte de quelques rapprochemens des fonds d'entretien et de l'importance du roulage sur plusieurs routes en Angleterre, que l'impôt des barrières donne environ trois centimes par jour et par kilomètre pour chaque cheval qui circule sur la route. A ce compte, la route de Lyon à Saint-Etienne recevrait pour son entretien plus de fr. 17,000 par kilomètre. Aujourd'hui, et grâce à l'allocation extraordinaire de 1833, elle reçoit environ 1,000 f., et encore elle n'est pas à l'état d'entretien et se compose en grande partie, dans le département de la Loire, de pavés entièrement défoncés.

En résumé, pour ce qui regarde le tarif des voyageurs, l'ingénieur en chef ne discute pas la question contentieuse ; il fournit des renseignemens, et fait observer que si la route royale était mise en bon état, elle amènerait une concurrence avantageuse au public. Mais pour cela, il faudrait y appliquer des fonds en rapport avec l'énormité du roulage.

« Enfin, quant aux ouvrages accessoires dont on demande la construction comme une garantie pour la sécurité publique, ils sont à peu-près achevés aujourd'hui sur toute la ligne ; et d'ailleurs, la compagnie ne s'est jamais refusée à les faire. Tels sont l'établissement de parapets sous tous les murs de soutènement, de niches de 200 en 200 mètres dans les souterrains, de portes à chaque extrémité des percemens à une voie, de chaînes à la sortie des points de chargement, d'une chaîne pivotante à la rencontre de la route royale à l'entrée de Rive-de-Gier. Tous ces ouvrages peuvent être considérés comme achevés. Il y aurait lieu de voir, à la vérité, s'il ne conviendrait pas de placer des garde-fous sur la crête des percées qui longent le Rhône ; mais ce travail est étranger au département de la Loire.

« On demande encore l'établissement d'un hangar aux arrivages de Saint-Etienne et de Lyon. Le premier existe maintenant. La compagnie paraît disposée à construire le second, si on veut permettre de l'établir soit sur le chemin compris entre le percement et le pont de la Mulatière, soit sur le pont lui-même. C'est encore là une affaire à traiter dans le département du Rhône.

Maintenant l'ingénieur en chef n'a plus qu'à rendre compte des motifs qui l'ont dirigé dans la rédaction du projet de règlement de police.

Règlement de police pour garantir la sûreté publique.

Il n'est pas besoin d'expliquer pourquoi une voie doit être affectée à la descente et l'autre à la remonte. Mais il importe de prendre des précautions particulières en cas que cet ordre doive être interverti par suite d'un accident. La partie comprise entre deux tourne-voies correspondant au

« Il y a lieu de compléter l'acte de concession du chemin de fer de Lyon, en autorisant la compagnie à y établir un service régulier pour le transport des voyageurs.

---

point intercepté devenant par là passage à une seule voie, la police doit momentanément y être établie en conséquence.

Ainsi, des gardiens seront placés à chaque extrémité, et munis de freins-heurtoirs. Si l'accident a lieu entre Saint-Etienne et Rive-de-Gier, ils ne laisseront les voitures s'engager dans le passage qu'après un signal convenu faisant connaître qu'il est entièrement libre, etc.

Gardiens. « Les précautions pour le passage des percemens à une voie s'expliquent d'elles-mêmes. Il peut être nécessaire seulement d'entrer dans quelques détails relativement aux freins-heurtoirs.

« Sur la pente rapide de Saint-Etienne à Rive-de-Gier (0,0134), il a fallu aviser aux moyens d'arrêter un convoi qui, venant à s'échapper, pourrait acquérir une énorme vitesse et occasioner les plus graves accidens. On avait pensé d'abord employer un petit rail mobile qu'on aurait pu enlever instantanément; mais ensuite on s'est décidé pour les freins-heurtoirs.

Freins-heurtoirs. « Le frein-heurtoir se compose de deux billots réunis par une traverse; la partie inférieure des billots est horizontale et présente une rainure dans laquelle s'engagent les rails. La partie antérieure du billot, c'est-à-dire celle opposée au wagon descendant, forme un arc concave du rayon de la roue et creusé d'une rainure dans laquelle cette roue vient s'engager. Ce moyen d'arrêt est extrêmement puissant : les deux roues saisies dans la rainure cessent de tourner et le frein-heurtoir ne glisse sur les rails que le peu de temps nécessaire pour amortir le choc.

Niches. « Des niches étaient nécessaires, surtout dans les percemens à une voie, pour permettre aux ouvriers ou aux cantonniers de se mettre en sûreté pendant le passage des voitures. Elles sont établies maintenant.

« Un rapport particulier a été fait à M. le préfet sur le point de rencontre du chemin de fer avec la route royale à Rive-de-Gier, rapport contenant avec plus de détail les mesures de précaution indiquées à l'art. 7.

Points de chargement. « On avait réclamé l'établissement d'une chaîne à l'aval de tous les points de chargement pour arrêter les wagons qui viendraient à s'échapper; mais ce moyen n'est pas assez puissant; des freins-heurtoirs sont en outre nécessaires comme on l'a indiqué à l'art. 8.

Éclairage des percemens. « L'éclairage des percemens à une seule voie serait désirable; mais il paraît devoir entraîner une grande dépense. M. Seguin pense que si les réverbères étaient placés à plus de 20 mètres de distance, ces passages ne seraient pas réellement éclairés, mais offriraient seulement de loin des points brillans qui seraient plus incommodes qu'utiles. La longueur des trois percemens est d'environ 3,000 mètres. L'entretien d'un réverbère peut coûter de 2 à 300 fr. par an; ce serait donc pour la compagnie une dépense de 30 à 40,000 fr. L'administration jugera si cette mesure est indispensable. En attendant, on pourrait peut-être placer deux lanternes au lieu d'une sur le devant des voitures.

Au reste, avec les précautions indiquées aux art. 2, 3, 4 et 5 du règlement, les accidens sont peu à redouter dans les percemens à une voie, et l'on ne croit pas qu'il en soit encore arrivé un

« Le nombre et la capacité des voitures, le nombre et l'heure des départs seront réglés par l'administration, sur les propositions de la

---

seul. Quelques journaux ont avancé ce fait, mais sur des renseignemens inexacts à ce qu'il paraît. Il est arrivé quelquefois que les voitures descendantes des voyageurs ont rencontré dans les petits percemens à deux voies des machines locomotives remorquant à la remonte des convois de wagons vides, et que les conducteurs négligent les précautions indiquées à l'art. 14 ; les chevaux se sont détournés de la voie et ont été écrasés entre les voitures et les wagons. Mais l'ingénieur en chef n'a pas connaissance qu'aucune rencontre ait eu lieu dans les percemens à une voie, et M. Seguin affirme que ce fait est entièrement controuvé.

Vitesse.

« Par l'article 11, on propose de limiter à 6 lieues à l'heure la vitesse des voitures à la descente entre Saint-Étienne et Rive-de-Gier. M. Seguin voudrait qu'elle ne dépassât pas 5 lieues dans cette partie du chemin. Mais si l'on réfléchit que sur les plans inclinés du chemin de Saint-Étienne à Roanne qui ont une pente triple, une voiture lancée avec une vitesse de 10 lieues à l'heure, s'arrête très-aisément dans sa course, on ne pense pas qu'il y ait d'inconvénient à tolérer une vitesse de 6 lieues.

Heures de départ.

« Une des mesures les plus importantes pour la sûreté des voyageurs, consisterait à régler les heures de départ des voitures et des wagons, de manière qu'aucune rencontre ne pût avoir lieu. Du reste, ce serait à la compagnie à présenter ce règlement qui pourrait, après examen, être approuvé par l'administration. Mais la compagnie s'y refuse, prétendant qu'elle ne peut s'astreindre à des départs réguliers arrêtés d'avance sans compromettre gravement ses intérêts. On a donc borné pour le moment les précautions à celles indiquées dans l'article 17 suffisantes pour que la rencontre ne puisse pas avoir lieu dans le percement de Terre-Noire et de Rive-de-Gier. Quant à la fixation de l'heure du départ, du temps de parcours et du prix des places, la compagnie veut rester la maîtresse de faire ce qui conviendra le mieux à ses intérêts et n'entend rien céder de ce qu'elle soutient être son droit. C'est une question contentieuse qui sera décidée par l'autorité compétente.

Largeur des voitures.

« La largeur des voitures pourrait donner lieu à quelques observations. Les berlines et les cadres présentent des rangées de 4 places : il faut 0^m 40 pour une place ; avec l'épaisseur des panneaux, la voiture doit donc avoir une largeur de 1^m 70. Or, les murs des percemens à deux voies, ponts, etc., sont établis à 1^m 25 de l'axe, il ne reste donc que 0^m 40 entre la voiture et les murs. Dans les grandes vitesses, et lorsqu'un mur d'une petite étendue apparaît brusquement, une si faible distance effraie et peut avoir des dangers. On les ferait disparaître en réduisant la largeur des voitures à celle suffisante pour trois personnes de front ; mais on augmenterait ainsi les frais de la compagnie. L'ingénieur en chef pense que cette question doit être traitée à part. Du reste, elle est toute de police et il appartient bien à l'administration de la trancher. On doit ajouter toutefois qu'aucun accident n'a eu lieu par suite de l'inconvénient signalé.

« En résumé, le règlement de police qu'on présente paraît satisfaire à peu de chose près à ce qu'exige la sûreté publique. Il a été concerté en grande partie avec M. Kermaingant, ingénieur en chef du Rhône, et avec M. Seguin, directeur du chemin de fer, qui ne se refuse pas à le mettre

compagnie, et après avoir entendu la chambre de commerce de Saint-Etienne, ainsi que les chambres consultatives de Saint-Chamond et de Rive-de-Gier.

« Ce règlement sera établi pour 6 mois, le premier avril et le premier octobre de chaque année.

« Le prix des places sera fixé suivant la distance à parcourir. Les distances seront comptées sans fractionnement, d'un lieu de chargement à l'autre, soit, *quant à présent*, de Saint-Etienne à Saint-Chamond, de Saint-Chamond à Rive-de-Gier, de Rive-de-Gier à Givors, de Givors *dans l'intérieur de Lyon*.

« Le prix de chaque distance sera fixé à raison de 5 centimes par kilomètre pour les 4/5 des places.

« Pour l'autre 1/5, la compagnie sera maîtresse de les tarifer et graduer à son gré, à la charge par elle d'en publier le tarif à chacune des époques ci-dessus, tarif qu'elle ne pourra plus élever pendant la période de six mois qui suivra la publication. »

NOUVELLES BASES POUR LA FIXA-TION D'UN TARIF.

Afin, Messieurs, de mieux fixer encore votre opinion, nous croyons utile de vous faire connaître : 1° le tarif des places sur le chemin de

---

dès-à-présent à exécution. On pourra le compléter par la suite, lorsque les questions contentieuses, et quelques autres sur lesquelles on ne s'est pas prononcé, auront été résolues.

« Montbrison, le 22 septembre 1833.

« *Signé* DUMAS. »

Depuis que M. Dumas a dressé son projet de règlement de police, l'expérience sans doute a dû révéler l'utilité de nouvelles mesures. La nécessité notamment de quelques-unes a été signalée avec énergie à la commission d'enquête, par M. Donzel, maire de Rive-de-Gier. Il s'agit aujourd'hui de compléter ce projet, en suivant ensuite l'usage adopté en Angleterre, de renouveler de temps en temps les règlemens de police des routes ferrées. Ainsi on lit dans le bill du *railway* de Londres à Birmingham ce qui suit : « La compagnie, de temps à autre, fera des ordres et règlemens « pour les voyageurs et les voitures, sur les moyens par lesquels ils seront conduits, les époques « de départ et d'arrivée, les chargemens et déchargemens, le poids que chaque véhicule devra « transporter, l'ordre des marchandises et autres objets, aussi pour empêcher de fumer ou toute « autre interdiction dans les voitures ou stations lui appartenant, et généralement tout ce qui « doit régler le passage ou l'usage du chemin de fer. Ces règlemens seront obligatoires pour la « compagnie et pour tous autres, sous peine d'amende pour chaque infraction. »

fer de Liverpool; 2° le tarif des chemins de fer de Paris à Saint-Germain et de la compagnie des mines d'Anzin; 3° les prix anciens des voitures de terre de Saint-Etienne à Lyon, avant l'existence du chemin de fer; 4° enfin, le prix actuel des places dans nos trois chemins de fer. C'est par le rapprochement de ces divers documens, nous le pensons, qu'il convient surtout d'éclairer l'avis que vous avez à émettre.

Le bill du chemin de fer de Liverpool à Manchester établit un tarif pour les voyageurs comprenant deux classes de voitures, et pour chaque classe deux prix différens.

La première classe comprend les voitures qui font directement le trajet de Manchester à Liverpool, et réciproquement, sans s'arrêter en aucune manière, si ce n'est une seule fois à moitié chemin, pour renouveler l'approvisionnement d'eau pour la machine.

Au contraire, les voitures de deuxième classe s'arrêtent à chaque point de stationnement pour prendre tous les voyageurs qui se présentent dans ces lieux intermédiaires.

Tarif des prix au maximum.

Voitures de première classe à 4 places. .	6	sch.	6	d.	8	fr.	10	c.
Id. à 6 places. .	5		6		6		85
Voitures de deuxième classe fermées. . .	5		6		6		85
Id. découvertes. . .	4	»			5		»

La compagnie peut percevoir un droit de 1 scheling 1/2 par distance de dix milles et au dessous, sur chaque voyageur parcourant le chemin de fer dans sa voiture. Ce droit est de 2 schelings 1/2 pour un trajet de 20 milles, et de 4 schelings toutes les fois que l'espace parcouru excède cette quantité.

Chaque passager peut porter avec lui un poids de 60 livres; pour tout ce qui excède, il paie 3 schelings par quintal.

Le trajet se fait en une heure et demie par les voitures de première classe, en deux heures et demie par celles de deuxième classe, au lieu de quatre heures qu'on employait par la voie de terre. La distance de Liverpool à Manchester n'est que de 30 milles anglais 3/4, c'est-à-dire

49,300 mètres, en sorte qu'au premier abord on pourrait penser que le tarif est élevé ; mais pour le bien juger, il faut le comparer aux anciens prix par la voie de terre.

Or, avant l'établissement du chemin de fer, le prix de Liverpool à Manchester, par les voitures de terre, était de 16 francs pour les places d'intérieur, et de 9 à 10 francs pour les places de dessus. C'est donc à peu près une moitié de diminution sur les prix de terre, qui résulte du tarif du chemin de fer.

A l'époque de la mise en activité du *railway*, il existait, de Liverpool à Manchester, 22 voitures régulières et 7 voitures d'occasion, pouvant transporter ensemble 688 voyageurs par jour.

Dans les dix-huit mois qui ont suivi son ouverture, le *railway* a transporté 700,000 personnes ou 1,070 par jour.

Maintenant on évalue à 900 le nombre des personnes journellement transportées.

Tarif des chemins de fer de Paris à Saint-Germain et de Saint-Wast-la-Haut à Denain. Le tarif du chemin de fer de Paris à Saint-Germain a fixé le prix des places, par tête et par kilomètre, non compris le dixième dû au trésor, savoir :

Prix de Péage.	Prix de Transport.	Total.
0ᶠ 05ᶜ	0ᶠ 025	0ᶠ 075

Le cahier des charges de ce chemin accorde à chaque voyageur le droit de porter avec lui un bagage dont le poids n'excédera pas 15 kilogrammes, sans être tenu à aucun supplément pour le prix de sa place.

Le tarif des chemins de fer de Saint-Wast-la-Haut à Denain (Nord) et d'Abscon à Denain, concédés à la compagnie d'Anzin, par ordonnance royale du 24 octobre 1835, a fixé le prix des places à 0 fr. 10 c., non compris le dixième du prix des places dû au trésor, savoir :

Prix de Péage.	Prix de Transport.	Total.
0ᶠ 07ᶜ	0ᶜ 03ᶜ	0ᶠ 10ᶜ

Avant l'établissement du chemin de fer, les prix des places des deux principales entreprises de Saint-Etienne à Lyon, étaient les suivans, guides et dixième compris :

Voitures par terre de Saint-Etienne à Lyon avant l'etablissement du chemin de fer.

Coupé.	9^{f.}	» ^{c.}
Intérieur.	8	»
Rotondes et banquettes.	6	»

On passait à chaque voyageur un poids de 25 kilogrammes pour les bagages.

Les voitures dont le service était moins bien organisé, tenaient leurs prix au dessous de ceux ci-dessus, de 1 fr. à 1 fr. 50 c., et même de 2 fr. dans les carrioles ou voitures non suspendues; on faisait le trajet de Saint-Etienne à Lyon pour 3 fr. dans les places les moins élevées.

Dans les voitures suspendues, la distance de Saint-Etienne à Lyon était ordinairement franchie en sept heures dans l'été, et en huit heures en hiver.

Les carrioles mettaient huit heures pour faire le trajet en été, et dix heures en hiver.

En 1821, les voitures les mieux organisées mettaient une grande journée pour aller de Saint-Etienne à Lyon, c'est-à-dire depuis cinq heures du matin jusqu'à neuf heures du soir.

On lit dans les almanachs de Lyon de 1760, qu'un carrosse à six places, partant trois fois par semaine, ne mettait qu'*un jour et demi* en couchant à Saint-Chamond, pour aller de Lyon à Saint-Etienne.

Nombre des voitures et des voyageurs de Saint-Etienne à Lyon, et vice versa, avant le chemin de fer.

Il existait, en 1831, quatre voitures partant tous les jours de Saint-Etienne à Lyon et de Lyon à Saint-Etienne, contenant chacune 16 places, ce qui pouvait faire une circulation journalière de 128 voyageurs.

Deux autres voitures, chacune de treize places, faisaient également tous les jours le trajet de Rive-de-Gier à Lyon et de Lyon à Rive-de-Gier.

Enfin, une voiture de Rive-de-Gier, contenant quatre places, et une de Saint-Chamond, contenant six places, faisaient chaque jour le trajet de Saint-Etienne allée et retour.

C'était donc deux cents places par jour disponibles sur la route de Saint-Etienne à Lyon, dont un sixième, d'après les renseignemens, pouvait rester vide.

16

Le prix actuel des places dans les trois chemins de fer de Lyon, de Roanne et d'Andrézieux, est fixé de la manière suivante, dixième dû au trésor compris.

Le chemin de fer de Lyon a trois sortes de voitures, voitures suspendues, voitures non suspendues dites *omnibus*, et cadres, dont les prix sont ainsi fixés :

Première voiture. { Coupé. . . . . 7^f . . $»^c$.
{ Intérieur. . . . 6 » (¹)

Deuxième voiture. { Omnibus. . . . 5 »
{ Cadres. . . . . 4 »

On paie en outre 25 cent. d'omnibus de Saint-Etienne à la Montat où l'on s'embarque sur le chemin de fer, et 25 cent. d'omnibus de Perrache où l'on débarque, au bureau de Lyon.

L'on passe à chaque voyageur 15 kilogrammes pour son bagage, et le surplus est payé à raison de 20 cent. le kilogramme.

Le nombre des kilomètres est de 58 ; il en résulte que l'on perçoit pour chaque voyageur, pour un kilomètre, savoir :

Pour les places les plus élevées, 0 fr. 120.

Pour les places les moins élevées, 0 fr. 068.

Le nombre des places déclarées à la régie, pour le dixième, est de 400 sur lequel on bénéficie d'un tiers. C'est à peu près aussi le nombre des voyageurs circulant journellement par le chemin de fer de Lyon à Saint-Etienne ou lieux intermédiaires.

Le trajet à la descente de Saint-Etienne à Lyon se fait en quatre

---

(¹) Depuis le 1er avril 1836, la compagnie a réduit les places d'intérieur seulement de la première voiture à 5 fr.

Il y a nécessairement quelqu'erreur d'impression dans le mémoire récemment publié par la compagnie, lorsqu'elle prétend que le prix du voyage sur le chemin de fer est de près du tiers du prix que l'on payait sur la route, et que le trajet de Saint-Etienne à Lyon revient moyennement par lieue à *vingt-cinq centimes*, guides compris.

Les chiffres sont là ; il suffit de les rapprocher et comparer pour reconnaître bien vite qu'il y a erreur.

heures et quart, et celui à la remonte de Lyon à Saint-Etienne se fait en cinq heures et demie (').

Le chemin de fer de Roanne n'a qu'une seule voiture dont les prix, de Saint-Etienne à Roanne, sont établis de la manière suivante :

Pour le coupé. . . . . . 6ᶠ 50ᶜ·
Intérieur. 5 50
Banquette. 4 50

L'on passe aux voyageurs 20 kilogrammes de bagage. L'excédant est à raison de 5 fr. les 100 kilogrammes.

Le nombre de kilomètres de Roanne à la Terrasse est de 81, et de la Terrasse à Saint-Etienne 2 kilomètres, dont le trajet se fait en *omnibus*.

Ainsi, pour ces 83 kilomètres, le chemin de fer perçoit, de Saint-Etienne à Roanne, par kilomètre et par voyageur, savoir :

Pour les places les plus élevées.. . . » 078
Pour les places les moins élevées. . . » 054

Trente places sont déclarées à la régie ; c'est aussi à peu près le nombre des voyageurs circulant ordinairement par jour sur ce chemin,

---

(') On lit dans le compte du dernier semestre publié par la compagnie du chemin de fer de Lyon ce qui suit :

Mouvement des voyageurs.

« Le nombre des voyageurs transportés par les voitures du chemin de fer pendant le semestre « du 1ᵉʳ mai au 31 octobre 1835, a été de 108,059, savoir :

« Au bureau de Lyon. 57,645
« Au bureau de Givors. 6,524
« Au bureau de Saint-Etienne. 43,920
« Total pareil. 108,059

« ce qui fait par jour une moyenne de 587 voyageurs. »

Le 2 avril 1836, MM. Gorrand et Compᵉ ont fait la déclaration à la régie qu'ils voulaient employer deux voitures à l'exploitation d'une entreprise, en service régulier, sur le chemin de fer de Saint-Etienne à Lyon. L'une partira de Bérard tous les jours à 11 heures du soir, et l'autre tous les jours de Lyon, à 10 heures du soir. Lesdites voitures contiennent, savoir : une dix places d'intérieur déclarées à *quatre* francs la place, et l'autre trois places de coupé à *cinq* francs la place, six places d'intérieur à *quatre* francs, et quatre places de rotonde à *trois* francs.

allée et retour compris. En été, le nombre est un peu plus élevé.

L'administration du chemin de fer de Roanne paie 20 fr. par jour à la compagnie d'Andrézieux, pour droit de passage de ses deux diligences jusqu'à la Quérilière, point de soudure des deux chemins, c'est-à-dire pour un parcours de 13 kilomètres.

Chemin de fer d'Andrézieux. Le parcours de Saint-Etienne à Andrézieux est de 16 kilomètres pour lequel la compagnie du chemin de fer perçoit, sans distinction de place, 1 fr. 10 cent. par voyageur, c'est-à-dire à raison de 0 fr. 62 cent. par tête et par kilomètre.

Frais de transport des voyageurs sur le chemin de fer de Saint-Etienne à Lyon. Enfin, Messieurs, il est une dernière base que nous devons vous offrir, ce sont les frais auxquels revient le transport des voyageurs à la compagnie du chemin de fer de Lyon dont nous nous occupons plus spécialement. Voici comment ils ont été établis par M. Dumas, ingénieur en chef des ponts-et-chaussées de la Loire.

Les voitures en circulation sur le chemin de fer sont de trois sortes : les berlines, les omnibus et les cadres. La berline marche seule ; l'omnibus marche avec un cadre qui est une voiture ouverte et non suspendue. Il y a vingt places dans la berline, quatorze dans l'omnibus et vingt dans le cadre.

Pour se rendre compte des frais qu'occasione à la compagnie le transport des voyageurs, on peut supposer que la berline contient moyennement quinze voyageurs, et l'omnibus et le cadre ensemble trente. Il faut supposer ensuite moitié des voyageurs à la descente et moitié à la remonte, la dépense n'étant pas tout-à-fait la même. — Les frais pour le transport de trente voyageurs peuvent s'établir ainsi :

BERLINE.

Une journée de voiture coûtant 3,000 fr. et durant cinq ans, ce qui, avec l'intérêt du capital, donne..	2$^{fr.}$ 05$^{c.}$
Entretien journalier et huile des roues.	3 50
Une journée de conducteur.	3 »
Seize relais d'un cheval, à 3 fr. 20.	51 20
Une journée d'employé pour enregistrement, etc. .	3 »
Hangar couvert..	1 »
	63 75

Report.	63	75

Si les voyageurs étaient considérés comme marchandise, trente voyageurs, pesant 3,000 kilogrammes avec leurs effets, paieraient, au prix moyen du tarif (0 f. 12), pour 56 kilomètres, 21 f. 84, sur quoi un tiers au plus représente les frais d'entretien du chemin de fer. . .   6   72

Total des frais pour trente voyageurs par la berline. .	70	47
Ce qui donne pour un voyageur..	2	35

OMNIBUS ET CADRES.

Une journée de voiture coûtant moyennement 2,000 fr., durant cinq ans, ce qui, avec l'intérêt du capital, donne.   1   36

Entretien journalier et huile des roues..	2	50
Une journée de conducteur.	3	»
Dix relais d'un cheval à 3 fr. 20 c.	32	»
Une journée d'employé pour enregistrement, etc. .	3	»
Hangar couvert.	1	»
	42	86
Entretien du chemin de fer comme ci-dessus. . . .	6	72

Total des frais pour trente voyageurs, par l'omnibus et le cadre.	49	58
Ce qui donne pour un voyageur..	1	65

Avant le chemin de fer, il existait, comme nous l'avons déjà dit, une voiture à Rive-de-Gier, et une à Saint-Chamond, qui faisaient tous les jours le trajet de Saint-Etienne, allée et retour. Ces voitures partaient tous les matins à cinq heures en été, et six heures en hiver, de telle sorte qu'on arrivait à Saint-Etienne pour pouvoir s'en retourner le même jour, après avoir vaqué à ses affaires.

Elle n'existe plus depuis que le chemin de fer est en activité, d'où

[note marginale : Nécessité d'une voiture spéciale desservant Rive-de-Gier et Saint-Chamond.]

il suit que les habitans de ces deux villes importantes sont privés d'un moyen de transport qui leur est tout-à-fait nécessaire.

Ainsi, en été, les voitures du chemin de fer, partant le matin de Lyon, ne passent qu'à neuf heures à Rive-de-Gier, à dix heures à Saint-Chamond, et n'arrivent à Saint-Etienne qu'à onze heures. En hiver c'est bien autre chose, puisqu'il n'y a qu'un seul départ à midi ou une heure. C'est un immense inconvénient pour les habitans de Rive-de-Gier et de Saint-Chamond qui, pour leurs affaires du matin, par exemple au tribunal, sont obligés ou de faire les frais d'une voiture particulière, ou de venir coucher la veille à Saint-Etienne.

La chambre consultative de Saint-Chamond a maintes fois réclamé l'établissement de ces diligences spéciales. « Seules, disait-elle dans « sa délibération de juillet dernier, avec la création immédiate d'au- « tres chemins d'arrivage, ces diligences peuvent atténuer le dom- « mage que fait éprouver à la ville de Saint-Chamond le tracé du « chemin de fer hors de son enceinte, au mépris des dispositions for- « melles de l'acte de concession, des promesses faites à cette ville, et « de ses plaintes toujours éludées, mais qu'elle ne se lassera pas de re- « produire. »

Il arrive fréquemment, surtout la veille et le lendemain des fêtes, que plusieurs voyageurs ne trouvent pas de places dans les voitures du chemin de fer de Lyon. On en voit, notamment à Rive-de-Gier et à Givors, jusqu'à trente et quarante qui sont obligés d'attendre au lendemain s'ils sont plus heureux.

Assurément c'est ce qui ne devrait jamais être, avec tant de moyens et tant de facilité de prévenir un pareil inconvénient. Il suffirait simplement d'avoir une voiture de relais toujours prête à chaque lieu de chargement ou de stationnement.

Déclaration à faire à la ré- gie des contributions indirec- tes.

Toutefois, il faut se hâter de dire qu'il n'y a aucune faute à imputer à la compagnie. Obligée de faire une déclaration à la régie des con- tributions indirectes, elle ne peut prendre plus de voyageurs que le nombre déclaré, sans se mettre en contravention avec les lois du 25 mars 1817 et 17 juillet 1819.

Déclaration préalable des voyageurs supplémentaires impossible.

La loi, il est vrai, accorde bien la faculté de faire, préalablement à un départ, une déclaration supplémentaire ; mais, on le sent, c'est une faculté complètement illusoire avec un chemin de fer qui ne peut ni attendre, ni faire attendre, sans compromettre son service sur toute la ligne, ainsi que la sûreté des voyageurs.

Arrêt de la cour royale de Lyon, confirmé par arrêt de la cour de cassation, décidant qu'un chemin de fer doit le dixième à la régie.

A l'origine de l'ouverture du chemin de fer, la compagnie de Lyon refusa de payer le dixième réclamé par les contributions indirectes, soutenant qu'il n'était dû que par les voitures circulant sur une voie publique dont la confection et l'entretien sont à la charge de l'État, et non sur un chemin de fer qui est une propriété privée. Mais la compagnie a été condamnée par arrêt de la cour royale de Lyon, du 15 février 1833, confirmé par arrêt de la cour de cassation du 1er août de la même année (').

(') *Arrêt de la cour royale de Lyon du 15 février 1833* (chambre corr.).

Considérant que la loi du 25 mars 1817 (art. 112) qui se borne, ainsi qu'elle l'exprime elle-même, à maintenir la législation en vigueur par les lois des 9 vendémiaire an VI, 5 ventôse an XII, 28 avril 1816, et le décret du 14 fructidor an XII, lois rendues avec toutes les solennités prescrites par les constitutions qui ont successivement régi la France ; que cette loi a assujetti très-impérieusement, ainsi que celles qui précèdent, au paiement du dixième du prix des places et du prix reçu pour le transport des marchandises, les entrepreneurs de *voitures publiques de terre et d'eau à service régulier, c'est-à-dire qui font le service d'une ville à l'autre;*

Considérant que ces termes sont généraux et comprennent toutes les voitures quels que soient leurs formes et leurs moteurs ;

Considérant que les voitures de la compagnie Seguin et Biot sont publiques et qu'elles faisaient à l'époque de la rédaction du procès-verbal, le service de Givors à Rive-de-Gier, et font notoirement aujourd'hui celui de Lyon à Saint-Étienne, et réciproquement, sans avoir fait la déclaration prescrite par l'art. 115 de la loi du 27 mars 1817 ;

Considérant dès lors que les entrepreneurs de ces voitures sont passibles du droit proportionnel, à moins qu'ils ne soient dans un cas d'exception formellement prévu par la loi ;

Considérant que la compagnie Seguin et Biot fait résulter cette exception, non d'une disposition précise de la loi, mais de la nature même des choses ; que, suivant elle, le droit ne peut être perçu que sur des voitures cheminant dans une voie publique, et non sur des voitures qui parcourent une propriété privée telle que le chemin de fer ;

Considérant à cet égard que le gouvernement qui seul a le droit d'ouvrir des routes, chemins, rues ou passages, peut également en concéder la propriété ou la jouissance à des citoyens ; mais,

Les chemins de fer sont un nouveau mode de transport qui demande de nouvelles règles. Suivant nous, voici celles qui pourraient être admises en ce qui concerne la régie.

---

qu'outre les conditions particulières qu'il peut imposer, il en est deux qui, en pareil cas, font toujours nécessairement partie des clauses de la cession :

La première de ces conditions est la surveillance active et perpétuelle du gouvernement, et la seconde la charge expresse de tenir la route, le chemin, la rue ou le passage concédé à la constante disposition du public.

Considérant, d'ailleurs, d'un côté qu'il n'est pas exact d'assimiler, d'une manière absolue, le chemin de fer à une propriété particulière ; qu'en effet, le signe caractéristique du domaine privé, c'est le droit d'user et d'abuser de la chose possédée à ce titre ;

Considérant que cependant le chemin dont il s'agit est réservé à une destination qui ne pourrait être changée, quelque fût, à cet égard, la volonté des propriétaires ; qu'ainsi, on est fondé à considérer, sous ce rapport, le chemin de fer comme une propriété publique, comme étant un sol consacré pour toujours à un but d'utilité générale ;

Considérant que tout voyageur pouvant, à son gré, et moyennant une rétribution, parcourir le chemin de fer, sinon à pied ou à cheval, du moins en se plaçant dans la voiture des entrepreneurs, on ne peut, dès-lors, contester que cette voie, ouverte à tous, ne soit publique ;

Considérant d'autre part et principalement, que l'impôt dont il s'agit frappe l'industrie et non la propriété ; que l'industrie imposée consiste dans le transport par terre des voyageurs, d'un lieu déterminé à un autre ; que peu importe la manière dont ce transport a lieu, la nature de la route par laquelle il est effectué, et le propriétaire du sol sur lequel cette route est tracée ; que dans tous les cas, l'entrepreneur retire un bénéfice dont il doit une partie à l'État, et qu'il est impossible de faire une distinction qui ne se trouve pas dans la loi ;

Considérant qu'à la vérité, l'entretien et la réparation du chemin de fer est à la charge de la compagnie, mais que la taxe du dixième est un impôt général et dont le produit n'a pas été spécialement affecté à l'entretien des routes ;

Considérant que la compagnie Seguin et Biot argumente vainement de ce que le titre de la concession ne lui impose pas la condition de payer le droit proportionnel ;

Considérant, en effet, que les termes de cette concession et ceux du pacte constitutif de la compagnie, prouvent jusqu'à l'évidence que, dans le principe, la seule destination du chemin de fer était le transport des marchandises, et que dès-lors il ne pouvait être question d'un droit dû seulement à raison du transport des voyageurs ;

Considérant, d'ailleurs, qu'une stipulation expresse sur ce point était inutile, parce que les obligations d'un entrepreneur de voitures publiques se trouvaient déjà écrites dans la loi du 25 mars 1817 ;

Considérant que sous l'empire de l'ancienne législation, la faculté d'établir des messageries était exclusivement réservée au gouvernement, qui exerçait ce monopole au moyen d'une régie ou bien en le mettant en ferme ;

D'abord, bonifier les compagnies de chemins de fer de la moitié des places au lieu d'un tiers que l'on accorde. Il y aurait justice dans une

---

Considérant que la loi de vendémiaire an VI a remplacé le produit du monopole, en créant un droit sur le prix des places, et qu'ainsi l'établissement des voitures publiques a toujours été matière imposable;

Considérant qu'il est impossible de présumer que le gouvernement, en autorisant les chemins de fer, ait voulu supprimer une branche assez importante du revenu public;

Considérant, d'ailleurs, que l'exception réclamée par la compagnie Seguin et Biot serait un véritable privilége qui ne pourrait résulter que d'une loi, et non d'un règlement d'administration publique émané du seul pouvoir exécutif;

Attendu qu'il suit de ce qui précède, que la compagnie du chemin de fer s'est trouvée en contravention à l'article 115 de la loi du 25 mars 1817, et est par conséquent passible des peines prononcées par l'article 122 de la même loi.

Par ces motifs, la cour infirme le jugement dont est appel; en conséquence décharge l'administration des contributions indirectes des condamnations contr'elle prononcées, et statuant par jugement nouveau, déclare la compagnie du chemin de fer coupable d'avoir établi de Givors à Rive-de-Gier, une voiture publique à service régulier, pour le transport des voyageurs, sans avoir fait la déclaration prescrite par l'art. 115 de la loi du 25 mars 1817 (§ 4), en conséquence déclare valable la saisie qui en a été faite le 12 avril 1831, et prononce la confiscation de ladite voiture à vapeur et des deux wagons qui ont été estimés à 9,000 fr.;

Condamne en outre la compagnie du chemin de fer en 100 fr. d'amende et à tous les frais.

Arrêt de la cour de cassation, du 1er août 1833 (chambre criminelle.)

La cour, vu les art. 68 et 73 de la loi du 9 vendémiaire an VI, et les art. 112, 115, 116 et 122 de la loi du 25 mars 1817:

Attendu que les dispositions de l'article 112 de cette dernière loi sont générales et ne distinguent pas les diverses espèces de lignes viables parcourues par les voitures qui transportent les voyageurs;

Attendu que l'impôt du dixième du prix des places établi par ladite loi n'est pas restreint au cas où les voitures circulent sur les routes qui dépendent du domaine public, d'après l'art. 538 du code civil; mais qu'il est établi en général sur l'industrie de tous ceux qui se livrent à des entreprises de transport de voyageurs par terre ou par eau, sans qu'on ait besoin d'examiner dans quelles mains réside la propriété de la ligne viable sur laquelle le transport doit s'accomplir;

Attendu que pour qu'il y ait lieu à appliquer les dispositions précitées de la loi du 25 mars 1817, il suffit, d'une part, que la voiture soit à service régulier, d'après la définition qu'en donne cette loi, et, d'autre part, que la voiture soit publique, c'est-à-dire que tout voyageur puisse y être admis en payant le prix déterminé d'avance par les entrepreneurs, d'où il suit que l'arrêt attaqué a fait une juste application de la loi du 25 mars 1817 et des autres lois de la matière. — Rejette.

17

pareille bonification, puisque les *railways* ne font supporter aucune réparation à l'Etat.

Ensuite ne les obliger à déclarer leurs voyageurs supplémentaires que dans les vingt-quatre heures de l'arrivée de la voiture, au lieu de la déclaration préalable actuellement exigée. La régularité des livres dans une compagnie anonyme pourrait offrir des garanties suffisantes contre la crainte de toute fraude à cet égard.

Sûreté du transport des voyageurs.   Il ne nous reste plus, au sujet des voyageurs, qu'à parler de la sûreté de leurs transports, ou plutôt à constater un fait vrai, à savoir : qu'il n'y a pas eu un seul accident sur le chemin de fer de Lyon qui n'ait été le résultat de quelqu'imprudence des victimes. Aussi, le langage que tenait à cet égard M. Coste devant la commission d'enquête, dans la séance du 18 juillet, est-il de la plus rigoureuse exactitude.

« Des voitures publiques, disait-il, parcourent le chemin de fer depuis plus de deux ans, et transportent plus de 500 voyageurs par jour. Eh bien ! il n'y a pas une seule voiture qui ait jamais versé sur le chemin de fer, il n'y a pas un seul voyageur placé dans les voitures qui ait jamais été blessé. Les accidens qu'on peut citer sont arrivés aux personnes qui, malgré les défenses de l'autorité, se promenaient sur la voie du chemin de fer et dans le souterrain, ou à celles qui, malgré les observations des conducteurs, montaient ou descendaient des voitures pendant qu'elles étaient en mouvement. Mais quant à des voitures versées, à des convois entiers de voyageurs tués ou blessés, comme cela a malheureusement lieu quelquefois sur les routes, ce sont des accidens inconnus sur le chemin de fer. »

En finissant, retenons bien que les chemins de fer n'offrent pas seulement la manière la plus rapide et la plus commode de voyager, mais encore la plus sûre.

QUESTION.

Y a-t-il lieu de faire un tarif pour les places des voyageurs, et quel doit être ce tarif ?

La Commission est d'avis, à l'*unanimité :*

« Qu'un tarif doit être créé le plus tôt possible pour les places des « voyageurs, qui sera arrêté par l'administration, sur la proposition « de la compagnie du chemin de fer, les chambres de commerce et « consultatives préalablement entendues ;

« Que le tarif des places devrait être fixé de Lyon à Saint-Etienne, « au maximum, et proportionnellement pour les lieux intermédiaires, « dixième compris, de la manière suivante :

« Première voiture. { Coupé. . . . . 7^t » ^{c}.
                      { Intérieur. . . . . . . 6 »

« Deuxième voiture dite *Omnibus*. . . . . . 4 »

« Troisième voiture dite *Cadres*. . . . . . . 2 »

« soit par kilomètre, en comptant soixante kilomètres de l'*intérieur* « de Saint-Etienne dans l'*intérieur* de Lyon (').

« Première voiture. { Coupé. . . . . . . »^{t} 117^m.
                      { Intérieur. . . . . » 100

« Deuxième voiture. . . . . » 067

« Troisième voiture. . . . . » 033

« Dont un tiers pour le transport et deux tiers pour le péage ;

« Que le tarif doit être dans la même proportion, par tête et par « kilomètre, pour les chemins de Roanne et d'Andrézieux ;

« Que dans le cas d'un petit parcours qui n'excéderait pas 12 kilo-

---

(') Dans une édition tout-à-fait incomplète du rapport de la commission d'enquête de Saint-Etienne, qui a été imprimé à Paris, on lit la note suivante :

« Les prix de la première voiture sont énormes ; les autres voitures sont ignobles.

« La commission a omis de signaler les inconvéniens auxquels donne lieu le service des omni-« bus qu'on est forcé de prendre pour se rendre au chemin de fer et pour en revenir ; ces incon-« véniens sont intolérables. »

« mètres, le minimum à payer sera de 1 fr. 25 c. dans la première
« voiture, de 1 fr. dans les secondes, et de 75 c. dans les cadres;
  « Que l'on accordera à chaque voyageur le droit de porter avec lui
« un bagage dont le poids n'excédera pas 25 kilogr., sans être tenu à
« aucun supplément pour le prix de sa place. »

Messieurs, nous avons successivement examiné toutes les questions
qui naissent de l'enquête dont nous avons été chargés.

Sans nous occuper, en aucune manière, ni des résultats qu'ont pu
produire nos chemins de fer, ni des bienfaits incontestables qu'ils ont
répandus dans nos contrées, nous ne nous sommes attachés uniquement qu'à rechercher quelles règles leur manquaient, et sous ce rapport, de quelles améliorations ils pouvaient être susceptibles.

Puisant toujours au foyer de l'expérience, ce sont ses leçons qui
nous ont guidés, sa voix que nous avons fait entendre, pour faire connaître et ce qui est, et ce qui devrait être. Quand un grand élément
de prospérité matérielle est jeté dans la société, il reste encore beaucoup à faire jusqu'à ce qu'il soit associé au mouvement de tous les intérêts qu'il doit servir.

Messieurs, dans notre tâche commune, nous n'avons tous eu qu'un
seul but d'utilité publique; puisse-t-il n'être pas trompé! C'est, en
élargissant la voie des progrès auxquels sont appelés tous les chemins
de fer faits ou à faire, de préparer la réalisation des espérances na-
tionales et industrielles qu'ils ont fondées. Les premiers nous avons
ouvert la marche dans une route inconnue, en cherchant à indiquer
les droits et les besoins de l'intérêt général au milieu des discussions
soulevées par les intérêts privés; d'autres viendront ensuite qui achè-
veront ce que nous n'avons pu qu'ébaucher.

Il y a peu de jours que l'un des hommes les plus progressifs de l'Angleterre, le docteur Bowring, m'écrivait : « L'influence des *railsways*

« sur l'avenir de notre pays n'est pas calculable. C'est un arbre plan-
« té, mais qui n'a pas encore produit ses fruits. »

Il en est de même, Messieurs, pour la France où l'arbre a moins
de sève ; nous avons voulu montrer les moyens de le féconder. Heureux, si nos efforts sont suivis de quelque bien !

Clos, adopté et signé à Saint-Étienne, le 24 novembre 1835.

Signés F. PARRAN, PEYRET, TERME, Hyp. ROYET, DELSÉRIEZ et SMITH.

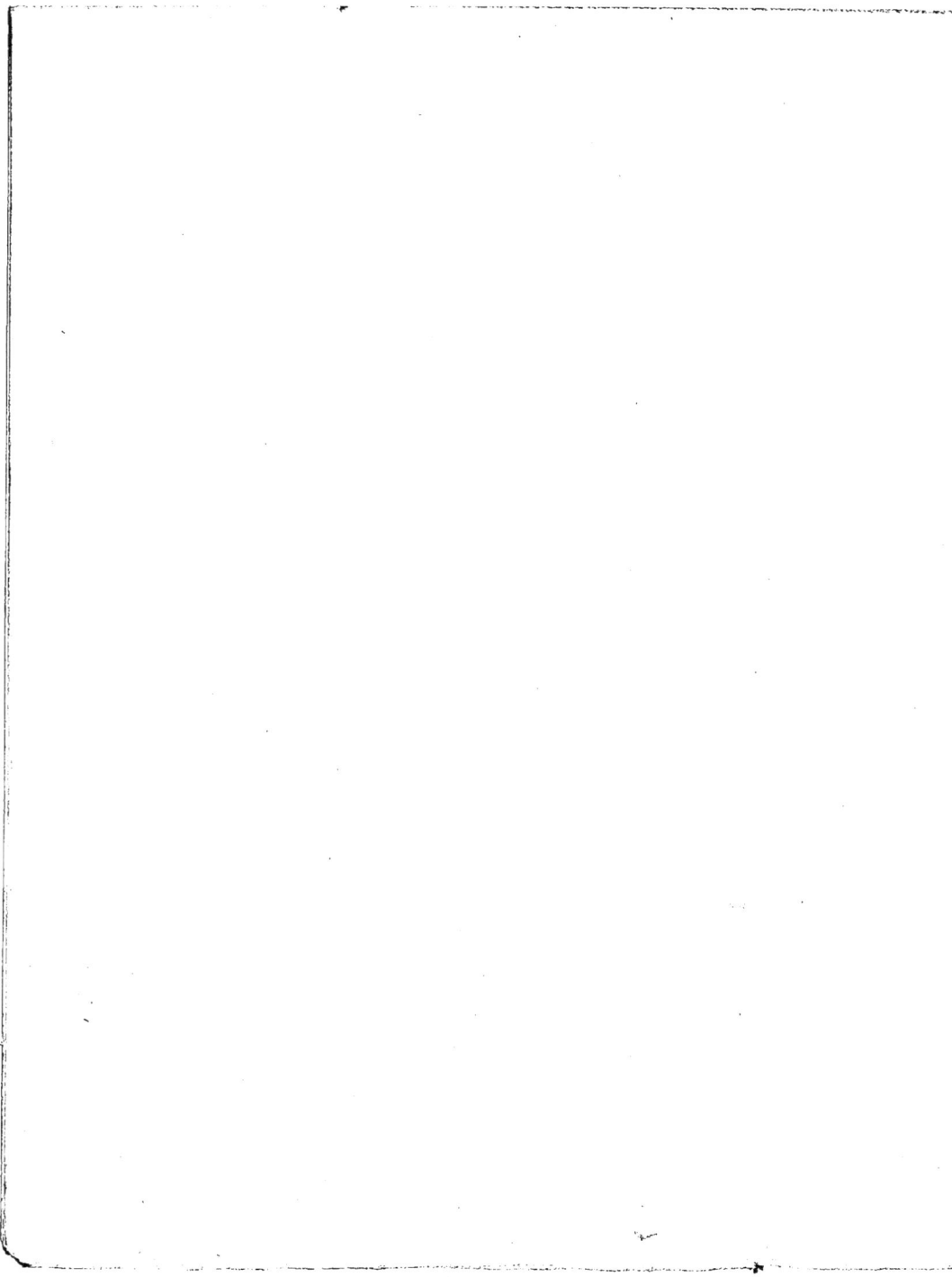

DOCUMENS

Sur

Les Chemins de Fer.

PREMIÈRE PARTIE.

✿

LÉGISLATION SUR LES CHEMINS DE FER.

Chemin de Fer de Saint=Etienne à Andrézieux.

✿

ORDONNANCES ROYALES.

Au château des Tuileries, le 26 février 1823.

Cahier des charges pour l'établissement d'un chemin de fer de la Loire au Pont-de-l'Ane.

Louis, par la grâce de Dieu, roi de France et de Navarre, à tous ceux qui ces présentes verront, salut.

Sur le rapport de notre ministre secrétaire d'Etat de l'intérieur ;

Vu la demande formée par les sieurs de Lur-Saluces, Boigues, Milleret, Hochet, Bricogne et Beaunier, aux fins d'obtenir l'autorisation d'établir à leurs frais un chemin de fer pour communiquer de la Loire au Rhône par le territoire houiller de Saint-Etienne, département de la Loire ;

Vu les avis de la chambre consultative des arts et manufactures de St-Etienne et du sous-préfet de l'arrondissement ;

Les observations du préfet de la Loire ;

L'avis de notre directeur-général des ponts-et-chaussées et des mines ;

Considérant que le commerce et l'industrie retireront de grands avantages de

18

cet établissement, particulièrement pour le transport de la houille que fournissent en abondance les contrées qu'il doit traverser ;

Qu'un chemin de fer destiné au public est, comme un canal de navigation, un ouvrage d'utilité générale; qu'ainsi le gouvernement peut conférer aux concessionnaires la faculté d'acquérir les terrains sur lesquels il devra être établi, moyennant une indemnité préalable, et à charge de se conformer aux règles prescrites par la loi du 8 mars 1810 ;

Considérant cependant que la demande tendant à obtenir l'autorisation d'établir un chemin de fer sur le versant du Rhône n'est présentée que d'une manière conditionnelle, et ne saurait par conséquent être accueillie quant-à-présent ;

Notre conseil d'État entendu,

Nous avons ordonné et ordonnons ce qui suit :

Art. 1er. — Les sieurs de Lur-Saluces, Boigues, Milleret, Hochet, Bricogne et Beaunier, sous le titre de *Compagnie du chemin de fer*, sont autorisés à établir un chemin de fer de la Loire au Pont-de-l'Ane, sur la rivière de Furens, par le territoire houiller de Saint-Étienne.

Art. 2. — La compagnie du chemin de fer sera tenue de se conformer à la loi du 8 mars 1810, relative aux expropriations pour cause d'utilité publique. A cet effet, le projet de la direction de ce chemin sera remis au préfet du département, qui le transmettra à notre directeur-général des ponts-et-chaussées et des mines, avec son avis. Ce projet sera soumis à notre approbation par notre ministre de l'intérieur.

Art. 3. — Lorsque la direction du chemin de fer aura été approuvée, la compagnie fera lever le plan terrier indiqué dans l'art. 5 de la loi du 8 mars 1810. Les autres formalités prescrites par cette loi seront pareillement observées.

Art. 4. — Partout où le chemin de fer coupera des routes royales ou départementales et des chemins vicinaux, la compagnie établira, à ses frais, des moyens sûrs et faciles de traverser ce chemin, soit en dessus, soit en dessous. Les projets des travaux à faire pour cet objet seront soumis à l'approbation du directeur-général des ponts-et-chaussées.

A défaut par la compagnie d'exécuter les travaux qui auront été jugés nécessaires aux points d'intersection des routes royales, départementales ou vicinales, pour assurer ou faciliter la circulation, ces ouvrages seront mis publiquement en adjudication, et, à défaut d'adjudicataires, seront exécutés en régie, sous la direction des ingénieurs des ponts-et-chaussées. La compagnie sera tenue d'en payer la dépense, au vu des états dressés par les ingénieurs, approuvés et rendus exécutoires par le préfet.

Il sera pris par le préfet de la Loire les mesures nécessaires pour la conservation ou pour l'établissement des chemins d'exploitation que le passage du chemin
de fer à travers les propriétés que la compagnie est autorisée à acquérir, rendra
nécessaires.

Art. 5. — Dans le cas où le gouvernement autoriserait la construction de routes ou chemins vicinaux ou canaux qui couperaient le chemin de fer, toutes dispositions convenables seront faites pour la conservation de ce chemin; mais les
dommages que la compagnie pourrait éprouver pendant l'exécution des travaux,
à raison de la suspension des transports, ne pourront donner lieu de sa part à aucune demande en indemnités.

La compagnie ne pourra pareillement réclamer aucune indemnité dans le cas
où le gouvernement autoriserait par la suite la construction de canaux ou d'autres
chemins de fer propres au transport de la houille et autres marchandises, soit de
la Loire au Rhône, soit sur tout autre point.

Art. 6. — Si, après avoir entrepris le chemin de fer, la compagnie ne le ter-
minait pas entre les deux points ci-dessus désignés, ou si, après l'avoir terminé,
elle l'abandonnait et renonçait à le faire valoir soit par elle-même, soit par d'autres, les terrains acquis par la compagnie pour sa construction seraient restitués
à leurs anciens propriétaires ou à leurs ayant-droits, s'ils l'exigeaient, à charge
par eux d'en payer la valeur telle qu'elle serait réglée à l'amiable, ou par les tribunaux en cas de contestations.

Le délai fixé à la compagnie pour l'établissement du chemin de fer est de cinq
ans : elle perdra le droit de l'établir dans le cas où elle ne l'aurait pas terminé
dans ce délai, à moins qu'elle n'en soit empêchée par force majeure dûment constatée.

Art. 7. — Pour s'indemniser des frais de construction et d'entretien dudit
chemin, des frais d'entretien de ses voitures, et tous autres qu'elle sera dans le
cas de faire pour le transport des houilles et marchandises qui lui seront confiées, la compagnie est autorisée à percevoir à perpétuité, sur le chemin de fer,
un droit d'un centime quatre-vingt-six centièmes de centime par mille mètres de
distance et par hectolitre de houille et de cock.

Le droit sera le même pour le transport de cinquante kilogrammes de matières
et marchandises de toutes sortes, et par mille mètres de distance.

La perception de ce droit se fera sur la remonte comme sur la descente du
chemin, et par distance de mille mètres parcourus ou à parcourir sur le chemin
de fer, sans égard aux fractions : ainsi mille mètres entamés se paient comme s'ils
avaient été parcourus entièrement.

Au moyen du paiement du droit fixé par le présent article, la compagnie du chemin de fer sera tenue d'exécuter constamment, avec exactitude et célérité, et sans pouvoir en aucun cas les refuser, tous les transports qui lui seront confiés, à ses frais et par ses propres moyens.

Toutes les contestations qui pourraient naître pour cessation ou retard de transport, seront soumises au conseil de préfecture.

ART. 8. — Aussitôt que le chemin de fer pourra être mis en activité, notre préfet de la Loire soumettra à notre ministre de l'intérieur un projet de règlement qui établira l'ordre de chargement, transport et déchargement des marchandises.

ART. 9. — Les terrains qu'occupera le chemin de fer seront imposés comme les terrains occupés par les canaux, conformément à la loi du 5 floréal an XI (25 avril 1803), en déduction du contingent des communes qu'il traversera.

ART. 10. — La compagnie du chemin de fer tiendra constamment la présente ordonnance affichée à la porte de ses magasins et bureaux, et dans les lieux les plus apparens.

ART. 11. — Notre ministre secrétaire d'Etat de l'intérieur est chargé de l'exécution de la présente ordonnance, qui sera insérée au Bulletin des lois.

Donné en notre château des Tuileries, le 26 février, l'an de grâce 1823, et de notre règne le vingt-huitième.

Signé LOUIS.

Par le roi :

Le ministre secrétaire d'Etat au département de l'intérieur,

Signé CORBIÈRE.

---

30 juin 1824.

Ordonnance contenant approbation des plan et tracé du chemin de fer de la Loire au Pont-de-l'Ane.

Louis, par la grâce de Dieu, roi de France et de Navarre,

A tous ceux qui ces présentes verront, salut.

Sur le rapport de notre ministre secrétaire d'Etat de l'intérieur ;

Vu notre ordonnance du 26 février 1833, qui a autorisé une compagnie anonyme, formée sous le nom de *Compagnie du chemin de fer*, à établir à ses frais, moyennant la concession d'un droit de péage à perpétuité, un chemin de fer depuis la Loire jusqu'au Pont-de-l'Ane, sur la rivière de Furens, par le territoire houiller de Saint-Etienne ;

Vu les plans de la direction de ce chemin, examinés par le conseil général des ponts-et-chaussées, qui les a jugés susceptibles d'être approuvés ;

Vu les pièces produites à l'appui ;

Notre conseil d'Etat entendu ,

Nous avons ordonné et ordonnons ce qui suit :

ART. 1er. — La direction des différentes lignes dont se compose le chemin de fer à établir entre la Loire et le Pont-de-l'Ane , sur la rivière de Furens , est approuvée telle qu'elle est indiquée sur les cinq plans cotés A B C D E , annexés à la présente ordonnance.

La ligne principale de ce chemin partant du Pont-de-l'Ane , situé sur la route royale n° 106 de Lyon à Toulouse , en passant au dessous des domaines du Bessart et du Mavert , traversera le Furens au dessous de l'usine de Mottelières , coupera la route n° 100 de Roanne au Rhône , près du domaine de la Terrasse , se développant ensuite sur le revers des coteaux de Bois-Monzil et de Curnieux ; elle traversera de nouveau le Furens près du moulin Porchon , suivra la rive droite de cette rivière jusqu'au moulin Saint-Paul , au dessous duquel elle traversera le ruisseau de Malleval , continuant à se maintenir dans la vallée du Furens qu'elle suivra en passant de l'une à l'autre rive , suivant les accidens du terrain , jusques près du moulin Thibaud , en traversant plus bas la levée des abords du pont d'Andrézieux ; elle se terminera près de la Loire , en face du magasin Durand.

Le grand embranchement du Treuil , partant de la ligne principale au dessous du ruisseau du Marais , passera au dessous du Treuil , ensuite dans l'emplacement du chemin vicinal de la Trêve au Treuil qui sera détourné à cet effet , et se terminera enfin à la route royale n° 106 de Lyon à Toulouse , au dessous de la verrerie.

Les deux branches latérales à la Loire se prolongeront , celle d'amont jusqu'au magasin Major , et celle d'aval jusqu'à la maison du pontonnier , en traversant le Furens près de son embouchure , sur le pont des magasins , et en coupant un petit bâtiment appartenant au sieur Jovin.

Il sera statué plus tard , au fur et à mesure des besoins , et en se conformant aux termes de l'article 4 de notre ordonnance du 26 février 1823 , sur l'établissement des rameaux ou embranchemens d'exploitation que la compagnie serait dans la nécessité de construire pour mettre les lignes principales du chemin en communication avec les mines de houille et les entrepôts de la Loire.

Dans les lieux où le chemin de fer n'aura qu'une voie simple , lesquels sont indiqués sur les plans par ces mots : *travaux d'art* , sa largeur au couronnement sera de 3 m. 50 c. ; mais partout où la voie sera double , cette largeur sera portée à 5 m, 40 c. Dans l'un et l'autre cas , la compagnie sera autorisée à prendre en sus des largeurs arrêtées , et moyennant une juste et préalable indemnité , l'emplacement nécessaire pour recevoir la base des talus de remblais et d'escarpement , ainsi que celui des fossés , suivant la nature du sol et des lieux.

Si , dans les lieux où le chemin coupera des cours d'eau , la direction arrêtée précédemment ne permet pas de donner aux ponts qui y seront construits une hauteur de 50 c. sans clé ou sans poutre au dessus des plus hautes eaux , la compagnie sera tenue de présenter et de soumettre à l'approbation de notre directeur-général des ponts-et-chaussées , les modifications à faire au tracé pour établir les ponts à la hauteur indiquée ci-dessus.

ART. 2. — La compagnie est autorisée à acquérir , outre l'emplacement des chemins , ceux qui lui seront nécessaires pour former , dans les lieux indiqués par les cinq plans A B C D E , quatre places de chargement et de déchargement de marchandises , et pour construire quatre maisons de cantonniers et une maison de recette.

Les emplacemens affectés aux chargemens et déchargemens ne pourront occuper qu'une surface égale à celle que portent les plans indiqués précédemment ; chaque maison de cantonnier , avec ses dépendances , occupera une surface de 60 m. carrés ; la maison de recette occupera une surface de 100 m. carrés.

ART. 3. — La compagnie aura la faculté de substituer aux angles que forment entr'elles les extrémités des lignes de l'axe du chemin dans le projet , des arcs de cercle de raccordement tracés avec des rayons dont la longueur variera suivant les localités , sans que toutefois cette longueur puisse excéder 100 m.

ART. 4. — La compagnie pourra se procurer tous les matériaux de remblais et d'empierrement qui lui seront nécessaires pour la construction du chemin projeté , en usant de tous les droits dont le gouvernement fait lui-même usage pour l'exécution des travaux publics. Elle jouira à cet égard , tant pour l'extraction des terres et matériaux que pour leur transport , de tous les priviléges accordés aux entrepreneurs des travaux publics , à charge par elle d'indemniser les propriétaires des terrains endommagés , à l'amiable ou selon l'usage en cas de non accord , conformément à la décision du conseil de préfecture.

ART. 5. — La compagnie est autorisée à établir des rigoles pour l'écoulement des eaux rassemblées dans les fossés du chemin de fer , sous la condition de payer à qui de droit , une indemnité réglée à l'amiable ou à dire d'experts.

ART. 6. — L'inclinaison des pentes ou rampes d'accession que la compagnie établira sur les chemins vicinaux ou d'exploitation aux abords du chemin de fer , ne dépassera jamais 0 m. 05 c. par mètre.

ART. 7. — La compagnie pourra opérer dans la direction du chemin vicinal de la Papelière, passant près de la maison Crottard, les changemens indiqués par des lignes jaunes sur le plan coté C.

Art. 8. — Dans la partie où le chemin de fer doit traverser la route royale n° 100, de Roanne au Rhône, la compagnie sera tenue d'adopter la forme de barreaux qui sera arrêtée par notre directeur-général des ponts-et-chaussées.

Elle y garantira les abords du chemin de fer par un pavé dont la largeur sera déterminée par M. l'ingénieur en chef du département.

Elle y assurera l'écoulement des eaux dans les fossés de la route par des acqueducs en maçonnerie, construits de chaque côté sous le chemin de fer.

Art. 9. — Au passage du chemin de fer sur les chemins vicinaux, il sera donné le moins de saillie possible aux barreaux de fer.

La compagnie sera tenue de construire, sous les différentes branches du chemin de fer, tous les acqueducs qui seraient jugés nécessaires pour l'écoulement des eaux et l'assèchement des terres riveraines des chemins.

Dans la traverse des vallons où les remblais dépasseront la hauteur de 2 m. 50 c. et seront soutenus par un mur et non par un talus, elle devra établir le long du chemin de fer des parapets ou gardes-corps pour la sûreté du passage.

Art. 10. — Les plans ci-annexés seront renvoyés au préfet du département de la Loire, pour faire exécuter les dispositions prescrites par la loi du 8 mars 1810.

Art. 11. — Notre ministre secrétaire d'Etat de l'intérieur est chargé de l'exécution de la présente ordonnance.

Signé Louis.

Par le roi :

Le ministre secrétaire d'Etat de l'intérieur,

Signé Corbière.

Pour copie conforme :

Le directeur-général des ponts-et-chaussées et des mines,

Signé Becquey.

(Voir ci-après (chemin de fer de Roanne) une ordonnance royale du 23 juillet 1833, relative à la jonction et soudure du chemin de fer de Roanne avec celui d'Andrézieux, au lieu de la Quérillère.)

ARRÊTÉS.

Montbrison, le 25 octobre 1834.

Le préfet de la Loire ,

Vu la lettre en date du 18 septembre dernier, par laquelle M. le maire de Saint-Just-sur-Loire expose : 1° que la compagnie du chemin de fer de Saint-Etienne à Andrézieux a rendu impraticable un gué du Furens où passe le chemin de Saint-Just à Saint-Galmier ; 2° que la même compagnie a intercepté ledit chemin ;

Vu le rapport de MM. les ingénieurs des ponts-et-chaussées et le plan des lieux ;

Considérant que le pont construit pour le passage du chemin de fer au lieu de la Quérillère, et qui se présente très-obliquement au cours de l'eau, en amont, a causé un affouillement de 0 m. 87 c., qui rend le gué impraticable ; qu'en obtenant l'autorisation d'exécuter son entreprise , la compagnie a été astreinte à l'obligation de rétablir les communications qu'elle intercepterait, et de réparer, à cet égard , tous les dommages qu'elle occasionerait ;

Considérant que cette même compagnie a établi sur une partie du chemin de St-Galmier une voie de fer pour amener des matériaux d'une carrière ; qu'ainsi, elle s'est indûment emparée de ce qui ne lui appartenait pas ,

Arrête :

La compagnie du chemin de fer de Saint-Etienne à Andrézieux sera tenue de rendre viable, dans un délai de quinze jours, le gué par où passe le chemin de Saint-Just à Saint-Galmier , et de rétablir le passage sur une partie de ce chemin, intercepté par la voie de fer qu'elle a établie.

Si, passé ce délai , elle n'a pas rétabli les lieux dans leur ancien état, il sera dressé contre elle des procès-verbaux de contravention par M. le maire ou le garde-champêtre de Saint-Just ; ces procès-verbaux, dont chacun sera spécial , soit à l'interception du gué, soit à celle du chemin, nous seront adressés pour y être donné telle suite que de droit.

Copies du présent seront notifiées à la compagnie du chemin de fer et à M. le maire de Saint-Just , chargé d'en surveiller l'exécution.

Signé à la minute : SENS , *préfet de la Loire.*

Arrêté prescrivant à la compagnie du chemin de fer d'Andrezieux de construire une voûte à ses frais.

Le préfet de la Loire,

Vu la réclamation de l'autorité municipale de Saint-Just-sur-Loire, tendant à ce qu'il soit établi un pont sur le chemin de Saint-Galmier à Saint-Etienne, à l'endroit dit la Quérillère, où une tranchée a été pratiquée par la compagnie du chemin de fer de la Loire pour l'établissement de ce chemin;

Vu l'avis de l'inspecteur-voyer, en date du 14 septembre courant, concluant à ce qu'il soit fait droit à la réclamation mentionnée ci-dessus;

Considérant que la tranchée qui exige l'établissement du pont demandé ayant été faite pour le service du chemin de fer de la Loire, la compagnie doit rétablir, sur ce point, une communication n'offrant aucun danger; que le passage établi au moyen de pièces de bois, ne présente pas ces garanties; que déjà des accidens ont eu lieu, et qu'il importe de prendre des mesures pour en éviter de nouveaux,

Arrête :

La compagnie du chemin de fer de Saint-Etienne à la Loire est tenue de faire construire, à ses frais, dans le délai de deux mois à partir du jour de la notification du présent, une voûte en maçonnerie prenant naissance sur les côtés de la tranchée, et ayant six mètres de longueur, avec deux parapets aussi en maçonnerie.

A défaut par ladite compagnie de s'être conformée à cette injonction dans le délai indiqué, il sera procédé à la construction du pont dont il s'agit par les soins de l'administration, aux frais de la compagnie.

Expédition du présent sera notifiée au directeur du chemin de fer de la Loire.

Signé SERS, *préfet.*

Chemin de Fer de Saint-Étienne à Lyon.

❦

CAHIER DES CHARGES POUR L'ÉTABLISSEMENT D'UN CHEMIN DE FER DE SAINT-ÉTIENNE A LYON, PAR SAINT-CHAMOND, RIVE-DE-GIER ET GIVORS.

ART. 1ᵉʳ. — La compagnie s'engage à exécuter à ses frais, risques et périls, et à terminer pour le 1ᵉʳ janvier 1832, ou plus tôt si faire se peut, tous les travaux nécessaires à l'établissement et à la confection d'un chemin de fer de Saint-Étienne à Lyon, par Saint-Chamond, Rive-de-Gier et Givors. Ce chemin offrira une double voie sur tout son développement, excepté toutefois sur les points où les difficultés du passage pourront forcer à n'adopter qu'une voie unique.

La compagnie se conformera aux dispositions du tracé dont elle fera faire les études à ses frais, et dont elle sera tenue de soumettre les projets à l'approbation de l'administration. Ces projets devront être fournis au plus tard le 1ᵉʳ janvier 1827.

Dans aucun cas elle n'aura droit de se prévaloir du montant de la dépense, pour réclamer aucune indemnité quelconque.

ART. 2. — Elle contracte en outre l'obligation spéciale d'établir à ses frais des moyens sûrs et faciles de traverser le chemin de fer dans les endroits où les communications qui existent actuellement seront coupées par ce chemin, et d'assurer également à ses frais l'écoulement de toutes les eaux dont le cours serait suspendu ou modifié par les ouvrages dépendant de cette entreprise.

Si le chemin de fer rencontre des cours d'eau navigables, la compagnie sera tenue de prendre toutes les mesures et de payer tous les frais nécessaires pour que le service de la navigation n'éprouve ni interruption, ni entrave, par le fait des travaux, et qu'il puisse se continuer après, comme il avait lieu avant ces travaux.

ART. 3. — Tous les terrains destinés à servir d'emplacement au chemin de fer et à ses dépendances, ainsi qu'au rétablissement des communications interrompues et des nouveaux lits des cours d'eau, seront achetés et payés par la compagnie sur ses propres deniers. La compagnie est mise aux droits du gouvernement pour en poursuivre au besoin l'expropriation, conformément aux dispositions des lois sur la matière, dans le cas où elle ne pourrait pas conclure des arrangemens amiables avec les propriétaires.

Elle aura droit également de faire les emprunts et dépôts de terre prescrits par les projets approuvés, moyennant tout dédommagement nécessaire et préalable.

Art. 4. — Les indemnités pour occupation temporaire ou détérioration de terrains, pour chômage, modification ou destruction d'usines, pour tout dommage quelconque résultant des travaux, seront également payées par la compagnie.

Art. 5. — Le chemin de fer et toutes ses dépendances seront constamment entretenus en bon état. Les frais d'entretien, les réparations, soit ordinaires, soit extraordinaires, demeureront entièrement à la charge de la compagnie.

Art. 6. — Pour indemniser la compagnie des dépenses qu'elle s'engage à faire par les articles précédens, et de toutes celles qu'exigera l'exploitation du chemin, le gouvernement lui concède à perpétuité l'autorisation de percevoir, pour tous frais quelconques, le droit qui sera déterminé par l'adjudication.

Ce droit sera perçu à la remonte comme à la descente par mille kilogrammes de marchandises, et par distance de mille mètres, sans égard aux fractions de distance. Ainsi mille mètres entamés seront payés comme s'ils avaient été parcourus.

La présente concession sera dévolue à la compagnie qui consentira au plus fort rabais sur le *maximum* de ce droit fixé à quinze centimes par mille kilogrammes de marchandises et par distance de mille mètres.

Au moyen du paiement du droit tel qu'il sera réglé définitivement par l'adjudication, le concessionnaire sera tenu d'exécuter constamment avec soin, exactitude et célérité, à ses frais et par ses propres moyens, et sans pouvoir en aucun cas le refuser, le transport des denrées, marchandises et matières quelconques qui lui seront confiées.

Art. 7. — Faute par la compagnie, après avoir été mise en demeure, d'avoir construit et terminé le chemin de fer dans le délai fixé par l'article 1er, ou même d'en pousser les travaux avec une célérité telle, que le quart au moins de la longueur du chemin soit exécuté au bout des deux premières années qui suivront l'approbation définitive du tracé, et le tiers au moins à l'expiration de la troisième année, elle encourra la déchéance, et une adjudication nouvelle sera passée sur la mise à prix des terrains acquis et payés, des ouvrages exécutés et des matériaux approvisionnés. La compagnie évincée recevra du nouveau concessionnaire la valeur que l'adjudication aura déterminée pour ces terrains, ouvrages et matériaux.

Le cautionnement, s'il n'est pas encore restitué, conformément à la clause qui sera énoncée plus bas, restera acquis à l'État à titre de dommages et intérêts.

La présente stipulation n'est pas applicable au cas où la cessation des travaux et les retards apportés à leur exécution proviendraient de force majeure.

ART. 8. — La compagnie sera soumise au contrôle et à la surveillance de l'administration, tant pour l'exécution et l'entretien des ouvrages que pour l'accomplissement des clauses énoncées dans le présent cahier des charges.

ART. 9. — Dans le cas où le gouvernement ordonnerait ou autoriserait la construction de nouvelles routes royales, départementales ou vicinales, ou de canaux qui traverseraient le chemin de fer, toutes dispositions convenables seront prises pour la conservation de ce chemin ; mais les dommages qui, pendant la durée des travaux, pourraient résulter pour la compagnie de la difficulté ou de la suspension momentanée des transports, ne pourront donner lieu, de sa part, à aucune demande en indemnité, pourvu néanmoins que chaque fois qu'il y aura lieu à suspension, elle n'excède pas le terme de vingt-quatre heures.

Toute exécution ou toute autorisation ultérieure de routes, de canaux, de chemins de fer dirigés de Saint-Étienne sur Lyon ou sur le Rhône, ne pourra également fournir la matière d'une demande en indemnité.

ART. 10. — La contribution foncière sera établie en raison de la surface des terrains occupés par le chemin de fer et par ses dépendances, et la cote sera calculée, comme pour les canaux, dans les proportions assignées aux terres de meilleure qualité.

Les bâtimens et magasins dépendant de l'exploitation du chemin de fer seront assimilés aux propriétés bâties dans la localité.

ART. 11. — La compagnie s'oblige à doubler, dans le mois qui suivra l'adjucation, le dépôt préalable de *quatre cent mille francs* qu'elle aura fait pour être admise à soumissionner. Si, à l'expiration du mois, elle n'a pas rempli cette obligation, l'adjudication sera réputée nulle et non avenue, et la première somme déposée demeurera acquise au trésor royal à titre de dommages et intérêts.

Le complément du dépôt s'effectuera dans les valeurs prescrites pour le dépôt lui-même, et l'un et l'autre ne seront rendus que lorsque la compag... aura terminé au moins le quart de la longueur entière du chemin.

ART. 12. — Toutes les contestations qui pourraient s'élever entre la compagnie et les particuliers qui lui livreraient des objets à transporter, resteront dans la compétence des tribunaux ordinaires.

Quant à celles qui s'engageraient entre l'administration et la compagnie, sur l'interprétation des clauses et conditions du présent cahier des charges, elles seront jugées administrativement par le conseil de préfecture du département du Rhône ; sauf le recours au conseil d'Etat.

ART. 13. — Le présent acte ne sera passible, pour frais d'enregistrement, que du droit fixe d'un franc.

ART. 14. — La concession ne sera valable et définitive, qu'après que l'adjudication aura été homologuée par une ordonnance royale.

Paris, le 2 février 1826.

Le conseiller d'Etat directeur des pont-et-chaussées et des mines,
Signé BECQUEY.

Approuvé le 4 février 1826.

Le ministre secrétaire d'Etat du département de l'intérieur,
Signé CORBIÈRE.

———————

MINISTÈRE DE L'INTÉRIEUR. — DIRECTION GÉNÉRALE DES PONTS-ET-
CHAUSSÉES.

Procès-verbal de l'adjudication passée en l'hôtel du ministère de l'intérieur,
pour l'établissement d'un chemin de fer, de Saint-Etienne à Lyon, par
Saint-Chamond, Rive-de-Gier et Givors.

Ce jourd'hui, vingt-sept mars mil huit cent vingt-six, conformément à l'avis officiel publié dans le *Moniteur*, le sept février dernier, S. Exc. le ministre de l'intérieur, assisté du conseiller d'Etat, directeur-général des ponts-et-chaussées et des mines, a procédé publiquement et dans l'ordre de leur présentation, à l'ouverture des soumissions qui avaient été déposées sur le bureau, de midi à une heure, pour l'établissement d'un chemin de fer, de Saint-Etienne à Lyon, par Saint-Chamond, Rive-de-Gier et Givors.

ÉTAT DES SOUMISSIONS.

N. D'ORDRE.	NOMS des SOUMISSIONNAIRES	DÉSIGNATION des objets DE LA SOUMISSION.	MONTANT du RABAIS OFFERT.	OBSERVATIONS.
1 2 3	MM. Seguin frères, E. Biot et Ce. M. M.	Ouverture d'un chemin de fer de St-Etienne à Lyon, par St Chamond, Rive-de-Gier et Givors.	Cinquante-deux millimes.	Le cahier des charges a fixé à quinze centimes par mille kilogrammes, et par distance de mille mètres, le maximum du prix de transport. Les rabais des concurrens s'appliquent à ce maximum, et sont exprimés en millimes.

Son Excellence le ministre de l'intérieur, considérant que MM. Seguin frères, Edouard Biot et compagnie, ont offert le rabais le plus considérable, a déclaré publiquement, et en présence des concurrens admis dans la salle d'adjudication, qu'elle acceptait la soumission des sieurs Seguin frères, Edouard Biot et compagnie, et qu'en conséquence, lesdits sieurs Seguin frères, Edouard Biot et compagnie, étaient et demeuraient concessionnaires de l'établissement du chemin de fer de Saint-Etienne à Lyon, par Saint-Chamond, Rive-de-Gier et Givors, moyennant le rabais de cinquante-deux millimes sur le prix du transport, dont le maximum était fixé à quinze centimes par mille kilogrammes, et par distance de mille mètres, sous les clauses et charges exprimées au cahier des charges, et sauf la ratification ultérieure de la présente adjudication par une ordonnance royale.

Fait et arrêté à l'hôtel du ministère de l'intérieur, lesdits jour, mois et an que dessus.

Signés SEGUIN frères, E. BIOT et COMP^e.

Le ministre secrétaire d'État de l'intérieur,

Signé CORBIÈRE.

Le conseiller d'État, directeur-général des ponts-et-chaussées et des mines,

Signé BECQUEY.

ORDONNANCES ROYALES.

7 juin 1826.

Ordonnance royale conte-
nant approbation de l'adjudi-
tion tranchée au profit des
sieurs Seguin frères, Ed. Biot
compagnie.

Charles, par la grâce de Dieu, roi de France et de Navarre,

A tous ceux qui ces présentes verront, salut.

Sur le rapport de notre ministre secrétaire d'Etat au département de l'intérieur;

Vu l'article 3 de la loi de finances du 13 juin 1825, qui renouvelle l'autorisation conférée au gouvernement par la loi du 4 mai 1802, d'établir des droits de péage, pour subvenir aux frais des ponts, écluses et autres ouvrages d'art à la charge de l'Etat, des départemens et des communes;

Vu le procès-verbal de l'adjudication passée le 27 mars dernier par notre ministre secrétaire d'Etat de l'intérieur, pour l'établissement d'un chemin de fer de Saint-Etienne à Lyon, par Saint-Chamond, Rive-de-Gier et Givors;

Vu le mémoire imprimé au nom des propriétaires du canal de Givors, lesquels prétendent que le chemin de fer est inutile, et demandent une indemnité dans le cas où l'établissement de ce canal serait autorisé;

Notre conseil d'Etat entendu;

Nous avons ordonné et ordonnons ce qui suit :

ART. 1er. — L'adjudication passée le 27 mars dernier par notre ministre secrétaire d'Etat de l'intérieur, pour l'établissement d'un chemin de fer de Saint-Etienne à Lyon, par Saint-Chamond, Rive-de-Gier et Givors, est approuvée. En conséquence, les sieurs Seguin frères, E. Biot et compagnie, sont et demeurent définitivement concessionnaires dudit chemin de fer, moyennant le rabais exprimé dans leur soumission, et sous les clauses et conditions énoncées au cahier des charges.

ART. 2. — Le cahier des charges, le procès-verbal d'adjudication et la soumission resteront annexés à la présente ordonnance.

ART. 3. — Les sieurs Seguin, E. Biot et compagnie se conformeront aux dispositions prescrites par la loi du 8 mars 1810, relativement aux expropriations pour cause d'utilité publique. A cet effet, le projet de la direction de ce chemin sera remis au préfet du département, qui le remettra à notre directeur-général des ponts-et-chaussées, avec son avis; ce projet sera soumis à notre approbation par notre ministre secrétaire d'Etat au département de l'intérieur.

ART. 4. — Lorsque la direction du chemin de fer aura été approuvée, les concessionnaires feront lever le plan terrier indiqué dans l'article 5 de la loi du 8 mars 1810, et les autres formalités prescrites par cette loi seront également observées.

Art. 5. — Notre ministre secrétaire d'État au département de l'intérieur est chargé de l'exécution de la présente ordonnance.

Donné en notre château de Saint-Cloud, le sept juin de l'an de grâce mil huit cent vingt-six et de notre règne le deuxième.

Signé CHARLES.

Par le roi :

Le ministre secrétaire d'État au département de l'intérieur,

Signé CORBIÈRE.

━━━━━━━━━━━━━━━━━━━━━

Paris, 7 mars 1827.

Ordonnance contenant approbation de la société anonyme du chemin de fer de Saint-Étienne à Lyon

Charles, par la grâce de Dieu, roi de France et de Navarre,

A tous ceux qui ces présentes verront, salut.

Sur le rapport de notre ministre secrétaire d'État au département de l'intérieur;

Vu les articles 29 à 37, 40, 43 et 45 du code de commerce ;

Notre conseil d'État entendu,

Nous avons ordonné et ordonnons ce qui suit :

Art. 1er. — La société anonyme, dite du chemin de fer de Saint-Étienne à Lyon, établie à Paris, est autorisée. Les statuts consignés dans l'acte social du 6 mars 1827, passé pardevant Beaudesson et son collègue, notaires à Paris, lequel restera annexé à la présente ordonnance, sont approuvés ; le tout sauf la réserve portée dans les articles suivans.

Art. 2. — Notre autorisation de la société anonyme et notre approbation de ses statuts sont accordées pour *quatre-vingt-dix-neuf ans*, à compter de ce jour; toutefois sans dérogation aux droits des intéressés dans la propriété perpétuelle du chemin de fer, telle qu'elle résulte de notre ordonnance du 7 juin 1826, et sans préjudice des effets, en ce qui concerne lesdits intéressés, de leurs conventions pour l'usage de ces droits.

Art. 3. — Nous nous réservons de révoquer notre autorisation en cas de violation ou de non exécution des statuts.

Art. 4. — La société sera tenue de remettre tous les six mois un extrait de son état de situation aux préfets de la Seine, du Rhône et de la Loire, au greffe des tribunaux de commerce de Paris, Lyon et Saint-Étienne, aux chambres de commerce de Paris et de Lyon. Copie du même acte sera adressée à notre ministre de l'intérieur.

Art. 5. — Notre ministre secrétaire d'Etat de l'intérieur est chargé de l'exécution de la présente ordonnance, qui, avec les statuts annexés, sera publiée au Bulletin des lois, insérée au *Moniteur* et dans un journal d'annonces judiciaires des départemens de la Seine, du Rhône et de la Loire, sans préjudice des publications prescrites par le code de commerce.

Donné en notre château des Tuileries, le sept de mars de l'an de grâce mil huit cent vingt-sept, et de notre règne le troisième.

Signé CHARLES.

Par le roi :

Le ministre secrétaire d'Etat au département de l'intérieur,

Signé CORBIÈRE.

Saint-Cloud, le 4 juillet 1827.

Charles, par la grâce de Dieu, roi de France et de Navarre,

A tous ceux qui ces présentes verront, salut.

Sur le rapport de notre ministre secrétaire d'Etat de l'intérieur ;

Vu notre ordonnance du 7 juin 1826, qui autorise les sieurs Seguin frères, E. Biot et compagnie, à établir à leurs frais, moyennant la concession à perpétuité d'un droit de péage, un chemin de fer de Saint-Etienne à Lyon, par Saint-Chamond, Rive-de-Gier et Givors ;

Vu les plans du tracé de ce chemin et le mémoire à l'appui remis le 4 décembre 1826, par lesdits sieurs Seguin frères, E. Biot et compagnie ;

Vu l'avis donné sur ces plans par le conseil-général des ponts-et-chaussées ;

Vu les autres pièces produites et jointes au dossier ;

Notre conseil d'Etat entendu,

Nous avons ordonné et ordonnons ce qui suit :

Art. 1er. — La direction du tracé du chemin de fer de Saint-Etienne à Lyon, par Saint-Chamond, Rive-de-Gier et Givors, est approuvée telle qu'elle est indiquée par des lignes rouges modifiées par des lignes bleues sur les deux plans cotés A et B annexés à la présente ordonnance.

Art. 2. — Les concessionnaires seront tenus de présenter, dans le délai d'un an, des projets particuliers : 1° pour les points de chargement et de déchargement à Saint-Chamond, Rive-de-Gier et Givors ; 2° pour les points de départ et d'arrivée à Lyon et à Saint-Etienne, la liaison du chemin projeté avec le chemin de fer de Saint-Etienne à la Loire. Ils remettront ces projets au préfet du département, qui les adressera à notre directeur-général des ponts-et-chaussées , avec son avis , pour être statué ultérieurement ce qu'il appartiendra.

ART. 3. — Le nouveau chemin vicinal qui devra remplacer sur le territoire de la commune de Millery , celui dont le chemin de fer occupera l'emplacement , aura six mètres de largeur.

ART. 4. — Les concessionnaires se concerteront avec l'ingénieur en chef du département , pour l'établissement du chemin de fer aux traversées de la route royale n° 88. Ils seront tenus d'adopter sur ces points une forme de barreau telle, qu'il n'en résulte aucun obstacle sensible à la circulation des voitures. Ils assureront l'écoulement des eaux dans les fossés de la route par des aqueducs en maçonnerie construits de chaque côté sous le chemin de fer.

ART. 5. — Les rampes d'accession pour arriver du Rhône , des chemins vicinaux et ruraux , et des chemins de desserte sur le chemin de fer , et réciproquement , ne dépasseront pas cinq centimètres par mètre. Le nombre de ces rampes sera égal à celui des chemins qui existent aujourd'hui , sauf le cas où , sur la proposition des concessionnaires , l'administration ne verrait pas d'inconvénient à la réunion de plusieurs desdits chemins; leur suppression en serait prononcée après avoir rempli les formalités ordinaires. Dans la traversée de ces chemins , il sera donné le moins de saillie possible aux barreaux du chemin de fer.

ART. 6. — Les concessionnaires seront tenus de construire , sous le chemin de fer et ses embranchemens , tous les aqueducs qui seront jugés nécessaires pour l'écoulement des eaux , la facilité des irrigations et l'assèchement des terres riveraines. Ils seront autorisés à établir des rigoles pour l'écoulement des eaux rassemblées dans les fossés du chemin de fer , sous la condition de payer à qui de droit des indemnités réglées à l'amiable ou suivant la loi , et sous la réserve des droits actuellement acquis.

ART. 7. — Si , dans les endroits où le chemin de fer traverse des cours d'eau , la direction arrêtée ne permet pas de donner aux ponts qui seront construits sur ces cours d'eau , une hauteur de cinquante centimètres sous clef ou sous poutre au dessus de la ligne des plus hautes eaux connues , les concessionnaires seront tenus de présenter et de soumettre leurs projets à l'approbation du directeur-général des ponts-et-chaussées.

ART. 8. — La largeur du chemin de fer est fixée à six mètres en couronnement. La compagnie est autorisée à prendre en sus de cette largeur , et moyennant une juste et préalable indemnité , l'emplacement nécessaire à l'établissement des talus de remblais et d'escarpement et , à l'ouverture des fossés , suivant la nature du sol et des lieux. L'acquisition des terrains aura lieu dans les formes prescrites par la loi du 8 mars 1810.

ART. 9. — Les concessionnaires pourront se procurer les matériaux de remblais et d'empierrement dont ils auront besoin pour la construction du chemin projeté, en usant, à cet égard, de tous les droits dont l'administration fait elle-même usage pour l'exécution des travaux de l'Etat. Ils jouiront, tant pour l'extraction que pour le transport des terres et matériaux, des priviléges accordés aux entrepreneurs de travaux publics, à la charge, par lesdits concessionnaires, d'indemniser les propriétaires des terrains endommagés, à l'amiable ou, en cas de non accord, d'après le règlement arrêté par le conseil de préfecture.

ART. 10. — Notre ministre secrétaire d'Etat au département de l'intérieur est chargé de l'exécution de la présente ordonnance.

Donné le 4 juillet 1827.

Signé CHARLES.

Par le roi :

Le ministre secrétaire d'Etat de l'intérieur,

Signé CORBIÈRE.

——————

16 septembre 1831.

Ordonnance contenant augmentation du tarif du chemin de fer de Lyon à la remonte.

Louis-Philippe, roi des Français, à tous présens et à venir, salut.

Sur le rapport de notre ministre secrétaire d'Etat au département du commerce et des travaux publics ;

Vu l'ordonnance du 7 juin 1826, qui approuve l'adjudication passée le 27 mars de la même année aux sieurs Seguin, Biot et compagnie, pour l'établissement d'un chemin de fer de Saint-Etienne à Lyon, moyennant la concession à perpétuité d'un droit de 0 f. 098 sur les transports par mille kilogrammes, et par distance de mille mètres ;

Vu la demande des concessionnaires, tendant à ce que ce droit à la remonte soit porté à 13 c. de Givors à Rive-de-Gier, et à 17 c. de Rive-de-Gier à Saint-Etienne ;

Vu les délibérations des conseils municipaux de Lyon, Givors, Saint-Chamond, Rive-de-Gier et Saint-Etienne, sur cette demande ;

Vu les avis de la chambre de commerce de Lyon et des chambres consultatives des arts et manufactures de Saint-Chamond et de Saint-Etienne ;

Vu les avis des préfets des départemens de la Loire et du Rhône ;

Vu les rapports d'une commission spéciale formée pour l'examen de la demande de la compagnie ;

Vu l'avis du conseil-général des ponts-et-chaussées ;

Considérant que la compagnie Seguin et Biot a engagé dans l'entreprise du chemin de fer de Saint-Etienne à Lyon, un capital de dix millions, et que l'épuisement de son fonds la met dans l'impossibilité de terminer les travaux ;

Considérant que les délais inévitables qu'entraînerait l'exécution des mesures prescrites par l'article 7 du cahier des charges pour mettre en demeure la compagnie, prononcer s'il y a lieu sa déchéance, et réaliser une adjudication nouvelle, retarderaient de plusieurs années l'achèvement d'une entreprise qui doit éminemment contribuer à la prospérité du pays, et dont il est si important de rapprocher le terme ;

Considérant que nonobstant l'augmentation de tarif sollicitée par la compagnie Seguin et Biot, le prix du transport des marchandises de Lyon à Saint-Etienne, par le chemin de fer, sera inférieur de plus de moitié à celui qu'on paie actuellement, et que l'avantage d'une aussi grande économie ne peut être mis en balance ni avec la charge qui résulterait d'une augmentation de tarif, ni avec le retard qu'apporterait à l'achèvement du chemin de fer, l'éviction de la compagnie Seguin et Biot ;

Considérant que malgré cette augmentation, le tarif n'atteindrait pas encore celui qui était proposé par la compagnie qui a fait le rabais le plus considérable après celui de la compagnie adjudicataire;

Considérant que le plus grand mouvement commercial s'opère à la descente de Saint-Etienne à Lyon; que l'augmentation n'aura lieu qu'à la remonte et même que sur une partie du trajet parcouru dans ce sens; que la ville de Saint-Etienne, placée à l'extrémité du chemin, et qui, par sa position, était la plus intéressée au maintien du tarif, a donné un avis favorable à sa modification, pourvu que le taux de 13 c. par mille kilogrammes et par mille mètres de distance ne fût pas excédé ;

Considérant toutefois qu'en accordant une augmentation de tarif nécessitée par les circonstances, il importe d'en restreindre la quotité dans de justes bornes et d'en limiter la durée à un temps déterminé, passé lequel une enquête fera connaître si elle doit être maintenue ou retirée ;

Notre conseil d'Etat entendu,

Nous avons ordonné et ordonnons ce qui suit :

Art. 1er — Les droits de transport sur le chemin de fer de Saint-Etienne à Lyon sont fixés, jusqu'au 31 décembre 1841, à *douze centimes* pour la remonte de Givors à Rive-de-Gier , et à *treize centimes* pour la remonte de Rive-de-Gier à Saint-Etienne. Les droits de transport pour la remonte de Lyon à Givors et pour la descente de Saint-Etienne à Lyon , resteront fixés tels qu'ils l'ont été par l'ordonnance du 7 juin 1826.

Art. 2. — La perception du nouveau tarif à la remonte de Givors à Saint-Etienne ne pourra commencer que du jour où il aura été constaté que le chemin de fer et son embranchement sur Saint-Chamond sont entièrement achevés et mis en pleine activité de service.

Art. 3. — A l'expiration du délai fixé par l'article 1er, il sera statué définitivement, et dans la forme des réglemens d'administration publique , sur le maintien des nouveaux droits ou sur leur réduction au taux fixé par l'ordonnance du 7 juin 1826.

Art. 4. — Notre ministre secrétaire d'Etat du commerce et des travaux publics est chargé de l'exécution de la présente ordonnance.

Donné à Paris, le 16 septembre 1831.

Signé LOUIS-PHILIPPE.

Par le roi :

Le ministre secrétaire d'Etat du commerce et des travaux publics,

Signé comte d'ARGOUT.

Pour copie conforme :

Le conseiller d'Etat , directeur-général des ponts-et-chaussées et des mines ,

Signé BÉRARD.

ARRÊTÉS.

11 septembre 1829.

Arrêté contenant diverses dispositions sur les poids secs, sur l'embranchement du Treuil, sur les embranchemens particuliers , sur les chargemens et les déchargemens , sur les fractions de parcours , etc.

Le préfet du département de la Loire , officier de l'ordre royal de la Légion-d'Honneur ,

Vu l'ordonnance royale du 7 juin 1826 , qui autorise MM. Seguin frères , Ed. Biot et Compe , à établir un chemin de fer de Saint-Etienne à Lyon par Saint-Chamond , Rive-de-Gier et Givors ;

Vu le cahier des charges de l'adjudication de ce chemin ;

Vu l'ordonnance royale du 4 juillet 1827 , qui approuve le tracé du chemin susdit ;

Vu spécialement l'art. 2 de cette ordonnance , qui impose à la compagnie Seguin frères et Ed. Biot l'obligation de présenter des projets particuliers ;

au chemin de fer, et en jouissant d'ailleurs des mêmes avantages dont jouiront ceux qui chargeront ou déchargeront immédiatement sur lesdits lieux de chargement et de déchargement.

ART. 9. — La compagnie du chemin de fer sera toujours tenue de laisser charger et décharger sur toute la longueur des lieux de chargement et de déchargement, et sur les points qui seront le plus à la convenance de chacun des propriétaires ou exploitans.

ART. 10. — Les chargemens et déchargemens s'opéreront aux frais des propriétaires ou exploitans, soit qu'ils les fassent eux-mêmes, soit qu'ils les fassent faire par les agens de la compagnie, au moyen d'arrangemens particuliers avec elle.

ART. 11. — Toutes les rues transversales que les villes pourront faire ouvrir sur les points de chargement et de déchargement, les traverseront sans que la compagnie du chemin de fer puisse prétendre pour cela à aucune indemnité.

ART. 12. — Il sera permis à tous propriétaires, aux directeurs d'établissemens industriels ou agricoles et d'exploitation, situés entre deux points de chargement et de déchargement, d'établir des embranchemens sur le chemin de fer, et d'y faire charger et décharger leurs produits et marchandises à l'exportation et à l'importation, sous la condition : 1° de fournir annuellement au chemin de fer une quotité de transports équivalant au moins *à cinq mille tonnes ou à cinquante mille quintaux métriques*; 2° de payer la distance entière existant entre les deux points de chargement et de déchargement entre lesquels l'embranchement se trouvera placé, comme si cette distance était réellement parcourue.

ART. 13 — Le présent arrêté sera imprimé en placard aux frais de la compagnie Seguin frères et Ed. Biot, et affiché dans toutes les communes du département de la Loire où passe le tracé du chemin de fer de Saint-Etienne à Lyon.

Une expédition officielle du même acte sera transmise à la compagnie Seguin frères et Ed. Biot, ainsi qu'à M. le sous-préfet de Saint-Etienne, à M. l'ingénieur en chef des ponts-et-chaussées et à M. le directeur-général des ponts-et-chaussées et des mines.

Fait à Montbrison, les jour, mois et an que dessus.

Signé baron de CHAULIEU, *préfet de la Loire.*

19 décembre 1832.

Arrêté prescrivant diverses mesures relatives aux percemens de Terre-Noire et de Rive-de-Gier.

Le préfet du département de la Loire,

Vu la lettre de M. le directeur-général des ponts-et-chaussées, en date du 2 novembre dernier, par laquelle il exprime le désir qu'il soit prescrit des mesures de sûreté et de police pour le chemin de fer de Saint-Etienne à Lyon;

Vu le rapport de M. l'ingénieur en chef des ponts-et-chaussées, en date du 27 novembre dernier, fait à la suite d'une visite du chemin susdit;

Considérant que ce chemin passe en quelques endroits dans des souterrains très-étroits où il ne peut avoir qu'une seule voie; que ces souterrains sont ceux de Rive-de-Gier et de Terre-Noire, dont le premier a 1,000 mètres de longueur et le second 1,500 mètres;

Considérant que la partie de ce chemin que je trouve entre Saint-Etienne et la Grand'Croix, n'est encore fréquentée que par les voyageurs et qu'elle ne sera livrée à ce commerce qu'au printemps prochain; qu'ainsi, il est impossible de prescrire des mesures définitives;

Considérant que dans l'intérêt public et surtout dans celui des voyageurs, il importe d'ordonner, quoique provisoirement, toutes les précautions que la prudence peut indiquer,

Arrête:

Il sera établi à l'entrée et à la sortie des percemens de Rive-de-Gier et Terre-Noire, un gardien qui y demeurera constamment; il veillera à ce que les portes qui existent déjà soient constamment fermées, et ne les ouvrira qu'aux convois de voyageurs ou de marchandises qui voudront entrer ou sortir du percement.

Ces gardiens d'amont et d'aval de chaque percement communiqueront entr'eux au moyen de sonnettes dont les signaux seront réglés.

Il leur est expressément défendu de laisser entrer dans le percement aucun individu ou voiture quand ils auront reçu le signal d'entrée venant du côté opposé.

Il sera établi dans les autres percemens où le chemin a deux voies, des petites gares ou retraites de 0 m. 50 à 1 m. de profondeur et ce de 50 m. en 50 m.

Il est expressément défendu de laisser circuler aucun wagon chargé de houille, sur la partie du chemin qui existe entre Saint-Etienne et la Grand'Croix, avant que les précautions que la compagnie est intéressée à prendre, aient été examinées et reconnues suffisantes.

Les conducteurs de convois devront ralentir autant que possible la marche, dans tous les endroits où le chemin décrit une courbe, dans les percemens et aux

11

endroits où ce chemin coupe la route ; ils devront en outre sonner du cor pour avertir de l'arrivée du convoi à ces endroits.

Lorsque les wagons de houille devront commencer à circuler sur toute l'étendue du chemin, la compagnie devra en avertir l'administration et présenter un projet de règlement définitif qui sera approuvé après un mûr examen.

Fait à Montbrison , les jour , mois et an que dessus.

Signé BRET , *préfet de la Loire.*

---

24 septembre 1833.

Le préfet de la Loire ,

Vu le rapport de M. l'ingénieur en chef des ponts-et-chaussées , en date du 4 du présent mois , relatif aux mesures de précaution à prendre au point de rencontre du chemin de fer de Saint-Etienne à Lyon et de la route royale n. 88 , à l'entrée de Rive-de-Gier ;

Vu le plan des lieux ;

Considérant que le danger que présente la rencontre de la route royale et du chemin de fer à Rive-de-Gier consiste principalement en ce que ces deux voies de communication ont une pente très-prononcée et sont séparées par une île de maisons qui ne permet pas aux voyageurs ou aux voitures de s'apercevoir , même à une très-courte distance ; qu'ainsi une voiture peut se trouver sur la route royale prête à franchir avec une grande vitesse le chemin de fer, pendant qu'un convoi de wagons qui est lancé à la descente avec une vitesse de cinq lieues à l'heure et qu'elle n'a pu voir, est prêt à arriver au même point ;

Considérant qu'il importe de prévenir tous les accidens auxquels cet état des lieux pourrait donner naissance ; que les moyens proposés par M. l'ingénieur en chef paraissent de nature à atteindre ce but ,

Arrête :

ART. 1er. — Un peu en avant de l'angle des maisons qui séparent le chemin de fer de la route royale , à Rive-de-Gier , il sera placé trois bornes , conformément au plan sus-visé. Une forte chaîne en fer sera fixée sur celle du milieu , de manière à pouvoir barrer alternativement le chemin ou la route , en se rattachant aux deux autres.

Ces bornes seront en pierres dures ; elles auront 90 centimètres de fût et 50 de culasse. Elles seront consolidées par un massif de maçonnerie.

(En marge :) Arrêté prescrivant le placement de trois bornes et d'une chaîne un peu en avant de l'angle des maisons qui séparent le chemin de fer de la route royale, à Rive-de-Gier.

ART. 2. — Un gardien spécial sera affecté à la manœuvre de la chaîne et à la surveillance du point de rencontre du chemin, et de la route, et de ses abords. Il devra tenir habituellement le chemin barré et veiller à ce que des freins-heurtoirs soient placés un peu en avant de la chaîne et d'autres à dix mètres en amont. Au signal qui sera donné à ce gardien de l'arrivée d'un convoi, il fera pivoter la chaîne, barrera ainsi la route et enlèvera ensuite les freins-heurtoirs. Il devra être muni d'une trompette pour avertir le convoi de modérer sa vitesse ou d'arrêter en cas qu'il se présentât quelque obstacle au passage. La circulation sur la route ne devra pas être interrompue plus de cinq minutes.

ART. 3. — L'administration se réserve d'ordonner plus tard des dispositions semblables à l'aval du point de rencontre, si l'expérience les faisait juger nécessaires.

Signé H. LEYET, *conseiller de préfecture.*

---

18 décembre 1833.

Arrêté relatif à l'établissement des rails sur les parties du chemin de fer qui traversent la route royale.

Le préfet de la Loire,

Vu l'arrêté en date du 8 décembre 1832, contenant autorisation aux sieurs Seguin frères et Biot d'établir des rails de fer pour traverser la route royale n. 88, auprès de Saint-Paul-en-Jarrêt, en prescrivant les mesures à prendre, les travaux à exécuter par la compagnie du chemin de fer;

Vu le rapport, en date du 6 de ce mois, par lequel M. l'ingénieur en chef fait connaître que les passages du chemin de fer de Saint-Etienne à Lyon, sur la route 88, ont été établis sans aucun soin; que la compagnie ne s'est nullement conformée à l'arrêté ci-devant rappelé qui prescrivait, entr'autres choses, de placer des pavés smillés entre les rails; que la compagnie a conservé le pavé de cailloux et lui a donné un bombement exagéré qui gêne considérablement la circulation;

Considérant qu'à plusieurs reprises M. Seguin, directeur de la compagnie, a été engagé à faire rétablir les passages d'une manière plus convenable, en prenant pour modèle ceux du chemin de fer de la Loire qui ne laissent rien à désirer; qu'il avait annoncé qu'il se conformerait aux vues de l'administration, et que même il nous en avait fait la promesse formelle;

Considérant qu'un tel état de choses ne peut être toléré plus long-temps; qu'il importe de prendre des précautions pour le passage du chemin de fer sur la route,

Arrête :

Sur tous les points où le chemin de fer de Saint-Etienne à Lyon rencontre la route royale n. 88 de Lyon à Toulouse, les rails seront établis dans toute l'étendue de la route sur des dalles jointives en pierre dure, de 30 centimètres au moins de longueur sur autant d'épaisseur ;

L'intervalle entre les rails et une largeur de deux mètres en deçà et au delà des rails extrêmes seront pavés en moëllons proprement smillés en pierre dure de vingt centimètres de queue.

Si les travaux indiqués ci-dessus ne sont pas exécutés dans un délai de quinze jours, à partir de la notification du présent, il y sera pourvu par les soins de l'administration des ponts-et-chaussées, aux frais de la compagnie du chemin de fer.

L'arrêté du 8 décembre 1832 continuera à être exécutoire.

Copies du présent seront adressées à M. l'ingénieur en chef des ponts-et-chaussées, et aux sieurs Seguin frères et Biot.

Signé SERS, *préfet de la Loire.*

———

19 décembre 1833.

Le préfet de la Loire,

Arrête prescrivant l'exécution de celui en date du 24 septembre dernier.

Vu l'arrêté, en date du 24 septembre dernier, qui prescrit certains ouvrages et des mesures de précaution à la rencontre du chemin de fer de Saint-Etienne à Lyon avec la route royale n° 88, à Rive-de-Gier ;

Vu le rapport, en date du 6 de ce mois, par lequel M. l'ingénieur en chef des ponts-et-chaussées fait connaître que l'arrêté susdit n'a pas encore reçu son exécution ;

Considérant que plus de deux mois se sont écoulés sans que MM. Seguin frères et Biot se soient mis en mesure d'exécuter les dispositions prescrites ; qu'à la vérité l'arrêté du 24 septembre n'indiquait aucun délai, mais que M. Seguin, directeur de la compagnie, avait promis qu'il s'y conformerait sans retard ;

Considérant que la prolongation de cet état de choses compromet gravement la sûreté publique et qu'il importe d'y mettre un terme,

Arrête :

MM. Seguin frères et Biot seront tenus d'exécuter l'arrêté du 24 septembre dans les quinze jours à partir de la notification du présent ; passé ce délai, il y sera pourvu aux frais de la compagnie, par les soins de l'administration des ponts-et-chaussées.

Copie du présent sera notifiée à MM. Seguin frères et Biot.

Signé SERS, *préfet de la Loire*.

14 janvier 1834.

Arrêté prescrivant l'établissement d'un point de chargement et de déchargement à Egarande.

Le préfet du département de la Loire,

Vu l'ordonnance royale du 7 juin 1826, qui autorise les sieurs Seguin frères, Ed. Biot et compagnie, à établir un chemin de fer de Saint-Etienne à Lyon;

Vu l'ordonnance du 4 juillet 1827, approuvant le tracé de ce chemin;

Vu l'arrêté préfectoral du 11 septembre 1829, qui impose à la compagnie l'obligation d'établir un lieu de chargement et de déchargement à l'issue inférieure du percement d'Egarande, et qui laisse aux propriétaires ou exploitans la faculté de faire charger et décharger les marchandises soit par des ouvriers de leur choix, soit par les agens de la compagnie;

Vu la lettre de M. le conseiller d'Etat chargé de l'administration des ponts-et-chaussées, en date du 13 décembre dernier;

Considérant que la compagnie du chemin de fer n'a pas établi de lieu de chargement et de déchargement à la sortie du percement d'Egarande; qu'il importe de la mettre en demeure de le faire dans un délai déterminé;

Considérant qu'il paraît que les administrateurs du chemin exigent que le salaire des ouvriers dits crocheteurs, employés par les propriétaires ou exploitans, soit versé entre leurs mains; qu'il est important de rappeler à cet égard les dispositions de l'article 10 de l'arrêté du 11 septembre 1829,

Arrête:

Les concessionnaires du chemin de fer de Saint-Etienne à Lyon seront tenus d'établir, d'ici au 1er mars prochain, un lieu de chargement et de déchargement ou port sec, à la partie du percement d'Egarande, ainsi qu'ils s'y sont engagés par déclaration du 2 mai 1829. Si, passé le délai ci-dessus fixé, ce port n'a pas été exécuté, il sera avisé aux mesures à prendre pour qu'il soit fait d'office et aux frais de la compagnie.

Les administrateurs ne pourront dans aucun cas exiger que le salaire des ouvriers-crocheteurs employés par les propriétaires ou exploitans, soit versé entre leurs mains, l'article 10 de l'arrêté du 17 septembre 1829 laissant, à cet égard, les parties libres et devant être exécuté.

Le présent sera notifié à la compagnie du chemin de fer et publié dans les communes traversées par le chemin.

Fait à Montbrison, hôtel de la préfecture, les jour, mois et an que dessus.

Signé SERS , *préfet de la Loire.*

— ⁂ —

17 janvier 1834.

Vu le procès-verbal dressé le 18 juillet 1833 , par le sieur Midoux , conducteur des ponts-et-chaussées , duquel il résulte que la compagnie du chemin de fer de Saint-Étienne à Lyon avait fait faire sur la route départementale n° 7 , de la Loire au Rhône , au lieu dit du Goura , commune de Saint-Chamond , des travaux de remblais et d'exhaussement sans aucune autorisation , et que par suite de ces travaux , la route qui avait dans cette partie 9 m. 00 de largeur , s'est trouvée réduite sous plusieurs points à 5 m. 00. Ledit procès-verbal dûment affirmé et notifié à la compagnie ;

Vu le rapport de M. l'ingénieur ordinaire de l'arrondissement de Saint-Etienne, en date du 4 du courant , et l'avis de M. l'ingénieur en chef du département , du 6 du même mois;

Vu l'arrêt du conseil d'Etat, du 17 juin 1721 , et la loi du 29 floréal an 10 ;

Considérant que les travaux exécutés sans autorisation par la compagnie du chemin de fer sur la route départementale n° 7 , diminuent d'une manière nuisible à la circulation , la largeur primitive de cette route , ce qui constitue un délit de grande voirie d'autant plus répréhensible , que la compagnie du chemin de fer doit connaître plus que qui que ce soit l'obligation qui lui est imposée par les lois et règlemens sur la grande voirie ,

Arrête :

ART. 1er. — La compagnie du chemin de fer de Saint-Etienne à Lyon est condamnée à une amende de deux cent quatre-vingt-quinze francs ;

ART. 2. — Dans le délai de quinzaine, à dater de la signification du présent arrêté , ladite compagnie sera tenue de rendre à la route départementale , au lieu du Goura , sa largeur primitive de neuf mètres , en se conformant, pour l'exécution des travaux , aux conditions qui pourraient être imposées par l'autorisation que la compagnie sera tenue de demander , avant de les entreprendre , à l'autorité administrative.

ART. 3. — A défaut par la compagnie d'avoir satisfait aux dispositions précédentes, dans le délai précité, il y sera pourvu, à ses frais, par l'administration des ponts-et-chaussées ; la compagnie du chemin de fer est en outre condamnée aux frais du procès-verbal, liquidés à la somme de 2 fr. 55 cent., outre le coût de la signification du présent arrêté.

Signés SERS, *préfet, président ;* BARBAN, LACHÈZE, BOUCHETAL, LAROCHE et H. LEVET, *conseillers de préfecture.*

———————●◦●●———————

28 octobre 1834.

Le préfet de la Loire,

Vu le rapport en date du 12 de ce mois, par lequel M. l'ingénieur ordinaire des mines de l'arrondissement de Saint-Etienne rend compte de l'état de la percée de Terre-Noire, chemin de fer de Saint-Etienne à Lyon, et propose une mesure qui servirait à faire apprécier facilement cet état dans tous les temps ;

Vu l'avis de M. l'ingénieur en chef des ponts-et-chaussées ;

Considérant qu'il ne saurait être pris trop de précautions pour rassurer le public sur la solidité du percement en question et de tous les autres ; que toutes les mesures qui tendent à ce but doivent êtres prescrites,

Arrête :

La compagnie du chemin de fer de Saint-Etienne à Lyon fera établir des divisions de 25 en 25 mètres sur la longueur des différens percemens où passe le chemin. Ces divisions seront faites par des raies noires verticales sur un fond blanc, ayant une niche pour loger au besoin une lumière ; elles seront numérotées à partir de l'entrée et serviront de repaires pour constater l'état de la voûte.

Copie du présent sera notifiée à la compagnie du chemin de fer qui aura un mois pour l'exécution.

Signé SERS, *préfet de la Loire.*

———————●◦●●———————

14 novembre 1834.

Le préfet de la Loire,

Vu les pièces relatives à la contestation qui s'est élevée entre la compagnie du chemin de fer de Saint-Etienne à Lyon et la ville de Saint-Chamond, sur l'exécution de ce qui a été prescrit à la première, pour l'établissement d'un lieu de chargement et de déchargement et de ses abords ;

[note marginale :] Arrêté prescrivant certaines mesures de précautions dans les différens percemens où passe le chemin de fer.

[note marginale :] Arrêté prescrivant à la compagnie du chemin de fer la production d'un plan pour l'établissement d'un point de chargement et de déchargement au lieu de Plaisance près Saint-Chamond.

Considérant que pour apprécier convenablement la question, il est nécessaire d'avoir un plan faisant connaître l'état actuel des lieux,

Arrête :

La compagnie du chemin de fer de Saint-Etienne à Lyon produira, dans un délai de quinze jours à partir de la notification administrative du présent, un plan des lieux dressé à l'échelle d'un millimètre pour mètre ; ce plan comprendra tout l'embranchement du chemin de fer avec les lieux de chargement et de déchargement, le chemin dit de Plaisance et le terrain à 100 mètres de distance de tous côtés; il sera remis à M. le sous-préfet de Saint-Etienne qui en fera l'envoi à la préfecture.

Si, à l'expiration du délai, la compagnie du chemin de fer n'a pas produit ledit plan, M. le sous-préfet de Saint-Etienne le fera lever aux frais de cette compagnie, par un géomètre qu'il désignera.

Copie du présent sera adressée à M. le sous-préfet de Saint-Etienne, pour être notifiée à la compagnie du chemin de fer et pour en assurer l'exécution.

Signé SERS, *préfet de la Loire.*

---

9 janvier 1835.

Arrêté relatif à la ligne d'embranchement à établir du Treuil à la Monta.

Le préfet de la Loire,

Vu l'ordonnance royale du 4 juillet 1827 ;

Vu l'arrêté du 11 septembre 1829 dont l'art. 4 est ainsi conçu :

« La compagnie Seguin frères et Ed. Biot sera tenue d'établir à ses frais, une ligne d'embranchement de la Monta au Treuil, avec le chemin de fer de Saint-Etienne à la Loire, aussitôt que la compagnie Beaunier y aura donné son consentement, etc. »

Vu le consentement de cette dernière compagnie ;

Vu l'arrêté du 23 mai dernier, qui rappelle l'exécution des dispositions ci-dessus;

Vu le projet présenté par la compagnie Seguin et Biot ;

Vu la lettre de M. le sous-préfet de Saint-Etienne et les avis de MM. les ingénieurs des ponts-et-chaussées, desquels il résulte que le projet susdit remplit les conditions prescrites ;

Vu la loi du 7 juillet 1833.

Considérant que le tracé proposé par la compagnie remplit les conditions voulues et satisfait aux besoins, et qu'il ne reste plus qu'à procéder à l'exécution des formalités d'expropriation,

Arrête :

Le projet proposé par la compagnie du chemin de fer de Saint-Etienne à Lyon est approuvé. Cette compagnie produira dans un délai de quinze jours, à partir de la notification du présent, un plan parcellaire, dressé conformément à l'art. 5 de la loi du 7 juillet 1833, c'est-à-dire, indiquant d'après les matrices cadastrales les terrains traversés par le tracé ci-devant approuvé.

Ce plan sera soumis immédiatement aux formalités prescrites par le titre 2 de la loi sus-datée.

Copie du présent sera adressée à M. le sous-préfet de Saint-Etienne, chargé d'en assurer l'exécution.

Signé SERS, préfet de la Loire.

---

28 octobre 1835.

Arrêté prescrivant une vérification du métré du chemin de fer de St-Etienne à Lyon.

Le préfet de la Loire,

Considérant qu'il s'est élevé dans le commerce des doutes qu'il importe de faire cesser, sur les distances et sur l'exactitude de la mensuration indiquée par les bornes milliaires du chemin de fer de Saint-Etienne à Lyon ;

Qu'une vérification est nécessaire et qu'il convient qu'elle ait lieu contradictoirement entre les agens des ponts-et-chaussées et ceux de la compagnie du chemin de fer,

Arrête :

Il sera procédé, et dans le plus bref délai, à la vérification du métré du chemin de fer de Saint-Etienne à Lyon. Cette opération aura lieu contradictoirement en présence d'un agent de l'administration des ponts-et-chaussées et d'un représentant de la compagnie du chemin de fer.

Expédition du présent arrêté sera transmise à M. l'ingénieur en chef des ponts-et-chaussées et à M. le directeur du chemin de fer qui se concerteront pour son exécution.

Fait à Montbrison, hôtel de la préfecture, les jours, mois et an que dessus.

Pour le préfet en tournée,

Le conseiller de préfecture délégué, H. LEVET.

19 novembre 1835.

Le préfet de la Loire,

Vu le procès-verbal, en date du 17 du courant, de l'examen fait conjointement par MM. Barreau et Gruner, ingénieurs des ponts-et-chaussées et des mines, de l'état de la voûte de Terre-Noire, sous laquelle passe le chemin de fer de Saint-Etienne à Lyon;

Considérant que de ce procès-verbal il résulte que l'éboulement du 9 novembre a eu pour principale cause la démolition, sur une trop grande étendue, de la partie de la voûte dont la réparation était devenue nécessaire par suite de l'infiltration des eaux provenant des galeries de la mine Ogier dont le sol n'est distant de la voûte que de 3 mètres; que cet accident n'eût probablement pas eu lieu, si l'on eût apporté plus de soins et de précaution dans l'enlèvement du blindage provisoire; qu'on a manqué surtout de prévoyance en privant d'étais, sur une trop grande longueur, une partie de la voûte qu'on savait présenter du danger; que du reste les autres parties de la voûte sont en général en bon état dans l'étendue de la percée, sauf les infiltrations remarquées au point correspondant à l'emplacement des puits qui ont servi au percement du souterrain; que pour éviter tout accident, il est nécessaire de recouvrir la voûte en ces endroits d'une chape en béton, avec mortier hydraulique, afin que les eaux, coulant sur la chape, puissent se rendre dans le conduit principal fait sous la voie du chemin de fer, en passant à travers l'espace réservé de 0 m. 15 à 0 m. 20 d'épaisseur entre le terrain et les piédroits, espace rempli de pierres sèches disposées de manière à procurer l'écoulement des eaux; qu'il est en outre nécessaire de recouvrir de 2 mètres d'épaisseur de remblais, la chape correspondant à l'emplacement des puits, afin de la préserver du choc des blocs de pierres qui pourraient se détacher des parois de ces puits;

Considérant que la sûreté des voyageurs exige que toutes les mesures soient prises, même comme moyens de précaution, afin d'assurer la solidité de la voûte et d'éviter tout éboulement;

Considérant que tous les travaux de réparation de la voûte doivent être exécutés dans la nuit et cesser assez tôt pour qu'on ait le temps d'étayer solidement avant le passage du premier convoi de wagons,

Arrête:

Il est enjoint à la compagnie du chemin de fer de Saint-Etienne à Lyon, d'exécuter immédiatement tous les travaux nécessaires pour consolider la voûte de la percée de Terre-Noire, notamment ceux ayant pour objet: 1° de recouvrir par une chape de béton l'extrados des parties de voûte désignées ci-dessus et à travers lesquelles se manifestent des filtrations, en ménageant, comme il est expliqué plus haut, un passage aux eaux et les dirigeant dans le conduit fait sous la voie du chemin de fer ; 2° de protéger la chape elle-même vers l'emplacement des puits par un remblais en terre de 2 mètres d'épaisseur.

La compagnie ne fera préparer l'emplacement des voûtes sujettes à réparations que sur une longueur au plus de 1 m. 50 à la fois, et ne fera exécuter les travaux de toute nature que pendant la nuit, en laissant ces emplacemens bien étayés pendant le jour.

Elle est également tenue de faire établir dans les piédroits de la voûte, et tous du même côté, des gares ou lieux de refuge lors du passage des wagons, en ne laissant entre chacune, qu'une distance de 50 à 100 mètres au plus.

Expédition du présent sera adressée à M. le sous-préfet de Saint-Etienne, pour être notifiée par ses soins à M. le directeur représentant la compagnie du chemin de fer.

Copie sera également transmise à M. l'ingénieur en chef des ponts-et-chaussées, chargé de surveiller la stricte exécution des dispositions ci-dessus.

Fait à Montbrison, ce 19 novembre 1835.

Signé SERS, *préfet de la Loire.*

---

27 septembre 1832.

Le maire de Saint-Jullien-en-Jarrêt ;

Vu la lettre de M. le sous-préfet de l'arrondissement de Saint-Etienne, en date du 21 septembre 1832 ;

Considérant que la partie du chemin de fer comprise entre Saint-Etienne et Rive-de-Gier, va prochainement être ouverte ;

Considérant que l'imprudence des personnes qui circulent à pied, a déjà donné lieu à plusieurs accidens déplorables sur la partie ouverte de ce chemin, à la rencontre de convois de descente et de remontée ;

Considérant qu'il importe de prendre toutes les mesures qu'exige la sûreté publique,

Arrête :

ART. 1er. — Défenses très-expresses sont faites de circuler à pied sur la partie du chemin de fer qui se trouve sur le territoire de la commune de Saint-Jullien-

Arrêté de police du maire de St-Jullien-en-Jarrêt, portant défense aux piétons de circuler sur le chemin de fer.

en-Jarrêt, de toucher aux wagons et autres objets faisant partie du matériel de la compagnie.

Art. 2. — Le présent arrêté sera imprimé et affiché sur la ligne que parcourt le chemin de fer.

Art. 3. — Le garde-champêtre et la gendarmerie sont expressément chargés d'assurer la stricte exécution des dispositions du présent arrêté.

Fait en mairie, à Saint-Jullien-en-Jarrêt, le 27 septembre 1832.

G. Neyrand, *maire.*

---

12 octobre 1832.

Arrêté de police du maire d'Outre-Furens portant défense aux personnes de circuler sur le chemin de fer.

Le maire d'Outre-Furens,

Vu la lettre de M. le sous-préfet de l'arrondissement de Saint-Etienne, en date du 21 septembre 1832 ;

Vu les lois sur la police municipale, concernant la sûreté publique ;

Vu celles de ces mêmes lois qui offrent garantie et assurent protection à la propriété ;

Considérant que la partie du chemin de fer comprise entre Saint-Etienne et Rive-de-Gier, vient d'être mise en activité, et que l'imprudence des personnes qui circulent à pied sur cette voie, a déjà donné lieu à plusieurs accidens déplorables dont il importe de prévenir le retour parmi nous ;

Considérant que la rencontre des convois de montée et de descente expose, vers la tranchée du hameau de Monteil, au froissement inévitable des wagons et offre un danger éminent ;

Considérant qu'il est du devoir de l'autorité de signaler au public tout ce qui peut compromettre la vie et l'existence des citoyens ;

Attendu que ledit chemin, bien qu'établissement d'utilité publique, n'en est pas moins une propriété particulière, et que personne n'a la faculté de s'en servir, sans que la permission lui en ait été concédée,

Arrête :

Art. 1er. — Défense expresse est faite de circuler à pied, ou de toute autre manière, sur la partie du chemin de fer qui se trouve située sur le territoire de la commune d'Outre-Furens ; nul, conséquemment, n'a le droit d'y passer, s'il n'est agent ou employé de la compagnie anonyme.

Art. 2. — Comme les personnes du sexe et les enfans n'ont pas la même agi-

lité des hommes , il leur est particulièrement enjoint de ne fréquenter qu'avec précaution les promenades latérales audit chemin, attendu que la foule qui se porte
vers ce lieu , pourrait les rendre victimes de quelque fâcheuse catastrophe.

ART. 3. — Il est en outre défendu , sous les peines et amendes prononcées par
la loi , de toucher aux rails, wagons, et enfin à tout autre objet ou ustensile faisant
partie du matériel ou des bâtimens de ladite compagnie.

ART. 4. — MM. les directeurs des travaux du susdit chemin sont invités à
faire établir des garde-fous sur les bords du danger qui existe au hameau de
Monteil, dans la propriété de M. Dugas , lequel est du chef de leurs travaux , étant
bien reconnu que sans cette précaution , il pourrait en résulter quelques chutes
funestes ou des accidens graves.

ART. 5. — Le présent arrêté sera affiché dans la commune, et particulièrement au point du départ dudit chemin et sur la ligne qu'il parcourt dans la localité;
l'exécution des mesures qu'il prescrit est placée sous la surveillance spéciale de
MM. les officiers publics du lieu, de la gendarmerie et du garde-champêtre sous
leurs ordres.

Fait en mairie, à Outre-Furens, le 12 octobre 1832.

DESJOYEAUX , *maire*.

Lyon, le 15 mars 1830.

Nous conseiller d'Etat , préfet du Rhône ,

Vu l'ordonnance royale du 4 juillet 1827 , qui approuve le tracé du chemin de
fer de Lyon à Saint-Etienne , et impose aux concessionnaires l'obligation de présenter des projets particuliers pour les points de chargement et de déchargement
à Givors et à Lyon ;

Vu le projet présenté par les concessionnaires pour les points de chargement et
de déchargement à Givors approuvé par une décision de M. le directeur-général
des ponts-et-chaussées, du 19 janvier 1829 ;

Vu le projet présenté pour les points de départ et d'arrivée à Lyon , approuvé
par une décision du 19 février 1829 ;

Vu les instructions de M. le directeur-général, du 7 décembre 1829 , par lesquelles il nous invite à publier un arrêté déterminant les points d'arrivée et de départ à Lyon , et de chargement et de déchargement à Givors ,

Arrêtons :

ART. 1er — Le point de chargement et de déchargement du chemin de fer à

Arrêté du préfet du Rhône qui détermine les points de départ et d'arrivée, de charge-ment et de déchargement du chemin de fer de Lyon à St-Etienne , dans les villes de Lyon et Givors.

Givors, est fixé au lieu du confluent du Gier, conformément au plan approuvé le 19 janvier 1829, par M. le directeur-général des ponts-et-chaussées.

Art. 2. — Toutes réserves sont faites en faveur de la ville de Givors pour l'usage du quai qu'elle a fait construire à ses frais, et qui se trouve renfermé dans la gare projetée par les concessionnaires.

Art. 3. — Il sera pourvu à la conservation du halage, sur la rive droite du Rhône, entre les quais de Givors et l'embouchure du canal, tel qu'il a lieu actuellement, et les concessionnaires seront tenus d'adopter à leur estacade, tous poteaux d'amarre et ponts de service nécessaires pour remplir ce but.

Art. 4. — Dans le cas où il serait reconnu ultérieurement que les travaux du chemin de fer sont offensifs au chemin de halage et aux propriétés de la rive gauche, les concessionnaires seront tenus de maintenir et de fortifier à leurs frais le chemin de halage et les portions de cette rive qui seraient endommagées par suite de la saillie de leurs ouvrages, et seront passibles envers qui de droit, des dommages qui en résulteront.

Art. 5. — Le point d'arrivée et de départ du chemin de fer à Lyon, est fixé à la rencontre du cours ou de la rue transversale qui longe le côté nord de la place Charles X, conformément au plan approuvé le 19 février 1829.

DISPOSITIONS GÉNÉRALES.

Art. 6. — Tous les propriétaires ou directeurs d'établissemens industriels ou agricoles, et les exploitans de mines qui voudront s'embrancher sur un point quelconque des lieux de chargement et de déchargement, auront le droit de le faire, quelle que soit la quotité des transports qu'ils pourront fournir annuellement au chemin de fer, et en jouissant d'ailleurs des mêmes avantages dont jouiront ceux qui chargeront ou déchargeront immédiatement sur lesdits lieux de chargement et de déchargement, et sur les points qui seront le plus à la convenance des exploitans.

Art. 7. — La compagnie du chemin de fer sera toujours tenue de laisser charger et décharger sur toute la longueur des lieux de chargement et de déchargement, et sur les points qui seront le plus à la convenance de chacun des propriétaires ou exploitans.

Art. 8. — Les chargemens et déchargemens s'opéreront aux frais des propriétaires ou exploitans, soit qu'ils les fassent eux-mêmes ou qu'ils les fassent faire par les agens de la compagnie, au moyen d'arrangemens particuliers avec elle.

Art. 9. — Toutes les rues transversales que les villes pourront faire ouvrir sur les points de chargement et de déchargement, les traverseront sans que la compagnie du chemin de fer puisse prétendre pour cela à aucune indemnité.

Art 10. — Il sera permis à tous propriétaires, aux directeurs d'établissemens industriels ou agricoles, et d'exploitation, situés entre deux points de chargement, d'établir des embranchemens sur le chemin de fer et d'y faire charger et décharger leurs produits et marchandises à l'exportation et à l'importation, sous la condition : 1° de fournir annuellement au chemin de fer une quotité de transport équivalant au moins *à cinq mille tonnes ou à cinquante mille quintaux métriques ;* 2° de payer la distance entière existant entre les deux points de chargement et de déchargement entre lesquels l'embranchement se trouvera placé, comme si cette distance était réellement parcourue.

Art. 11. — Le présent arrêté sera imprimé en placards, aux frais des concessionnaires du chemin de fer, et affiché dans toutes les communes du département du Rhône où passe le tracé du chemin.

Lyon, le 15 mars 1830.

Signé comte de Brosses.

---

19 septembre 1833.

Arrêté du préfet du Rhône portant défense aux piétons de circuler sur le chemin de fer.

Nous préfet du Rhône,

Considérant que des accidens graves ont eu lieu sur le chemin de fer par l'imprudence des personnes que la curiosité amène autour des convois stationnés ou en mouvement, et des enfans qui s'efforcent de monter sur des chariots ; que des dangers de tout genre peuvent naître de la circulation du public sur le chemin de fer,

Arrêtons :

Art. 1er. — Il est expressément défendu de circuler on stationner sur le chemin de fer de Saint-Étienne à Lyon et ses francs-bords, et d'y déposer, même momentanément, aucuns matériaux ou fardeaux quelconques. Cette défense s'étend aux voyageurs qui empruntent le chemin de fer, et qui devront, en attendant les heures de départ, se tenir en dehors de la ligne et dans les gares des stations.

Art. 2. — Il est défendu aux voyageurs de monter dans les voitures ou d'en descendre pendant qu'elles sont en mouvement, et hors des lieux de chargement et de déchargement.

ART. 3. — Les contraventions aux dispositions qui précèdent seront constatées par des procès-verbaux réguliers qui seront déférés aux autorités compétentes à l'effet d'obtenir l'application des peines portées par les lois , sans préjudice de tous dommages-intérêts , s'il y a lieu.

ART. 4. — La gendarmerie et le garde-champêtre de la commune seront chargés , concurremment avec les cantonniers , gardes particuliers et autres agens du chemin de fer , d'assurer l'exécution du présent arrêté.

Fait à Lyon, le 19 septembre 1833.

Signé GASPARIN.

Chemin de Fer de Roanne.

CAHIER DES CHARGES POUR L'ÉTABLISSEMENT D'UN CHEMIN DE FER D'ANDRÉZIEUX A ROANNE.

ART. 1er. — La compagnie s'engage à exécuter à ses frais , risques et périls , et à terminer dans le délai de sept ans , à dater de l'ordonnance royale qui approuvera , s'il y a lieu , la concession , ou plus tôt si faire se peut , tous les travaux nécessaires à l'établissement et à la confection d'un chemin de fer d'Andrézieux à Roanne.

Ce chemin pourra être établi , soit sur la rive droite , soit sur la rive gauche de la Loire ; il sera mis en communication au port d'Andrézieux , avec celui qui est actuellement exécuté entre Saint-Etienne et la Loire , et sera disposé de manière à permettre la libre circulation des chars qui fréquentent ce dernier chemin. Il aura généralement une double voie : toutefois, sur les points où les difficultés du passage pourraient forcer à n'adopter qu'une voie unique , on se bornera à établir de distance en distance des gares ou élargissemens pour que les voitures allant en sens contraire puissent se croiser facilement.

ART. 2. — La compagnie se conformera aux dispositions du tracé, dont elle fera faire les études à ses frais et par des agens de son choix, et dont elle sera tenue de terminer les projets dans le délai d'un an, à dater de l'ordonnance précitée de concession. Elle remettra ces projets au préfet du département de la Loire, qui les transmettra avec son avis au directeur-général des ponts-et-chaussées. Ils seront ensuite soumis à l'approbation de sa Majesté par le ministre secrétaire d'État de l'intérieur.

Dans aucun cas, la compagnie ne pourra se prévaloir du montant de la dépense pour réclamer aucune indemnité quelconque.

ART. 3. — Elle contracte en outre l'obligation spéciale d'établir, à ses frais, des moyens sûrs et faciles de traverser le chemin de fer dans les endroits où les communications qui existent actuellement seront coupées par le chemin, et d'adopter, aux points de traversées, une forme de barreau telle qu'il n'en résulte aucun obstacle sensible à la circulation des voitures. Elle assurera, également à ses frais, l'écoulement de toutes les eaux dont le cours serait suspendu ou modifié par les ouvrages dépendant de cette entreprise. Les aqueducs qui seront construits, en conséquence de cette clause, sous les routes royales ou départementales, seront nécessairement en maçonnerie.

Si le chemin rencontre des cours d'eau navigables, la compagnie sera tenue de prendre toutes les mesures et de payer tous les frais nécessaires pour que le service de la navigation n'éprouve ni interruption ni entrave par le fait des travaux, et qu'il puisse se continuer après comme il avait lieu avant ces travaux.

ART. 4. — Tous les terrains destinés à servir d'emplacement au chemin de fer et à ses dépendances, aux lieux de chargement et de déchargement, dont le nombre et la surface sont ultérieurement déterminés, ainsi qu'au rétablissement des communications interrompues, et des nouveaux lits des cours d'eau, seront achetés et payés par la compagnie sur ses propres deniers. A cet effet, elle se conformera aux dispositions prescrites par la loi du 8 mars 1810, relative aux expropriations pour cause d'utilité publique : en conséquence, lorsque le tracé du chemin aura été définitivement approuvé par une ordonnance royale, ainsi qu'il est dit à l'art. 2 du présent cahier des charges, elle fera lever le plan terrier indiqué dans l'article 5 de la loi précitée du 8 mars 1810. Les autres formalités ordonnées par les articles 6, 7, 8, 9 et 10 du titre II de la même loi seront également observées.

Si les propriétaires et la compagnie concessionnaire ne s'accorde pas sur le prix des fonds ou bâtimens à céder, il y sera pourvu par les tribunaux. L'expropriation sera poursuivie à la diligence de M. le préfet, conformément aux titres III et IV de ladite loi du 8 mars 1810; mais tous les frais de la procédure, ainsi que le montant de toutes les indemnités, seront payés des deniers de la compagnie.

Art. 5. — La compagnie pourra se procurer les matériaux de remblais et d'empierremens dont elle aura besoin pour la construction du chemin de fer, en usant à cet égard de tous les droits dont l'administration fait elle-même usage pour l'exécution des travaux de l'Etat. Elle jouira, tant pour l'extraction que pour le transport et le dépôt des terres et matériaux, des privilèges accordés aux entrepreneurs de travaux publics, à la charge par elle d'indemniser à l'amiable les propriétaires des terrains endommagés, ou, en cas de non-accord, d'après les règlemens arrêtés par le conseil de préfecture.

Art. 6. — Les indemnités pour occupation temporaire ou détérioration de terrains, pour chômage, modification ou destruction d'usines, pour tout dommage quelconque résultant des travaux, seront également payées par la compagnie.

Art. 7. — Le chemin de fer et toutes ses dépendances seront constamment entretenus en bon état; les frais d'entretien, les réparations, soit ordinaires, soit extraordinaires, demeureront entièrement à la charge de la compagnie.

Art. 8. — Pour indemniser la compagnie des dépenses qu'elle s'engage à faire par les articles précédens, et de toutes celles qu'exigera l'exploitation du chemin, le gouvernement lui concède à perpétuité l'autorisation de percevoir pour tous frais quelconques les droits qui seront déterminés par l'adjudication.

Ces droits seront perçus par mille kilogrammes de marchandises et par distance de mille mètres, sans égard aux fractions de distance. Ainsi mille mètres entamés seront payés comme s'ils avaient été parcourus.

La présente concession sera dévolue à la compagnie qui consentira au plus fort rabais sur le *maximum* de ces droits, fixé à *quinze centimes* pour la descente et à *dix-huit centimes* pour la remonte, par mille kilogrammes de marchandises et par distance de mille mètres. On entend par *la descente*, le trajet ou une portion du trajet d'Andrézieux à Roanne, et par *la remonte*, le trajet ou une portion du trajet de Roanne à Andrézieux.

Au moyen du paiement des droits, tels qu'ils seront réglés définitivement par l'adjudication, la compagnie concessionnaire sera tenue d'exécuter constamment, avec soin, exactitude et célérité, à ses frais et par ses propres moyens, le transport des denrées, marchandises et matières quelconques qui lui seront confiées.

Toutefois, le transport des masses indivisibles pesant plus de deux mille kilogrammes, ou des marchandises qui, sous le volume d'un mètre cube, ne pèseraient pas cinq cents kilogrammes, ne sera point obligatoire.

ART. 9. — Faute par la compagnie, après avoir été mise en demeure, d'avoir construit et terminé le chemin de fer dans le délai fixé par l'art. 1ᵉʳ, ou même d'en pousser les travaux avec une célérité telle, que le quart au moins de la longueur du chemin soit exécuté au bout des deux premières années qui suivront l'approbation définitive du tracé, et le tiers au moins à l'expiration de la troisième année, elle encourra la déchéance, et il sera pourvu à la continuation et à l'achèvement de ces mêmes travaux par le moyen d'une adjudication qu'on ouvrira sur les clauses du présent cahier des charges, et sur une mise à prix des ouvrages déjà construits, des matériaux approvisionnés, des terrains achetés. Cette adjudication sera dévolue à celui des nouveaux soumissionnaires qui offrira la plus forte somme pour ces ouvrages, matériaux et terrains. Les soumissions pourront être inférieures à la mise à prix. La compagnie évincée recevra de la nouvelle compagnie concessionnaire la valeur que l'adjudication aura ainsi terminée pour lesdits ouvrages, matériaux et terrains; mais le cautionnement, ou au moins la partie non encore restituée de ce cautionnement, restera acquis à l'État, à titre de dommages et intérêts.

La présente stipulation n'est pas applicable au cas où la cessation des travaux et les retards apportés à leur exécution proviendraient de force majeure.

ART. 10. — La compagnie sera soumise au contrôle et à la surveillance de l'administration, tant pour l'exécution et l'entretien des ouvrages que pour l'accomplissement des clauses énoncées dans le présent cahier des charges.

ART. 11. — Dans le cas où le gouvernement ordonnerait ou autoriserait la construction de nouvelles routes royales, départementales ou vicinales, ou de canaux, qui traverseraient le chemin de fer, toutes dispositions convenables seront prises pour la conservation de ce chemin; mais les dommages qui, pendant la durée des travaux, pourraient résulter pour la compagnie de la difficulté ou de la suspension momentanée des transports, ne pourront donner lieu, de sa part, à aucune demande en indemnité, pourvu néanmoins que chaque fois qu'il y aura lieu à suspension, elle n'excède pas le terme de vingt-quatre heures.

Toute exécution ou toute autorisation ultérieure de routes, de canaux, de travaux de navigation, de chemins de fer, soit dans le bassin de la Loire, soit dans toute autre contrée voisine ou éloignée, ne pourrait également fournir la matière d'une demande en indemnité.

ART. 12. — La contribution foncière sera établie en raison de la surface des terrains occupés par le chemin de fer et par ses dépendances, et la cote en sera calculée, comme pour les canaux, dans les proportions assignées aux terres de meilleure qualité.

Les bâtimens et magasins dépendant de l'exploitation du chemin de fer seront assimilés aux propriétés bâties dans la localité.

ART. 13. — La compagnie s'oblige à doubler, dans le mois qui suivra l'adjudication, le dépôt préalable de *trois cent mille francs* qu'elle aura fait pour être admise à soumissionner. Si, à l'expiration du mois, elle n'a pas rempli cette obligation, l'adjudication sera réputée nulle et non avenue, et la première somme déposée demeurera acquise au trésor royal à titre de dommages et intérêts.

Le complément du dépôt s'effectuera dans les valeurs prescrites pour le dépôt lui-même, et l'un et l'autre seront rendus par parties, à mesure que la compagnie aura exécuté des travaux pour des sommes équivalentes.

ART. 14. — Toutes les contestations qui pourraient s'élever entre la compagnie et les particuliers qui lui livreraient des objets à transporter, resteront dans la compétence des tribunaux ordinaires.

Quant à celles qui s'engageraient entre l'administration et la compagnie, sur l'interprétation des clauses et conditions du présent cahier de charges, elles seront jugées administrativement par le conseil de préfecture du département de la Loire, sauf le recours au conseil d'Etat.

ART. 15. — Le présent acte ne sera passible, pour frais d'enregistrement, que du droit fixe d'*un franc*.

ART. 16. — La concession ne sera valable et définitive qu'après que l'adjudication aura été homologuée par une ordonnance royale.

Paris, le 29 mars 1828.

Le conseiller d'Etat, directeur-général des ponts-et-chaussées et des mines,

Signé BECQUEY.

Approuvé le 29 mars 1828.

Le ministre secrétaire d'Etat au département de l'intérieur,

Signé MARTIGNAC.

Paris, le 14 mai 1828.

MODIFICATION DE L'ARTICLE 8 DU CAHIER DES CHARGES.

Monseigneur,

Depuis l'ouverture du concours annoncé pour l'établissement du chemin de fer d'Andrézieux à Roanne, la chambre consultative des arts et manufactures de la ville de Saint-Étienne m'a fait parvenir, par l'intermédiaire du maire de cette ville, diverses observations tendant à modifier quelques articles du cahier des charges. Parmi ces observations, les unes peuvent être considérées comme prévues implicitement par les dispositions arrêtées, et les autres comme inutiles ou surabondantes; mais il en est une sur laquelle, cependant, je crois devoir appeler l'attention de Votre Excellence.

L'article 8 ne rend point obligatoire pour la compagnie le transport des objets qui, sous le volume d'un mètre cube, ne pèseraient pas 500 kilogrammes, et voici quelle a été l'intention de cette clause particulière.

Les chemins de fer sont destinés surtout à la circulation des marchandises lourdes et pesantes. Le matériel de ces établissemens est organisé dans cette vue; et la spéculation, par exemple, serait nécessairement renversée si, au lieu de houille, de fer, de minerai, de grains, de pierre, etc., on n'astreignait la compagnie qu'à transporter des matières légères, de la paille ou de la plume. C'est pour prévenir cet inconvénient que la clause ci-dessus énoncée a été insérée. En adoptant le poids de 500 kilogrammes pour le volume d'un mètre cube, on admet toutes les marchandises dont le poids est égal au moins à la moitié de celui de l'eau; et l'on croyait, à cet égard, avoir, autant que possible, reculé la limite qu'il s'agissait d'établir. La chambre de commerce voudrait que cette limite fût reportée jusqu'à 100 kilogrammes. Je pense qu'on ne peut point admettre cette proposition, elle assujétirait la compagnie au transport de matières trop légères et nuirait essentiellement à celui des autres matières dont il importe surtout de favoriser et de faciliter la circulation. Je suis persuadé que l'on pourrait, sans inconvénient, maintenir la ligne de séparation à 500 kilogrammes, ainsi que l'a prévu le cahier des charges; mais si l'on veut néanmoins abaisser la limite, je ne crois pas qu'il soit possible de la placer au dessous de 200 kilogrammes. Ainsi, toute matière qui ne pèserait que le cinquième de ce que pèse l'eau serait transportée obligatoirement par la compagnie, au prix que déterminera l'adjudication prochaine. Il ne s'ensuit pas que les objets d'un poids moindre ne seront point transportés; seulement les frais de transport pourront être un peu plus chers. La concurrence des autres voies sera d'ailleurs toujours un obstacle aux exigences qu'on semble craindre de la part de la compagnie.

J'ai donc l'honneur de proposer à Votre Excellence, de décider que la dernière phrase de l'article 8 du cahier de charges sera modifiée ainsi qu'il suit :

Toutefois, le transport des masses indivisibles pesant plus de deux mille kilogrammes, ou des marchandises qui, sous le volume d'un mètre cube, ne pèseraient pas deux cents kilogrammes, ne sera point obligatoire.

Je suis, etc.

Signé BECQUEY.

Le ministre secrétaire d'État de l'intérieur,

Signé DE MARTIGNAC.

SOUMISSION POUR LE CHEMIN DE FER D'ANDRÉZIEUX A ROANNE.

Nous soussignés, François-Noël Mellet, ancien élève de l'école polytechnique, demeurant à Paris, rue Monsieur-le-Prince, n° 47 ;

Et Charles-Joseph Henry, aussi ancien élève de l'école polytechnique, demeurant à Paris, rue Saint-Dominique-Saint-Germain, n° 48 ;

Après avoir pris connaissance du cahier des charges, approuvé le 29 mars par Son Excellence le ministre de l'intérieur, pour l'établissement d'un chemin de fer d'Andrézieux à Roanne, ainsi que de la clause additionnelle insérée au *Moniteur* du 24 juin dernier, nous engageons à exécuter ce chemin à nos frais, risques et périls, et à nous conformer à toutes les clauses et conditions exprimées audit cahier des charges, et consentons, en outre, que le maximum du prix, fixé à quinze centimes pour la descente et à dix-huit centimes pour la remonte, pour mille kilogrammes et par mille mètres de distance, soit réduit, tant pour la descente que pour la remonte, de *cinq millièmes*.

Pour garantie de la présente soumission, nous avons déposé la somme de trois cent mille francs à la caisse des dépôts et consignations, suivant le récépissé ci-inclus et dans les valeurs y détaillées.

Paris, le 24 juillet 1828.

Signés MELLET, HENRY.

Vu pour être annexé à l'ordonnance royale du 27 août 1828, enregistrée sous le n° 4545.

Le ministre de l'intérieur,

Signé DE MARTIGNAC.

MINISTÈRE DE L'INTÉRIEUR. — DIRECTION GÉNÉRALE DES PONTS-ET-CHAUSSÉES
ET DES MINES.

*Procès-verbal de l'adjudication passée en l'hôtel du ministre de l'intérieur
pour l'établissement d'un chemin de fer d'Andrézieux à Roanne.*

Ce jour'hui 21 juillet 1828, à une heure de relevée, conformément à l'avis officiel dans le *Moniteur* du 24 juin dernier, Son Excellence le ministre de l'intérieur,
assisté du conseiller d'Etat, directeur des ponts-et-chaussées et des mines, a procédé publiquement à l'adjudication du chemin de fer d'Andrézieux à Roanne.

D'après l'avis précité, les concurrens étaient invités à déposer leurs soumissions
cachetées sur le bureau, de midi à une heure.

ÉTAT DES SOUMISSIONS DÉPOSÉES.

Nᵒˢ D'ORDRE.	NOMS des SOUMISSIONNAIRES	DÉSIGNATION des objets DE LA SOUMISSION.	MONTANT du RABAIS OFFERT.	OBSERVATIONS.
1	MM. Henry et Mellet.	Ouverture d'un chemin de fer d'Andrézieux à Roanne.	Cinq millièmes.	Le rabais des concurrens porte sur le prix à payer pour le transport de mille kilogrammes par mille mètres de distance. Le maximum de ce prix est fixé à quinze centimes pour la descente, et à dix-huit centimes pour la remonte. Le rabais doit être unique et s'appliquer indistinctement au prix de la descente comme à celui de la remonte : il doit être exprimé en millièmes.

Une seule soumission a été déposée.

Son Excellence le ministre de l'intérieur, considérant que les sieurs Henry et
Mellet ont offert un rabais de cinq millièmes sur le maximum indiqué au cahier des
charges ;

Considérant que cette soumission est accompagnée d'un certificat signé par le
caissier de la caisse des dépôts et consignations, attestant le dépôt d'une somme
qui excède les trois cent mille francs exigés par l'avis inséré au *Moniteur* le 24
juin dernier, déclare qu'elle accepte la soumission des sieurs Henry et Mellet ; qu'ils

sont et demeurent concessionnaires de l'établissement du chemin de fer d'Andrézieux à Roanne, moyennant le rabais indiqué dans leur soumission, selon les clauses
et conditions exprimées au cahier des charges, et sauf la ratification ultérieure de
la présente adjudication par une ordonnance royale.

Fait et arrêté en l'hôtel du ministre de l'intérieur, lesdits jour, mois et an que dessus.

Signés DE MARTIGNAC, BECQUEY.

Les concessionnaires provisoires,

Signés HENRY, MELLET.

Vu pour être annexé à l'ordonnance royale du 27 août 1828, enregistrée sous le n° 4545.

Le ministre de l'intérieur,

Signé DE MARTIGNAC.

———————

ORDONNANCES ROYALES.

Charles, par la grâce de Dieu, roi de France et de Navarre,

A tous ceux qui ces présentes verront, salut.

Sur le rapport de notre ministre secrétaire d'État de l'intérieur;

Vu l'article 3 de la loi des finances du 24 juin 1827, et l'article 1er de celle du
17 août 1828, qui renouvelle l'autorisation conférée au gouvernement par la loi
du 4 mai 1802, d'établir des droits de péage pour subvenir aux frais des ponts,
écluses et autres ouvrages d'art à la charge de l'État, des départemens et des
communes;

Vu le procès-verbal de l'adjudication passée le 24 juillet dernier par notre ministre
de l'intérieur, pour l'établissement d'un chemin de fer d'Andrézieux à Roanne;

Notre conseil d'État entendu,

Nous avons ordonné et ordonnons ce qui suit:

ART. 1er. — L'adjudication passée le 24 juillet 1828 par notre ministre de l'intérieur, pour l'établissement d'un chemin de fer d'Andrézieux à Roanne, est approuvée; en conséquence, les sieurs Mellet et Henry sont et demeurent définitivement concessionnaires dudit chemin de fer, moyennant le rabais exprimé dans leur
soumission, et sous les clauses et conditions énoncées au cahier des charges.

ART. 2. — Le cahier des charges, le procès-verbal d'adjudication et la soumission resteront annexés à la présente ordonnance.

Aʀᴛ. 3. — Notre ministre secrétaire d'Etat de l'intérieur est chargé de l'exécution de la présente ordonnance.

Donné à Saint-Cloud, le 27 août 1828.

Signé Cʜᴀʀʟᴇs.

Par le roi :

Le ministre secrétaire d'Etat de l'intérieur,

Signé Mᴀʀᴛɪɢɴᴀᴄ.

Pour copie conforme :

Le conseiller d'Etat, directeur-général des ponts-et-chaussées et des mines,

Signé BᴇᴄQᴜᴇʏ.

---

21 mars 1830.

Charles, par la grâce de Dieu, roi de France et de Navarre,

A tous ceux qui ces présentes verront, salut.

Ordonnance qui approuve la direction du tracé du chemin de fer d'Andrézieux à Roanne, et prescrit aux concessionaires l'exécution de certaines dispositions.

Sur le rapport de notre ministre secrétaire d'Etat au département de l'intérieur;

Vu notre ordonnance du 27 août 1828, qui autorise les sieurs Mellet et Henry à établir à leur frais, moyennant la concession à perpétuité d'un droit de péage, un chemin de fer d'Andrézieux à Roanne;

Vu les plans du tracé de ce chemin et le mémoire à l'appui remis le 27 juin 1829 par lesdits sieurs Mellet et Henry.

Vu l'avis du préfet de la Loire sur ce tracé;

Vu la demande des concessionnaires de faire embrancher leur chemin de fer sur celui de Saint-Etienne à la Loire, au lieu de la Fouillouse;

Vu l'avis donné sur ces plans par le conseil général des ponts-et-chaussées;

Vu les autres pièces produites et jointes au dossier;

Notre conseil d'Etat entendu,

Nous avons ordonné et ordonnons ce qui suit :

Aʀᴛ. 1ᵉʳ. — La direction du tracé du chemin de fer, du port d'Andrézieux à Roanne, pour la partie comprise entre le domaine de Muron et l'avenue du château d'Ailly, est approuvée telle qu'elle est indiquée entre ces deux points par une ligne rouge, sur les deux plans annexés à la présente ordonnance.

Aʀᴛ. 2. — Du domaine de Muron, le chemin sera dirigé vers Andrézieux et mis en communication, au port de cette ville, avec celui qui est actuellement exécuté de Saint-Etienne à la Loire, ainsi qu'il est prescrit par l'article 1ᵉʳ du cahier des charges joint à notre ordonnance du 27 août 1828.

ART. 3. — A partir de l'allée du château d'Ailly, le chemin sera dirigé sur Roanne, sans passer sur le pont de pierre de cette ville ; mais les concessionnaires sont libres de le faire aboutir à telle rive du fleuve qui leur conviendra.

ART. 4. — Les concessionnaires seront tenus de présenter, dans le délai d'un an au plus tard, des projets particuliers : 1° pour les points de départ et d'arrivée à Andrézieux et à Roanne, conformément aux dispositions des articles précédens ; 2° pour les points de chargement et de déchargement à Feurs. Ils remettront ces projets au préfet du département qui les adressera, avec son avis, à notre directeur-général des ponts-et-chaussées, pour être statué ultérieurement ce qu'il appartiendra.

ART. 5. — Aux points où le chemin de fer doit rencontrer les routes royales n° 7 de Paris à Antibes, et n° 82 de Roanne au Rhône, et les routes départementales n° 1er de Lyon à Montbrison et n° 2 de Montbrison à Saint-Etienne, les concessionnaires seront tenus de faire traverser ces routes par leur chemin, sans changer le niveau de ces communications.

Les concessionnaires sont autorisés à baisser d'un mètre la chaussée de la route royale n° 89 de Lyon à Bordeaux, au point où elle doit être traversée par leur chemin de fer ; mais ils établiront des deux côtés de la coupure, des rampes de 0 m. 03 c. par mètre et feront exécuter sous la route, dans la direction des fossés du chemin, deux aqueducs pour l'écoulement des eaux. Tous les travaux nécessités par ces dispositions seront à leur charge. Les rails et leurs encastremens dans les dés seront de même forme et de même dimension que ceux qui ont été établis sur la route royale n° 82, à la rencontre avec le chemin de Saint-Etienne à la Loire.

ART. 6. — Les concessionnaires présenteront, pour être examinés et approuvés par le préfet, les projets de tous les ponts, ponteaux et aqueducs à construire sur des eaux publiques ou, au moins, un tableau indiquant leur largeur et leur hauteur sous clef, afin qu'on puisse s'assurer s'ils présentent un débouché suffisant à l'écoulement des eaux.

ART. 7. — Ils seront tenus également de construire à leurs frais, sous le chemin de fer et ses embranchemens, tous les aqueducs qui seront jugés nécessaires pour l'écoulement des eaux, la facilité des irrigations et l'assèchement des terres riveraines. Ils seront autorisés à établir des rigoles pour l'écoulement des eaux rassemblées dans les fossés du chemin de fer, sous les conditions de payer à qui de droit, des indemnités réglées à l'amiable ou suivant la loi, et sous la réserve des droits actuellement acquis.

ART. 8. — Si dans les endroits où le chemin de fer traversera des cours d'eau, la direction arrêtée ne permet pas de donner aux ponts qui seront construits sur ce cours d'eau, une hauteur de 50 centimètres sous clef ou sous poutre au dessus de la ligne des plus hautes eaux connues, les concessionnaires seront tenus de présenter et soumettre leurs projets à l'approbation du directeur-général des ponts-et-chaussées.

ART. 9. — L'inclinaison des rampes d'accession des chemins vicinaux et ruraux et des chemins de desserte sur le chemin de fer, et réciproquement, ne dépasseront pas 0 m. 05 c. par mètre.

ART. 10. — Il sera placé des bornes, poteaux ou lisses à l'intersection du chemin de fer avec les routes royales ou départementales, partout où ces bornes ou poteaux seront nécessaires pour prévenir les accidens.

ART. 11. — L'administration est autorisée à acquérir les terrains nécessaires à la construction du chemin; elle se conformera à ce sujet aux dispositions de la loi du 8 mars 1810.

ART. 12. — Notre ministre secrétaire d'Etat de l'intérieur est chargé de l'exécution de la présente ordonnance.

Donné le 21 mars 1830.

Signé CHARLES.

Par le roi :
Le ministre secrétaire d'État au département de l'intérieur,

Signé MONTBEL.

Pour copie conforme :
Le conseiller d'État, directeur-général des ponts-et-chaussées et des mines,

Signé BECQUEY.

---

23 juillet 1833.

Ordonnance qui approuve la convention passée entre les concessionnaires du chemin de fer d'Andrézieux et ceux du chemin de fer de Roanne, relativement au transport des marchandises et de la jonction des deux chemins de fer au pont de la Quérillère.

Louis-Philippe, roi des Français,

Sur le rapport de notre ministre secrétaire d'Etat au département du commerce et des travaux publics;

Vu l'ordonnance du 27 août 1828, qui autorise les sieurs Mellet et Henry, à établir à leurs frais, moyennant la concession perpétuelle d'un droit de péage, un chemin de fer d'Andrézieux à Roanne;

Vu l'ordonnance postérieure du 21 mars 1830, qui approuve le tracé de ce chemin entre le domaine Muron et l'avenue du château d'Ailly;

Vu le plan du tracé de la partie comprise entre le domaine Muron et le chemin de fer de Saint-Etienne à Andrézieux ;

Vu la soumission en date 7 juin 1833, par laquelle les concessionnaires dudit chemin de fer de Saint-Etienne à Andrézieux, s'obligent à transporter, entre le pont de la Querillère et Andrézieux, et aux prix du tarif des sieurs Mellet et Henry, les marchandises allant d'Andrézieux à Roanne ou de Roanne à Andrézieux ;

Vu l'avis du conseil général des ponts-et-chaussées ;

Notre conseil d'Etat entendu,

Nous avons ordonné et ordonnons ce qui suit :

Art. 1er. — Le tracé du chemin de fer d'Andrézieux à Roanne, entre le domaine Muron et le chemin de fer de Saint-Etienne à Andrézieux, est et demeure approuvé tel qu'il est exprimé par des lignes rouges sur le plan signé les 7 et 8 juin 1832, par les concessionnaires de ces deux chemins, lequel plan demeurera annexé à la présente ordonnance.

Art. 2. — Les concessionnaires du chemin de fer de Saint-Etienne à Andrézieux seront tenus, ainsi qu'ils en ont souscrit l'engagement le 7 juin 1833, d'opérer, aux prix du tarif concédé aux sieurs Mellet et Henry, et sur l'espace compris entre le point de jonction de la Querillère et le port d'Andrézieux, le transport des marchandises passant d'un chemin sur l'autre tant en descente qu'en remonte.

Art. 3. — Notre ministre secrétaire d'Etat au département du commerce et des travaux publics est chargé de l'exécution de la présente ordonnance.

Signé LOUIS-PHILIPPE.

Par le roi :

Le ministre secrétaire d'Etat au département du commerce et des travaux publics,

Signé A. THIERS.

————————————

CIRCULAIRE DU PRÉFET DE LA LOIRE A MM. LES PROCUREURS DU ROI DE MONTBRISON, SAINT-ÉTIENNE ET ROANNE.

Montbrison, le 23 mars 1836.

Monsieur le procureur du roi,

Un chemin de fer étant une propriété publique, ne peut être ainsi immobilièrement en tout ou en partie, non plus que son matériel et ses dépendances.

La saisie des produits du péage ne pourrait même avoir effet qu'après le prélèvement des sommes nécessaires pour assurer l'entretien et le service du chemin de fer.

La compagnie du chemin de fer de Roanne à Andrézieux éprouve d'assez grands embarras financiers qui pourraient bien donner lieu à des poursuites judiciaires de la part des créanciers ; déjà il m'a été rapporté que quelques-uns de ceux-ci avaient l'intention de faire saisir et vendre, soit le matériel du chemin de fer, soit le chemin lui-même.

S'il en était ainsi, l'administration aurait à intervenir pour s'opposer formellement à toute action de ce genre ; mais comme les tribunaux pourraient être saisis de questions se rattachant à cette affaire, je crois nécessaire de vous faire connaître les principes qui guideraient l'administration (le cas échéant), dans le cours des débats qui pourraient naître de la situation actuelle de la compagnie.

Lorque le gouvernement, au lieu d'entreprendre lui-même les travaux publics réclamés par les besoins du pays, en confie l'exécution à des concessionnaires, il leur accorde, pour indemnités de leurs dépenses, la jouissance temporaire ou perpétuelle des péages qu'il établit sur cette nouvelle voie de communication ; mais il ne leur accorde pas la *propriété* de ces travaux, dans le sens que le code civil attache à ce mot. La compagnie concessionnaire a incontestablement le droit de jouir du péage qui lui a été concédé ; mais elle n'a pas le droit de *disposer* des terrains, des constructions, des rails, ni d'aucun autre objet dépendant du chemin de fer. Une fois établi, ce chemin constitue une nouvelle voie de communication qui, comme les routes ordinaires, entre dans le domaine public et n'est pas même susceptible d'une propriété privée. Il n'y a, dans le cahier des charges relatif au chemin de fer d'Andrézieux à Roanne, aucune clause qui permette de soutenir que la compagnie est *propriétaire* de ce chemin ; l'article 8 déclare, au contraire, que « pour indemniser la compagnie des dépenses qu'elle s'engage à faire, le gou-« vernement lui concède à perpétuité l'autorisation de percevoir les droits qui « seront déterminés par l'adjudication. » Cette *autorisation de percevoir un péage* est donc le seul droit que la compagnie ait reçu pour prix de ses travaux.

Ces principes ont été reconnus par la cour royale de Lyon elle-même, par arrêt du 15 février 1833, relatif au chemin de fer de Saint-Étienne à Lyon, et dans lequel elle déclare qu'il n'est pas exact d'assimiler, d'une manière absolue, le chemin de fer à une propriété particulière, parce que le signe caractéristique du domaine privé, est le droit d'user et d'abuser de la chose possédée à ce titre, tandis que les chemins de fer sont réservés à une destination qui ne pourrait être changée, quelle que fût, à cet égard, la volonté des concessionnaires ; d'où la cour a conclu que l'on était fondé, sous ce rapport, à considérer les chemins de fer comme des propriétés publiques, comme des parties du sol consacré pour toujours à un but d'utilité générale.

Le créancier qui croirait pouvoir faire saisir immobilièrement le chemin de fer, son matériel et ses dépendances, méconnaîtrait les principes qui doivent régir ce genre de propriété, et je ne puis croire que les tribunaux se prêteraient à la mise en adjudication d'un immeuble dépendant du domaine public.

Aussi, M. le ministre du commerce, après avoir rappelé les principes ci-dessus, ajoute : « On sentira facilement que l'administration ne pourrait jamais laisser exé-
« cuter une décision judiciaire qui ordonnerait la mise en adjudication du chemin de
« fer, et encore moins son adjudication par parties ; mais je ne puis croire que les
« tribunaux consacrent une mesure qui serait aussi contraire à la destination con-
« nue de cette propriété.

« La saisie des produits du péage ne pourrait même avoir effet, qu'après le
« prélèvement des sommes nécessaires pour assurer l'entretien et le service du
« chemin de fer ; car l'article 8 du cahier des charges oblige la compagnie à exé-
« cuter *constamment*, avec soin, exactitude et *célérité*, à ses frais et par *ses*
« *propres moyens*, le transport des denrées, marchandises et matières qui lui
« seront confiées ; et l'article 10 ajoute que la compagnie sera soumise *au contrôle*
« *et à la surveillance de l'administration*, tant pour l'exécution et l'entretien
« des ouvrages, que pour l'accomplissement des clauses énoncées dans le présent
« cahier des charges. C'est donc un droit et même un devoir pour l'administration
« de veiller à ce que le service des transports sur le chemin de fer n'éprouve au-
« cune interruption. »

Dans l'état des choses, l'administration doit suivre attentivement les actions qui pourraient être portées devant le tribunal de votre arrondissement. Si elles n'avaient d'autre effet que d'assurer aux créanciers le produit net des péages, déduction faite des sommes nécessaires à l'entretien et à l'exploitation du chemin, nous n'aurions point à intervenir ; mais si les créanciers provoquaient la mise en vente, soit partielle, soit totale, du chemin de fer et de son matériel, où s'ils mettaient la main sur les produits bruts du péage, sans laisser libre la part néces-saire à l'entretien et au service du chemin, vous voudriez bien immédiatement m'en donner avis, afin que je puisse prendre les instructions du gouvernement.

Enfin, je vous serai obligé de me faire connaître, en temps utile, tous les faits qui seraient l'objet d'instances devant le tribunal de votre ressort, pour que nous puissions, au besoin, veiller à la conservation des intérêts de l'Etat ou du public.

Agréez, etc.

Le préfet de la Loire, *Signé* Sers.

Lois Diverses sur les Chemins de Fer.

❦

LOI RELATIVE A LA CONCESSION D'UN EMBRANCHEMENT DU CHEMIN DE FER D'ANDRÉZIEUX A ROANNE SUR MONTBRISON A MONTROND.

Au palais des Tuileries, le 26 avril 1833.

Louis-Philippe, roi des Français, à tous présens et à venir, salut.

Les chambres ont adopté, nous avons ordonné et ordonnons ce qui suit :

ART. 1er. — Le gouvernement est autorisé à procéder avec publicité et concurrence à la concession d'un embranchement (¹) du chemin de fer d'Andrézieux à Roanne sur Montbrison à Montrond.

(¹) Tous grands travaux publics, routes royales, canaux, chemins de fer, canalisation de rivières, bassins et docks, entrepris par l'État ou par compagnies particulières avec ou sans péage, avec ou sans subside du trésor, avec ou sans aliénation du domaine public, ne pourront être exécutés qu'en vertu d'une loi, qui ne sera rendue qu'après une enquête administrative.

Une ordonnance royale suffira pour autoriser l'exécution des routes, des canaux et chemins de fer d'embranchement de moins de vingt mille mètres de longueur, des ponts et de tous autres travaux de moindre importance.

Cette ordonnance devra également être précédée d'une enquête.

Ces enquêtes auront lieu dans les formes déterminées par un règlement d'administration publique.

(*Art. 3 de la loi du 7 juillet 1833 sur l'expropriation pour cause d'utilité publique.*)

La durée de la concession n'excédera pas quatre-vingt-dix-neuf années ; elle pourra comprendre un des accotemens de la route départementale n. 1, de Lyon à Montbrison, laquelle devra conserver sur tout son développement une largeur d'au moins six mètres quatre-vingts centimètres.

Toutefois, les autorisations données par la présente loi resteront sans effet, si avant l'ouverture des concours, et à des conditions jugées par l'aministration équivalentes au tarif du péage à eux concédé, les concessionnaires du pont de Montrond n'ont pas consenti à l'établissement du chemin de fer sur ce pont. Ces conditions acceptées seront insérées au cahier des charges.

ART. 2. — Le cahier des charges prescrira les mesures nécessaires.

1° Pour que le service de la route et celui du chemin de fer puissent s'effectuer sans gêne mutuelle ;

2° Pour assurer les droits d'accession à la route des riverains dont les propriétés en seraient séparées par le chemin de fer.

ART. 3. — L'administration fera les règlemens nécessaires pour assurer la police et la sûreté de la voie publique.

ART. 4. — Le maximum du droit à percevoir sur le chemin de fer ne pourra excéder quinze centimes par mille kilogrammes de marchandises, et par mille mètres de distance.

La présente loi, discutée, délibérée et adoptée par la chambre des pairs et par celle des députés, et sanctionnée par nous cejourd'hui, sera exécutée comme loi de l'Etat.

Fait au palais des Tuileries, le 26ᵉ jour du mois d'avril, l'an 1833.

Signé LOUIS-PHILIPPE.

Par le roi :

Le ministre secrétaire d'Etat au département du commerce et des travaux publics,

Signé A. THIERS.

LOI RELATIVE A L'ÉTABLISSEMENT D'UN CHEMIN DE FER D'ALAIS A BEAUCAIRE.

Au palais des Tuileries, le 29 juin 1833.

Louis-Philippe, roi des Français, à tous présens et à venir, salut.

Les chambres ont adopté, nous avons ordonné et ordonnons ce qui suit :

ART. 1er. — L'adjudication passée au profit des sieurs Talabot, Veaute, Abric et Mourier, à la charge par eux d'exécuter à leurs frais, risques et périls, un chemin de fer d'Alais à Beaucaire, est approuvée.

Toutes les clauses et conditions stipulées dans le cahier des charges accepté par lesdits sieurs Talabot, Veaute, Abric et Mourier, ainsi que dans la soumission qu'ils ont souscrite le 11 mars 1833, recevront leur pleine et entière exécution.

ART. 2. — Les concessionnaires seront tenus de se soumettre aux règlemens d'administration publique qui interviendront dans l'intérêt de la police et de la sûreté de la circulation.

Ces règlemens détermineront, d'après une enquête préalable, les lieux de chargement et de déchargement qu'il est nécessaire d'établir dans l'intérêt public et des riverains.

La présente loi, discutée, délibérée et adoptée par la chambre des pairs et par celle des députés, et sanctionnée par nous cejourd'hui, sera exécutée comme loi de l'Etat.

Fait au palais des Tuileries, le 29e jour du mois de juin, l'an 1833.

Signé LOUIS-PHILIPPE.

Par le roi :

Le ministre secrétaire d'Etat au département du commerce et des travaux publics,

Signé A. THIERS.

LOI QUI AUTORISE L'ÉTABLISSEMENT D'UN CHEMIN DE FER DE PARIS A SAINT-GERMAIN.

Au palais de Neuilly, le 9 juillet 1835.

Louis-Philippe, roi des Français, à tous présens et à venir, salut.

Nous avons proposé, les chambres ont adopté, nous avons ordonné et ordonnons ce qui suit :

ART. 1er. — L'offre faite par le sieur Emile Pereire d'exécuter à ses frais, risques et périls, un chemin de fer de Paris à Saint-Germain, est acceptée.

ART. 2. — Toutes les clauses et conditions, soit à la charge de l'Etat, soit à la charge du sieur Emile Pereire, arrêtées, sous les dates des 20 mars et 12 mai 1835, par le ministre secrétaire d'Etat de l'intérieur, et acceptées, sous la date des mêmes jours, par ledit sieur Emile Pereire, recevront leur pleine et entière exécution.

Le cahier de ces clauses et conditions restera annexé à la présente loi.

ART. 3. — Si les travaux ne sont pas commencés dans le délai d'une année, à partir de la promulgation de la présente loi, le sieur Emile Pereire, par ce seul fait, et sans qu'il y ait lieu à aucune mise en demeure ni notification quelconque, sera déchu de plein droit de la concession du chemin de fer.

ART. 4. — Si les travaux commencés ne sont pas achevés dans le délai de quatre ans, le concessionnaire, après avoir été mis en demeure, encourra la déchéance, et il sera pourvu à la continuation et à l'achèvement des travaux par le moyen d'une adjudication nouvelle, ainsi qu'il est réglé au cahier des charges.

ART. 5. — Si le chemin de fer, une fois terminé, n'est pas constamment entretenu en bon état, il y sera pourvu d'office, à la diligence de l'administration et aux frais du concessionnaire. Le montant des avances faites sera recouvré par des rôles que le préfet du département rendra exécutoires.

La présente loi, discutée, délibérée et adoptée par la chambre des pairs et par celle des députés, et sanctionnée par nous cejourd'hui, sera exécutée comme loi de l'Etat.

Fait au palais de Neuilly, le 9e jour du mois de juillet, l'an 1835.

Signé LOUIS-PHILIPPE.

Par le roi :

Le ministre secrétaire d'Etat au département de l'intérieur,

Signé A. THIERS.

CAHIER DES CHARGES POUR L'ÉTABLISSEMENT D'UN CHEMIN DE FER DE PARIS A SAINT-GERMAIN.

ART. 1er. — La compagnie s'engage à exécuter, à ses frais, risques et périls, et à terminer dans le délai de quatre années au plus tard, à dater de la promulgation de la loi qui ratifiera, s'il y a lieu, la concession, ou plus tôt si faire se peut, tous les travaux nécessaires à l'établissement et à la confection d'un chemin de fer de Paris a Saint-Germain , et de manière que ce chemin soit praticable dans toutes ses parties à l'expiration du délai ci-dessus fixé.

Art. 2. — Le chemin de fer partira de l'intérieur de Paris , et d'un point pris à droite ou à gauche de la rue Saint-Lazare. Il passera souterrainement sous les terrains de Tivoli , sous l'aqueduc de ceinture , le mur d'enceinte et la portion bâtie de la commune des Batignoles. Il se dirigera ensuite sur Asnières , et traversera la Seine en amont du pont d'Asnières. De là , et par la garenne de Colombes , il suivra un tracé qui le rapprochera de nouveau de la rivière de la Seine , qu'il traversera une seconde fois en aval du port de Chatou ; de ce point, et par le bois du Vésinet , il viendra aboutir au nouveau pont du Pec , sur la rive droite de la Seine.

Le niveau des rails du chemin de fer, à l'entrée du souterrain , vers la rue St-Lazare , se trouvera à seize mètres soixante-un centimètres en contre-bas du repère n. 258 du nivellement de la ville de Paris , incrusté sur le regard de l'aqueduc de ceinture de la barrière de Monceau.

La pente maximum du chemin de fer ne dépassera pas trois millimètres par mètre.

Art. 3. — Dans le délai de six mois au plus , à dater de l'homologation de la concession , la compagnie devra soumettre à l'approbation de l'administration supérieure , rapporté sur un plan de cinq millimètres par mètre , le tracé définitif du chemin de fer de Paris à Saint-Germain , d'après les indications de l'article précédent. Elle indiquera , sur ce plan , la position et le tracé des gares de stationnement et d'évitement, ainsi que des lieux de chargement et de déchargement. A ce même plan devra être joint un profil en long , suivant l'axe du chemin de fer, et un devis explicatif comprenant la description des ouvrages.

En cours d'exécution , la compagnie aura la faculté de proposer les modifications qu'elle pourrait juger utile d'introduire ; mais ces modifications ne pourront être exécutées que moyennant l'approbation préalable et le consentement formel de l'administration supérieure.

Art. 4. — Le chemin de fer aura deux voies au moins sur tout son développement.

Art. 5. — La distance entre les bords intérieurs des rails ne pourra être moindre de un mètre quarante-quatre centimètres , et celle comprise entre les faces extérieures des rails ne pourra être de plus d'un mètre cinquante-six centimètres. L'écartement intérieur compris entre les rails de chaque voie ne sera pas moins d'un mètre quatre-vingts centimètres, excepté au passage des souterrains et des ponts, où cette dimension pourra être réduite à un mètre quarante-quatre centimètres.

ART. 6. — Les alignemens devront se rattacher suivant des courbes dont le rayon minimum est fixé à huit cents mètres, et dans le cas de ce rayon minimum, les raccordemens devront, autant que possible, s'opérer sur des paliers horizontaux.

La compagnie aura la faculté de proposer aux dispositions de cet article, comme à celles de l'article précédent, les modifications dont l'expérience pourra indiquer l'utilité et la convenance ; mais ces modifications ne pourront être exécutées que moyennant l'approbation préalable et le consentement formel de l'administration supérieure.

ART. 7. — Il sera pratiqué au moins cinq gares entre Paris et Saint-Germain, indépendamment de celles qui seront nécessairement établies aux points de départ et d'arrivée.

Ces gares seront placées en dehors des voies et alternativement pour chaque voie. Leur longueur, raccordement compris, sera de deux cents mètres au moins, leur emplacement et leur surface seront ultérieurement déterminés de concert entre la compagnie et l'administration.

ART. 8. — A moins d'obstacles locaux, dont l'appréciation appartiendra à l'administration, le chemin de fer, à la rencontre des routes royales ou départementales, devra passer soit au dessus, soit au dessous de ces routes.

Les croisemens de niveau seront tolérés pour les chemins vicinaux, ruraux et particuliers.

ART. 9. — Lorsque le chemin de fer devra passer au dessus d'une route royale ou départementale, l'ouverture du pont ne sera pas moindre de huit mètres, dont six pour le passage des voitures et deux pour les trottoirs. La hauteur, sous clef, à partir de la chaussée de la route, sera de six mètres au moins ; la largeur entre les parapets sera de sept mètres, et la hauteur de ces mêmes parapets de un mètre trente centimètres au moins.

ART. 10. — Lorsque le chemin de fer devra passer au dessous d'une route royale ou départementale, ou d'un chemin vicinal, la largeur entre les parapets du pont qui supportera la route ou le chemin, sera fixée au moins à huit mètres pour une route royale, à sept mètres pour une route départementale, et à six mètres pour un chemin vicinal.

ART. 11. — Lorsque le chemin de fer traversera une rivière, un canal ou un cours d'eau, le pont aura la largeur de voie et la hauteur de parapets fixées en l'article 9.

Quant à l'ouverture du débouché et à la hauteur sous clef au dessus des eaux, elles seront déterminées par l'administration dans chaque cas particulier, suivant les circonstances locales.

ART. 12. — Les ponts à construire à la rencontre des routes royales ou départementales, et des rivières ou canaux de navigation et de flottage, seront en maçonnerie ou en fer.

ART. 13. — S'il y a lieu de déplacer les routes existantes, la déclivité des pentes ou rampes sur les nouvelles directions ne pourra pas excéder quatre centimètres par mètre pour les routes royales et départementales, et cinq centimètres pour les chemins vicinaux.

ART. 14. — Les ponts à construire à la rencontre des routes royales et départementales, et des rivières ou canaux de navigation et de flottage, ainsi que les déplacemens des routes royales ou départementales, ne pourront être entrepris qu'en vertu de projets approuvés par l'administration supérieure.

Le préfet du département, sur l'avis de l'ingénieur en chef des ponts-et-chaussées et après les enquêtes d'usage, pourra autoriser le déplacement des chemins vicinaux et la construction des ponts à la rencontre de ces chemins, et des cours d'eau non navigables ni flottables.

ART. 15. — Dans le cas où des chemins vicinaux, ruraux ou particuliers, seraient traversés à leur niveau par le chemin de fer, les rails ne pourront être élevés au dessus ou abaissés au dessous de la surface de ces chemins de plus de trois centimètres; les rails et le chemin de fer devront en outre être disposés de manière à ce qu'il n'en résulte aucun obstacle à la circulation.

Des barrières seront tenues fermées de chaque côté du chemin de fer, partout où cette mesure sera jugée nécessaire par l'administration.

Un gardien, payé par la compagnie, sera constamment préposé à la garde et au service de ces barrières.

ART. 16. — La compagnie sera tenue de rétablir et d'assurer à ses frais l'écoulement de toutes les eaux dont le cours serait arrêté, suspendu ou modifié par les travaux dépendant de l'entreprise.

Les aqueducs qui seront construits à cet effet sous les routes royales ou départementales seront en maçonnerie ou en fer.

ART. 17. — A la rencontre des rivières flottables ou navigables, la compagnie sera tenue de prendre toutes les mesures et de payer tous les frais nécessaires pour que le service de la navigation et du flottage n'éprouve ni interruption ni entrave pendant l'exécution des travaux, et pour que ce service puisse se faire et se continuer après leur achèvement comme il avait lieu avant l'entreprise.

La même condition est expressément obligatoire, pour la compagnie, à la rencontre des routes royales et départementales, et autres chemins publics. A cet effet, des routes et ponts provisionnels seront construits par les soins et aux frais de la compagnie, partout où cela sera jugé nécessaire.

Avant que les communications existantes puissent être interceptées, les ingénieurs des localités devront reconnaître et constater si les travaux provisoires présentent une solidité suffisante, et s'ils peuvent assurer le service de la circulation.

Un délai sera fixé pour l'exécution et la durée de ces travaux provisoires.

ART. 18. — Les souterrains destinés au passage du chemin de fer auront, pour deux voies sept mètres de largeur, entre les piédroits, au niveau des rails, et six mètres de hauteur sous clef, à partir de la surface du chemin. La distance verticale entre l'intrados et le dessus des rails extérieurs de chaque voie sera au moins de quatre mètres trente centimètres.

Si les terrains dans lesquels les souterrains seront ouverts présentaient des chances d'éboulement ou de filtration, la compagnie sera tenue de prévenir ou d'arrêter ce danger par des ouvrages solides et *imperméables*.

Aucun ouvrage provisoire ne sera toléré au-delà de six mois de durée.

ART. 19. — Les puits d'airage ou de construction des souterrains ne pourront avoir leur ouverture sur aucune voie publique, et là où ils seront ouverts, ils seront entourés d'une margelle en maçonnerie de deux mètres de hauteur.

ART. 20. — Le chemin de fer sera clôturé et séparé des propriétés particulières par des murs, ou des haies, ou des poteaux avec lisses, ou des fossés avec levées en terre.

Les barrières fermant les communications particulières s'ouvriront sur les terres, et non sur le chemin de fer.

ART. 21. — Tous les terrains destinés à servir d'emplacement au chemin et à toutes ses dépendances, telles que gares de croisement et de stationnement, lieux de chargement ou de déchargement, ainsi qu'au rétablissement des communications déplacées ou interrompues et des nouveaux lits des cours d'eau, seront achetés et payés par la compagnie.

La compagnie est substituée aux droits, comme elle est soumise à toutes les obligations qui dérivent, pour l'administration, de la loi du 7 juillet 1833.

ART. 22. — L'entreprise étant d'utilité publique, la compagnie est investie de

tous les droits que les lois et règlemens confèrent à l'administration elle-même ,
pour les travaux de l'Etat : elle pourra , en conséquence , se procurer, par les mêmes voies , les matériaux de remblai et d'empierrement nécessaires à la construction et à l'entretien du chemin de fer ; elle jouira tant pour l'extraction que pour le
transport et le dépôt des terres et matériaux , des priviléges accordés par les
mêmes lois et règlemens aux entrepreneurs de travaux publics , à la charge par
elle d'indemniser à l'amiable les propriétaires des terrains endommagés , ou , en
cas de non-accord , d'après les règlemens arrêtés par le conseil de préfecture ,
sauf recours au conseil d'Etat , sans que dans aucun cas elle puisse exercer de recours à cet égard contre l'administration.

ART. 23. — Les indemnités pour occupation temporaire ou détérioration de
terrains pour chômage , modification ou destruction d'usines , pour tout dommage
quelconque résultant des travaux, seront supportées et payées par la compagnie.

ART. 24. — Pendant la durée des travaux , qu'elle exécutera d'ailleurs par des
moyens et des agens de son choix , la compagnie sera soumise au contrôle et à la
surveillance de l'administration. Ce contrôle et cette surveillance ne s'exerceront
pas sur les détails particuliers de l'exécution des ouvrages : ils auront pour objet
d'empêcher la compagnie de s'écarter des dispositions qui lui sont prescrites par
le présent cahier de charges.

ART. 25. — A mesure que les travaux seront terminés sur des parties du chemin de fer , de manière que ces parties puissent être livrées à la circulation , il sera
procédé à leur réception par un ou plusieurs commissaires que l'administration
désignera. Le procès-verbal du ou des commissaires délégués ne sera valable
qu'après homologation par l'administration supérieure.

Après cette homologation la compagnie pourra mettre en service lesdites parties
de chemin de fer , et y percevoir les droits de péage et les frais de transport ci-
après déterminés.

Toutefois , ces réceptions partielles ne deviendront définitives que par la réception générale et définitive du chemin de fer.

ART. 26. — Après l'achèvement total des travaux , la compagnie fera faire , à
ses frais , un bornage contradictoire et un plan cadastral de toutes les parties du
chemin et de ses dépendances ; elle fera dresser également à ses frais , et contradictoirement avec l'administration , un état descriptif des ponts , aqueducs et
autres ouvrages d'art qui auront été établis conformément aux conditions du présent cahier des charges.

Une expédition dûment certifiée des procès-verbaux de bornage , du plan cadastral et de l'état descriptif, sera déposée, aux frais de la compagnie, dans les archives de l'administration des ponts-et-chaussées.

A<small>RT</small>. 27. — Le chemin de fer et toutes ses dépendances seront constamment entretenus en bon état, et de manière que la circulation soit toujours facile et sûre.

L'état du chemin et de ses dépendances sera reconnu annuellement, et plus souvent en cas d'urgence ou d'accidens, par un ou plusieurs commissaires que désignera l'administration.

Les frais d'entretien et ceux de réparation, soit ordinaires, soit extraordinaires, resteront entièrement à la charge de la compagnie.

Pour ce qui concerne cet entretien et ces réparations, la compagnie demeure soumise au contrôle et à la surveillance de l'administration.

A<small>RT</small>. 28. — Les frais de visite, de surveillance et de réception des travaux, seront supportés par la compagnie.

Ces frais seront réglés par le directeur-général des ponts-et-chaussées et des mines, sur la proposition du préfet du département, et la compagnie sera tenue d'en verser le montant dans la caisse du receveur-général, pour être distribué à qui de droit.

En cas de non-versement dans le délai fixé, le préfet rendra un rôle exécutoire, et le montant en sera recouvré comme en matière de contributions publiques.

A<small>RT</small>. 29. — La compagnie ne pourra commencer aucuns travaux ni poursuivre aucune expropriation si, au préalable, elle n'a justifié valablement, pardevant l'administration, de la constitution d'un fonds social montant à trois millions au moins, et de la réalisation en espèces d'une somme égale au cinquième de cette somme.

Si dans le délai d'une année, à partir de l'homologation de la présente concession, la compagnie ne s'est pas mise en mesure de commencer les travaux conformément aux dispositions du paragraphe précédent, et si elle ne les a pas effectivement commencés, elle sera déchue de plein droit de la concession du chemin de fer, par ce seul fait, et sans qu'il y ait lieu à aucune mise en demeure ni notification quelconque.

Les plans généraux et particuliers, les devis estimatifs, les nivellemens, profils, sondes et autres résultats d'opérations, rédigés ou recueillis aux frais et par les soins de la compagnie, deviendront la propriété du gouvernement. Moyennant la remise et l'abandon de ces divers documens, et pendant le délai seulement laissé par le second paragraphe du présent article pour l'ouverture des travaux, la compagnie pourra réclamer et obtiendra la restitution du cautionnement déposé pour garantie de sa soumission.

Les travaux une fois commencés, le cautionnement ne sera rendu que par cinquième et à mesure que la compagnie aura exécuté des travaux ou justifiera, par actes authentiques, avoir acquis et payé des terrains sur la ligne du chemin de fer pour des sommes doubles au moins de celles dont elle réclamera la restitution.

Art. 30. — Faute, par la compagnie, d'avoir entièrement exécuté et terminé les travaux du chemin de fer dans les délais fixés par l'article 1er, faute aussi, par elle, d'avoir rempli les diverses obligations qui lui sont imposées par le présent cahier des charges, elle encourra la déchéance, et il sera pourvu, s'il y a lieu, à la continuation et à l'achèvement des travaux, par le moyen d'une adjudication qu'on ouvrira sur les clauses du présent cahier des charges, et sur une mise à prix des ouvrages déjà construits, des matériaux approvisionnés, des terrains achetés, des portions du chemin déjà mises en exploitation, et, s'il y a lieu, de la partie non encore restituée du cautionnement.

Cette adjudication sera dévolue à celui des nouveaux soumissionnaires qui offrira la plus forte somme pour les objets compris dans la mise à prix.

Les soumissions pourront être inférieures à la mise à prix.

La compagnie évincée recevra de la nouvelle compagnie concessionnaire la valeur que la nouvelle adjudication aura ainsi déterminée pour lesdits objets.

Si l'adjudication ouverte comme il vient d'être dit n'amène aucun résultat, une seconde adjudication sera tentée sur les mêmes bases, après un délai de six mois, et si cette seconde tentative reste également sans résultat, la compagnie sera définitivement déchue de tous droits à la présente concession, excepté cependant pour les parties de chemin de fer déjà mises en exploitation, dont elle conservera la jouissance jusqu'au terme fixé par l'article 33, à la charge par elle, sur les parties non terminées, de remplir, pour les terrains qu'il ne serait pas reconnu utile de conserver à la voie publique, les prescriptions des articles 60 et suivans de la loi du 7 juillet 1833, d'enlever tous les matériaux, engins, machines, etc.; enfin, de faire disparaître toute cause de préjudice résultant des travaux exécutés pour les territoires sur lesquels ils seraient situés. Si, dans un délai qui sera fixé par l'administration, elle n'a pas satisfait à toutes ces obligations, elle y sera contrainte par toutes les voies de droit.

Les précédentes stipulations ne sont point applicables au cas où le retard ou la cessation des travaux proviendraient de force majeure régulièrement constatée.

Art. 31. — La contribution foncière sera établie en raison de la surface des terrains occupés par le chemin de fer et par ses dépendances; la cote en sera calculée, comme pour les canaux, conformément à la loi du 25 avril 1803, dans la proportion assignée aux terres de meilleure qualité.

Les bâtimens et magasins dépendant de l'exploitation du chemin de fer seront assimilés aux propriétés bâties dans la localité.

Art. 32. — L'administration arrêtera, de concert avec la compagnie, ou du moins après l'avoir entendue, les mesures et les dispositions nécessaires pour assurer la police, la sûreté, l'usage et la conservation du chemin de fer et des ouvrages qui en dépendent. Toutes les dépenses qu'entraînera l'exécution de ces mesures et de ces dispositions resteront à la charge de la compagnie.

La compagnie est autorisée à faire, sous l'approbation de l'administration, les règlemens qu'elle jugera utiles pour le service et l'exploitation du chemin.

Les règlemens dont il s'agit dans les deux paragraphes précédens seront obligatoires pour la compagnie et pour toutes celles qui obtiendraient ultérieurement l'autorisation d'établir des lignes de chemin de fer d'embranchement ou de prolongement, et en général pour toutes les personnes qui emprunteraient l'usage du chemin de fer.

Art. 33. — Pour indemniser la compagnie des travaux et dépenses qu'elle s'engage à faire par le présent cahier des charges, et sous la condition expresse qu'elle en remplira exactement toutes les obligations, le gouvernement lui concède pendant le laps de quatre-vingt-dix-neuf ans, à dater de l'homologation de la présente concession, l'autorisation de percevoir les droits de péage et les prix de transport ci-après déterminés. Il est expressément entendu que les prix de transport ne seront dus à la compagnie qu'autant qu'elle effectuerait elle-même ce transport à ses frais et par ses propres moyens.

La perception aura lieu par kilomètre, sans égard aux fractions de distance : ainsi un kilomètre entamé sera payé comme s'il avait été parcouru ; néanmoins, pour toute distance parcourue, moindre de six kilomètres, le droit sera perçu comme pour six kilomètres entiers.

Le poids du tonneau ou de la tonne est de mille kilogrammes. Les fractions de poids ne seront comptées que par quart de tonne : ainsi tout poids compris entre un quart et une demi-tonne payera comme une demi-tonne ; tout poids compris entre une demi-tonne et trois quarts de tonne payera comme trois quarts de tonne, etc.

TARIF.

Par tête et par kilomètre.	PRIX DE		
	Péage.	Transport.	TOTAL.
Voyageurs (non compris le dixième du prix des places dû au trésor public)...	0f 05c	0f 025	0f 075
Bestiaux... Bœufs, vaches, taureaux transportés par voitures.	0 06	0 04	0 10
Cheval, mulet, bêtes de trait.	0 04	0 02	0 06
Veaux et porcs.	0 01	0 01	0 02
Moutons, brebis, chèvres.	0 01	0 0075	0 0175
Par tonne de houille et par kilomètre.	0 05	0 03	0 08
Marchandises par tonne et par kilomètre. 1re CLASSE. Pierre à chaux et à plâtre, moellons, meulières, cailloux, sable, argile, tuiles, briques, ardoises, fumier et engrais, pavés et matériaux de toute espèce pour la construction et la réparation des routes. .	0 07	0 05	0 12
2e CLASSE. Blés, grains, farines, chaux et plâtres, minerais, coke, charbon de bois, bois à brûler (dit *de corde*), perches, chevrons, planches, madriers, bois de charpente, marbres en blocs, pierre de taille, bitume, fonte brute, fer en barres ou en feuilles, plomb en saumons.	0 09	0 05	0 14
3e CLASSE. Fontes moulées, fer et plomb ouvrés, cuivre et autres métaux ouvrés ou non; vinaigres, vins, boissons et spiritueux, huiles; cotons et autres lainages, bois de menuiserie, de teinture et autres bois exotiques; sucre, café, drogues, épiceries, denrées coloniales; objets manufacturés.	0 10	0 06	0 16
Objets divers.			
Voitures sur plate-forme.	0 18	0 10	0 28
Machine locomotive, avec ou sans chariot, soit qu'elle remorque un convoi, ou qu'elle soit remorquée elle-même.	0 18	»	»
Et par tonne de son poids réel.	»	0 06	»
Chaque wagon ou chariot ou autre voiture, destiné au transport sur le chemin de fer et y passant à vide.	0 08	0 04	0 12
Les mêmes wagons ou voitures payeront comme voitures à vide, indépendamment du prix qui serait dû pour leur chargement, toutes les fois que ce chargement ne sera pas d'une tonne au moins.			

ART. 34. — Les denrées, marchandises, effets, animaux, et autres objets non désignés dans le tarif précédent, seront rangés, pour les droits à percevoir, dans les classes avec lesquelles ils auraient le plus d'analogie.

ART. 35. — Les droits de péage et les prix de transport déterminés au tarif précédent ne sont point applicables :

1° A toute masse indivisible pesant plus de trois mille kilogrammes ;

2° A toute voiture pesant avec son chargement plus de quatre mille kilogrammes.

Néanmoins la compagnie ne pourra se refuser ni à transporter les masses indivisibles pesant de trois à cinq mille kilogrammes, ni à laisser circuler toute voiture qui, avec son chargement, peserait de quatre à huit mille kilogrammes ; mais les droits de péage et les frais de transport seront augmentés de moitié.

La compagnie ne pourra être contrainte à transporter les masses indivisibles pesant plus de cinq mille kilogrammes, ni à laisser circuler les voitures qui, chargement compris, pèseraient plus de huit mille kilogrammes.

ART. 36. — Les prix de transport déterminés au tarif précédent ne sont point applicables :

1° Aux denrées et objets qui, sous le volume d'un mètre cube, ne pèsent pas deux cents kilogrammes ;

2° A l'or et à l'argent, soit en lingots, soit monnayés ou travaillés ; au plaqué d'or ou d'argent, au mercure et au platine, ainsi qu'aux bijoux, pierres précieuses et autres valeurs ;

3° Et en général à tout paquet ou colis pesant isolément moins de deux cent cinquante kilogrammes, à moins que ces paquets ou colis ne fassent partie d'envois pesant ensemble une demi-tonne et au-delà, d'objets expédiés à ou par une même personne et d'une même nature, quoique emballés à part, tels que sucres, cafés, etc.

Dans les trois cas ci-dessus spécifiés les prix de transport seront librement débattus avec la compagnie.

ART. 37. — Au moyen de la perception des droits et des prix réglés ainsi qu'il vient d'être dit, et sauf les exceptions stipulées ci-dessus, la compagnie contracte l'obligation d'exécuter constamment, avec soin, exactitude et célérité, à ses frais et par ses propres moyens, le transport des voyageurs, bestiaux, denrées, marchandises et matières quelconques qui lui seront confiées.

ART. 38. — Les agens et gardes que la compagnie établira, soit pour opérer la perception des droits, soit pour la surveillance et la police du chemin et des ouvrages qui en dépendent, pourront être assermentés, et seront, dans ce cas, assimilés aux gardes-champêtres.

ART. 39. — A l'époque fixée pour l'expiration de la présente concession, et par le fait seul de cette expiration, le gouvernement sera subrogé à tous les droits de la compagnie dans la propriété des terrains et des ouvrages désignés au plan cadastral mentionné dans l'article 26. Il entrera immédiatement en jouissance du chemin de fer, de toutes ses dépendances et de tous ses produits.

La compagnie sera tenue de remettre en bon état d'entretien le chemin de fer, les ouvrages qui le composent et ses dépendances, tels que gares, lieux de chargement et de déchargement, établissemens aux points de départ et d'arrivée, maisons de gardes et de surveillans, bureaux de perception, machines fixes, et en général tous autres objets immobiliers qui n'auront pas pour destination distincte et spéciale le service des transports.

Dans les cinq dernières années qui précéderont le terme de la concession, le gouvernement aura le droit de mettre saisie-arrêt sur les revenus du chemin de fer, et de les employer à rétablir en bon état le chemin et toutes ses dépendances, si la compagnie ne se mettait pas en mesure de satisfaire pleinement et entièrement à cette obligation.

Quant aux objets mobiliers, tels que machines locomotives, wagons, chariots, voitures, matériaux, combustibles et approvisionnemens de tout genre et objets immobiliers non compris dans l'énumération précédente, la compagnie en conservera la propriété, si mieux elle n'aime les céder à l'Etat, qui sera tenu, dans ce cas, de les reprendre à dire d'experts.

Art. 40. — Dans le cas où le gouvernement ordonnerait ou autoriserait la construction de routes royales, départementales ou vicinales, de canaux ou de chemins de fer, qui traverseraient le chemin de fer projeté, la compagnie ne pourra mettre obstacle à ces traversées, mais toutes dispositions seront prises pour qu'il n'en résulte aucun obstacle à la construction ou au service du chemin de fer, ni aucuns frais particuliers pour la compagnie.

Art. 41. — Toute exécution ou toute autorisation ultérieure de route, de canal, de chemin de fer, de travaux de navigation, dans la contrée où est situé le chemin de fer projeté, ou dans toute autre contrée voisine ou éloignée, ne pourra donner ouverture à aucune demande en indemnité de la part de la compagnie.

Art. 42. — Le gouvernement se réserve expressément le droit d'accorder de nouvelles concessions de chemin de fer s'embranchant sur le chemin de fer de Paris à Saint-Germain, ou qui seraient établis en prolongement du même chemin.

La compagnie du chemin de fer de Paris à Saint-Germain ne pourra mettre aucun obstacle à ces embranchemens ou prolongemens, ni réclamer, à l'occasion de leur établissement, aucune indemnité quelconque, pourvu qu'il n'en résulte aucun obstacle à la circulation, ni aucuns frais particuliers pour la compagnie.

Les compagnies concessionnaires des chemins de fer d'embranchement ou en prolongement, auront la faculté, moyennant les tarifs ci-dessus déterminés, et l'observation des règlemens de police et de service établis ou à établir, de faire circuler leurs voitures, wagons et machines sur le chemin de fer de Paris à Saint-Germain. Cette faculté sera réciproque pour ce dernier chemin à l'égard desdits embranchemens et prolongemens.

Art. 43. — Si le chemin de fer doit s'étendre sur des terrains qui renferment des carrières, ou les traverser souterrainement, il ne pourra être livré à la circulation avant que les excavations qui pourraient en compromettre la solidité, aient été remblayées ou consolidées. L'administration déterminera la nature et l'étendue des travaux qu'il conviendra d'entreprendre à cet effet, et qui seront d'ailleurs exécutés par les soins et aux frais de la compagnie du chemin de fer.

Art. 44. — Si le gouvernement avait besoin de diriger des troupes et un matériel militaire sur l'un des points desservis par la ligne du chemin de fer, la compagnie serait tenue de mettre immédiatement à sa disposition, aux prix déterminés par le tarif, tous les moyens de transport établis pour l'exploitation du chemin de fer.

Art. 45. — La compagnie sera tenue de désigner l'un de ses membres pour recevoir les notifications ou les significations qu'il y aurait lieu de lui adresser. Le membre désigné fera élection de domicile à Paris.

En cas de non-désignation de l'un des membres de la compagnie, ou de non-élection de domicile par le membre désigné, toute signification ou notification adressée à la compagnie prise collectivement, sera valable lorsqu'elle sera faite au secrétariat-général de la préfecture de la Seine.

Art. 46. — Les contestations qui s'élèveraient entre la compagnie concessionnaire et l'administration, au sujet de l'exécution ou de l'interprétation des clauses du présent cahier des charges, seront jugées administrativement par le conseil de préfecture du département de la Seine, sauf recours au conseil d'État.

Art. 47. — Le présent cahier des charges ne sera passible que du droit fixe de un franc.

Art. 48. — La concession ne sera valable et définitive qu'après l'homologation de la loi.

Proposé par le conseiller d'État, directeur-général des ponts-et-chaussées et des mines.

Paris, le 19 mars 1835.

Signé LEGRAND.

Approuvé, le 20 mars 1835.

Le ministre secrétaire d'État au département de l'intérieur,

Signé A. THIERS.

Clauses supplémentaires ajoutées au cahier des charges approuvé le 20 mars 1835 par M. le ministre de l'intérieur, et accepté le même jour par le concessionnaire.

1° Il est expressément stipulé que la compagnie, dans les modifications qu'elle est autorisée à proposer, en vertu du second paragraphe de l'article 3, ne pourra ni s'écarter du tracé général, ni excéder le maximum de pente indiqué dans l'article 2.

2° Les fossés qui serviront de clôture au chemin de fer auront au moins un mètre de profondeur à partir de leurs bords relevés.

3° Dans l'article 24 du cahier des charges, les mots : « *ne s'exerceront pas* « *sur les détails particuliers de l'exécution des ouvrages ; ils* » seront supprimés.

4° Les ponts à construire sur la Seine pourront être construits avec travées en bois et piles et culées en maçonnerie ; mais il sera donné à ces piles et culées l'épaisseur nécessaire pour qu'il soit possible, ultérieurement de substituer aux travées en bois, soit des travées en fer, soit des arches en maçonnerie.

5° Indépendamment des conditions stipulées à l'article 29, la compagnie, avant de pouvoir mettre la main à l'œuvre, sera tenue de porter à trois cent mille francs le cautionnement de deux cent mille francs qu'elle a déjà déposé pour première garantie de sa soumission.

Ce complément de cautionnement aura lieu soit en numéraire, soit en rentes sur l'Etat, soit en autres effets du trésor, avec transfert, au nom de la caisse des dépôts et consignations, de celles de ces valeurs qui seraient nominatives ou à ordre.

6° Dans le cas de déchéance prévu par le second paragraphe de l'article 29, et par dérogation spéciale au troisième paragraphe de ce même article, la moitié du cautionnement déposé par la compagnie deviendra la propriété du gouvernement et restera acquis au trésor public ; l'autre moitié seulement sera restituée moyennant la remise et l'abandon à l'Etat des plans généraux et particuliers, des devis estimatifs, nivellemens, profils, sondes et autres résultats d'opérations, rédigés ou recueillis aux frais et par les soins de la compagnie.

Les travaux une fois commencés, le cautionnement ne sera rendu que par cinquième, ainsi qu'il est stipulé au dernier paragraphe dudit article 29 ; néanmoins le dernier cinquième ne sera remis qu'après l'achèvement et la réception définitive des travaux.

7° Le troisième paragraphe de l'article 33 sera modifié ainsi qu'il suit :

Le poids du tonneau ou de la tonne est de mille kilogrammes ; les fractions de poids ne seront comptées que par dixième de tonnes : ainsi , tout poids au dessous de cent kilogrammes payera comme pour cent kilogrammes ; tout poids compris entre cent et deux cents kilogrammes payera comme pour deux cents kilogrammes, etc.

8° Les quatrième et cinquième paragraphes de l'article 36 seront modifiés ainsi qu'il suit :

Et en général à tout paquet ou colis pesant isolément moins de cent kilogrammes, à moins que ces paquets ou colis ne fassent partie d'envois pesant ensemble plus de deux cents kilogrammes ou au-delà, d'objets expédiés à ou par une même personne et d'une même nature quoiqu'emballés à part , tels que sucres , cafés , etc.

Dans les trois cas ci-dessus spécifiés , les prix de transport seront librement débattus avec la compagnie.

Néanmoins , au dessus de cent kilogrammes et quelle que soit la distance parcourue , le prix de transport d'un colis ne pourra être taxé à moins de quarante centimes (0 fr. 40 c.).

9° Chaque voyageur pourra porter avec lui un bagage dont le poids n'excédera pas quinze kilogrammes , sans être tenu pour le port de ce bagage à aucun supplément pour le prix de sa place.

10° Les frais accessoires non mentionnés au tarif, tels que ceux de chargement, de déchargement et d'entrepôt dans les gares et magasins de la compagnie , seront fixés par un règlement qui sera soumis à l'approbation de l'administration supérieure.

Proposé à l'approbation de M. le ministre de l'intérieur.

Paris, le 12 mai 1835.

Le conseiller d'État , directeur-général des ponts-et-chaussées et des mines ,

Signé LEGRAND.

Approuvé : Paris, le 12 mai 1835.

Le ministre secrétaire d'État de l'intérieur ,

Signé A. THIERS.

Accepté dans toute leur teneur les clauses supplémentaires ci-dessus énoncées :

Paris , le 12 mai 1835.

Signé Emile PEREIRE.

Vu pour être annexé à la loi du 9 juillet 1835.

Le ministre de l'intérieur ,

Signé A. THIERS.

SECONDE PARTIE.

❀

LÉGISLATION ÉTRANGÈRE.

───────

ANGLETERRE.

ANALYSE DES PRINCIPALES DISPOSITIONS DE LA LÉGISLATION ANGLAISE EN MATIÈRE DE CHEMINS DE FER.

Préambule des bills.

Chaque bill contenant concession d'un chemin de fer renferme d'abord un exposé succinct des avantages que présente au commerce, à l'industrie et à l'agriculture l'établissement du chemin projeté.

Concession directe et perpétuelle.

La concession est accordée directement, et à perpétuité, à une compagnie dénommée qui a son sceau, et qui est autorisée à poursuivre et défendre en justice, acquérir et aliéner conformément aux prescriptions indiquées.

Droits d'expropriation conférés à la compagnie.

La compagnie, ses agens, ouvriers et autres agissant pour elle, sont autorisés à entrer dans et sur les héritages des particuliers, à en prendre des relèvemens et des niveaux, à s'approprier et enlever tout ce qui sera nécessaire, à percer,

27

fouir, couper, remblayer, faire des recherches, remuer ou déposer, user et mettre en œuvre, manufacturer toutes terres, pierres, démolitions, arbres, graviers ou sables, ou tous autres matériaux ou choses qu'elle y découvrira ou obtiendra, le tout pour les fins de l'entreprise du chemin de fer.

Elle est également autorisée à faire tous les ouvrages d'art qu'elle jugera convenables, et généralement tout ce qui est nécessaire pour construire, maintenir, réparer, entretenir ledit chemin de fer; le tout en faisant le moins de dommage possible, et en donnant pleine satisfaction à tous les intéressés.

Plans du chemin de fer. Les plans contenant l'indication de tous les terrains nécessaires pour l'exécution de l'entreprise sont déposés aux greffes de justices de paix des comtés, entre les mains des greffiers chez lesquels toutes personnes intéressées peuvent en prendre connaissance, faire faire des extraits ou des copies, en payant un droit au greffier; et ces extraits ou copies font foi en justice.

Écartement et largeur des rails. Chaque bill de concession renferme une fixation de la distance des rails entr'eux et de leur largeur.

JURY.
Le jury statue sur les indemnités. En cas de discussion sur la valeur des héritages dont le propriétaire est dépossédé pour l'établissement d'un chemin de fer, comme en cas d'incapacité des parties, l'indemnité est fixée par le jury.

Le jury, en cas de discussion entre plusieurs vendeurs, détermine le droit de chacun d'eux.

Formation du jury. L'affaire est portée devant le shériff du comté dans lequel les terrains à apprécier sont situés. Ce magistrat désigne dix-huit personnes d'une capacité reconnue, et sans intérêt dans la question, pour former le jury. Ces personnes délibèrent au nombre de douze sous la présidence du shériff, et procèdent comme pour les instances pendantes devant la cour de Westminter. Les parties ont droit de récusation. Le directeur du jury fait appeler en témoignage les personnes qu'il lui paraîtra utile de consulter pour l'instruction de l'affaire; il peut aussi se transporter sur les lieux contentieux. Chaque juré prête serment en entrant en fonctions. S'il appartient à la secte des quakers, son affirmation suffit. Le verdict fixe la somme à payer qui est de suite exigible. Il est sans appel. Cet acte signé par le magistrat est déposé au greffe de la justice de paix, où, en cas de contestation, chaque intéressé peut en prendre communication moyennant un droit.

Le juré ou le témoin qui, légalement appelé, fait défaut, est passible d'une amende de 10 liv. sterl., s'il ne donne bonne et valable excuse. La peine est de 40 liv. sterl. contre le magistrat directeur du jury.

Lorsque l'évaluation donnée par le verdict du jury dépasse la somme offerte par la compagnie pour prix des terrains qui lui ont été cédés, elle reste passible de tous les frais de l'opération. Le propriétaire les paie si ses prétentions sont reconnues exagérées. Dans le cas où la décision rendue s'éloignerait autant des offres de l'une que de la demande de l'autre, les deux parties acquittent les frais par moitié. Enfin, si les vendeurs étaient absens, ou que leur domicile fut inconnu, la compagnie les supporterait en totalité.

Préalablement à toute instruction, une somme de 100 liv. sterl. est déposée par la partie qui provoque la réunion du jury pour garantie des frais de la procédure.

Les fermiers, colons ou détenteurs à un titre quelconque, sont tenus de délaisser immédiatement l'héritage. Le jury règle leurs intérêts. Les dommages qui n'excèdent pas une faible somme sont réglés par les juges de paix.

La compagnie a la faculté de se libérer dans les trois jours qui suivent la date du verdict ou de la convention amiable, soit en versant la somme due entre les mains des ayant-droit, soit en la déposant à la banque à titre de consignation. Elle entre aussitôt après en possession.

Le dépôt à la banque est de rigueur quand la somme offerte est refusée pour quelque cause que ce soit, ou que des contestations s'élèvent entre les co-propriétaires des terrains sur la part leur afférant dans le prix fixé, ou sur les intérêts en provenant.

Les possesseurs actuels ayant fait des poursuites et obtenu des jugemens, seront censés en droit de toucher les indemnités.

Toutes les inscriptions hypothécaires existant sur les terrains cédés sont transférées au nom de la compagnie au moment du paiement des indemnités et de la prise de possession. Si quelque circonstance empêchait ce transfert, le montant de la somme inscrite est déposé à la banque pour le compte et aux frais des vendeurs. Après cette consignation, la compagnie entre de plein droit en jouissance. Enfin, si quelque difficulté sérieuse s'élève sur la validité des hypothèques, elle est portée devant un jury qui fixe par son verdict et la somme à payer par la compagnie, et la personne à qui elle doit être comptée, à moins qu'il n'ordonne le dépôt à la banque.

Lorsqu'après occupation des terrains nécessaires à l'établissement du chemin de fer, il restera au propriétaire des parcelles ayant moins d'un demi-acre d'étendue, la compagnie sera tenue de les acquérir, alors même qu'elle n'en aurait pas l'emploi.

Autorisation d'acquérir plus que la quantité fixée dans un bill.

Indépendamment de l'autorisation donnée à une compagnie d'acquérir tous les terrains nécessaires à la confection de son chemin, elle pourra encore devenir propriétaire de 50 acres en sus de la quantité d'abord fixée, pour y établir des magasins, des entrepôts, des hangars, des réservoirs et tous autres bâtimens servant à l'exploitation de l'entreprise. Les corporations, les mineurs, les incapables pourront consentir à cette aliénation supplémentaire dont l'évaluation et le paiement auront lieu comme pour l'objet principal.

La déviation du projet ne peut excéder cent yards.

La compagnie est autorisée à dévier de son projet dans un rayon qui n'excédera pas cent yards; mais elle ne pourra passer sur les propriétés non comprises dans la cédule, sans le consentement écrit des détenteurs, à moins cependant d'omission involontaire du nom.

Revente de ces terrains.

La compagnie peut revendre de gré à gré ou aux enchères les terrains acquis qu'elle ne pourra utiliser à l'établissement du chemin de fer. Elle doit toutefois faire connaître son intention à cet égard, aux propriétaires primitifs qui auront la faculté de les réacquérir; mais si ceux-ci ne se présentent pas dans le délai de 30 jours, ils seront déchus de tous droits, et la vente pourra avoir lieu.

Occupation accidentelle des terrains.

La compagnie pourra emprunter momentanément les terrains voisins, quelque soit leur nature, pour y déposer les matériaux nécessaires à la construction du chemin de fer, sans être tenue à payer une indemnité préalable, à la charge par elle de dédommager les propriétaires qui devront, en ce cas, former leur demande dans le délai d'un mois. Si l'évaluation du dommage ainsi causé semble ne pas dépasser la somme de 20 livres sterlings, et qu'il y ait néanmoins contestation entre les deux parties, l'affaire sera portée devant deux juges de paix du comté qui, dans cette circonstance, seront substitués au jury.

De même la compagnie ou ses agens sont autorisés à entrer dans les héritages situés sur la ligne du chemin de fer, sans indemnité préalable, à y fouir, tailler, prendre, emporter toute terre, gravois, argile, pierres, sable ou autres matériaux utiles ou propres à l'entreprise ou œuvres accessoires du chemin de fer, en y faisant le moins de dommage possible, et payant tout ce qui sera juste, avant le délai accordé pour l'exécution du chemin de fer. La compagnie devra donner connaissance aux propriétaires des portions de leurs terrains qu'elle se propose d'occuper, les distinguer par des barrières ou autres défenses suffisantes. Ces droits ne pourront être exercés qu'à une certaine distance du chemin de fer déterminée par les bills de concession.

Défense de faire de la brique et d'établir des machines à vapeur à une distance détermi- inée des habitations.

Il ne pourra être fait de la brique ou établi des machines à vapeur qu'à une certaine distance des habitations également déterminée par les bills, sans le consentement préalable des propriétaires.

INCAPABLES.
Paiement et consignation des sommes dues aux corpo- rations ou à des incapables.

Le dépôt à la banque a lieu pour toutes les sommes dues à des corporations ou à des incapables au dessus de 200 liv. sterl. , et elles ne peuvent en être retirées par les ayant-droit que sur l'autorisation de la cour de l'échiquier qui peut prescrire qu'il en soit fait emploi en achat de fonds publics. Au dessous de 200 liv. sterl. le dépôt à la banque est facultatif. Quand il a été effectué , le retrait en est fait de la manière dont il vient d'être dit ; seulement le remploi en achats de fonds ne sera pas exigé si les parties réclamantes sont reconnues solvables , ou présentent une caution suffisante. Lorsque la somme à payer ne s'élève pas au dessus de 20 liv. sterl. , elle est retirée par les représentans légaux des corporations ou des incapables qui , dans ce cas , ne sont pas astreints à se pourvoir d'une autorisation.

Il peut y avoir lieu à rem- oi des immeubles contre autres immeubles.

La cour de l'échiquier peut autoriser ou ordonner l'emploi des sommes déposées au nom de corporations ou d'incapables , en acquisition d'autres immeubles, en remplacement de ceux dont la compagnie s'empare.

Acquisition de gré à gré des incapables.

Le représentant légal de tout incapable est autorisé à vendre à la compagnie de gré à gré , sous autorité de justice , une portion de terrain , dans une limite fixée par les bills.

ROUTES.

Un chemin de fer ne traverse jamais une grande route (*turnpike road*) que sur ou sous un pont le plus ordinairement de 16 pieds de hauteur et de 15 pieds au moins de largeur.

Barrières.

Lorsqu'un chemin de fer traverse un grand chemin (*public high way, not being a turnpike road*) de niveau , la compagnie est tenue d'établir des barrières de chaque côté.

Éclairage des ponts.

La compagnie est tenue d'éclairer à ses frais les ponts sur lesquels le chemin de fer traverse les routes de la métropole et les abords des percemens par lesquels ce chemin passe sous lesdites routes , ainsi que cela est jugé nécessaire par l'inspecteur général. Un règlement est fait à cet égard dans l'intérêt , les convenances et la protection du public.

Les ouvrages relatifs aux

Tous ouvrages ayant rapport aux routes de la métropole doivent être exécutés routes de la métropole doivent être faits sous la direction de l'inspecteur-général.

sous la direction de l'inspecteur-général. Les projets sont approuvés par lui, de même qu'il fixe la dimension et la qualité des matériaux à employer ; et au cas où il ne serait pas satisfait des réparations, entretien ou autres ouvrages quelconques, il pourra les faire exécuter, suivant qu'il le jugera convenable, aux frais de la compagnie qui devra les acquitter sous peine d'être poursuivie comme pour dette.

La compagnie ne peut dévier, en ce qui concerne les routes de la métropole, des plans arrêtés et déposés, sans le consentement écrit de l'inspecteur général, et doit entretenir et réparer tous ouvrages d'art ou autres y attenant.

Ponts sur les canaux.

Les bills de concessions contiennent l'indication détaillée du mode de construction et de réparation de tous les ponts qui doivent passer sur les canaux, de même que l'indication de toutes les règles à suivre en passant sur les diverses propriétés particulières, quand il y a quelques travaux d'art à y faire.

Tunnels.

La compagnie est tenue d'exécuter les *tunnels* ou percées décrits dans ses plans, sans pouvoir y suppléer par des tranchées à ciel ouvert, sans le consentement des propriétaires.

Elle est autorisée à faire des tranchées à l'ouverture desdites percées, et à opérer tous les changemens nécessaires pour les abréger.

Il pourra être établi des ouvertures, œils de bœuf, regards, etc., dans les percées, mais non sur les routes et chemins publics.

Aqueducs et abreuvoirs.

La compagnie doit établir les aqueducs nécessaires pour conduire l'eau des terrains bordiers ; elle doit également construire des abreuvoirs pour les bestiaux, dans le cas où la construction du chemin de fer priverait les propriétés voisines des commodités dont elles jouissaient à cet égard.

MINES.

La compagnie ne peut réclamer aucuns charbons, minerais de fer, pierres à chaux, pierres, ardoises, argiles ou autres mines ou minerais trouvés dans les terrains acquis, si ce n'est la partie nécessaire aux constructions ou à l'établissement du chemin de fer, ou celle qui devra être fouie et transportée. Ces pierres, minerais, chaux, etc., sont exceptés de la vente et appartiennent aux propriétaires ou fermiers qui ne peuvent en être dépossédés.

Toutefois, lorsque lesdits propriétaires ou fermiers voudront entreprendre l'exploitation de mines, carrières, marnières placées à moins de 40 yards du chemin de fer ou des ouvrages qui en dépendent, ils devront prévenir la compagnie par écrit, 20 jours avant de commencer les travaux. Dans le cas où la compagnie du chemin de fer croit que les travaux projetés sont de nature à nuire à son entreprise, elle peut demander à en devenir propriétaire, moyennant une indemnité fixée de gré à gré ou par le jury. Si dans le délai qui lui est accordé, la compagnie ne fait pas connaître son intention d'acquérir, les propriétaires auront toute liberté de commencer leurs travaux d'extraction.

Lorsqu'une compagnie de chemin de fer devient acquéreur d'une exploitation située sous le chemin de fer ou à une distance de 40 yards, il est loisible à tous propriétaires de mines voisines, de pratiquer des communications, galeries d'aérage ou d'épuisement, tranchées, etc., dont les dimensions doivent être néanmoins préalablement déterminées.

Pour s'assurer si des travaux d'extraction s'exécutent sous son chemin de fer, une compagnie peut les faire visiter par ses agens, les mesurer, lever des plans et reconnaître l'état des lieux, afin de faire faire par les entrepreneurs ou, sur leur refus, à leurs frais qu'elle recouvrerait comme s'il s'agissait de la perception de droits de péage, tous les ouvrages, murs, piliers, voûtes et autres appuis propres à prévenir tous accidens.

Aucuns piliers, fosses, carrières, etc., ne peuvent être construits ou creusés dans, sur ou sous le chemin de fer. Il est néanmoins loisible aux propriétaires de mines de fixer et établir des cordes, chaînes, chaînes coulantes ou autres objets nécessaires à leurs exploitations, à charge de ne nuire en rien au chemin de fer et de ne pas en interrompre la libre circulation.

PROPRIÉTAIRES BIVERAINS. Tout chemin de fer doit être séparé des propriétés adjacentes par des barrières.

Portes sur les terrains adjacens au chemin de fer.

Quand un chemin de fer sera terminé, la compagnie le tiendra constamment séparé des terres adjacentes par des barrières, haies, fossés, levées ou autres défenses.

Dans le cas où les propriétaires des terrains ou quelques-uns d'entre eux le jugeraient convenable, comme dans le cas où la compagnie le croirait utile pour elle-même, elle fera et entretiendra toutes portes nécessaires, lesquelles ouvriront sur les terrains et non pas sur le chemin de fer. Ses pouvoirs s'étendront à la construction et à l'entretien desdites clôtures.

La compagnie placera des portes pour la protection des terrains adjacens aux ponts, arches, percées et tous autres passages conduisant au chemin de fer ou en partant. Elles auront les dimensions fixées par les juges de paix. Ces clôtures seront maintenues en bon état de réparation par la compagnie, et, dans le cas où elle se refuserait ou négligerait d'entretenir les ponts, portes, barrières, arches, souterrains et autres passages quelconques, les propriétaires-bordiers le feront faire à ses frais , après néanmoins en avoir obtenu l'autorisation des juges de paix; le tout sans obstruer en aucune manière la libre circulation du chemin de fer.

Dans le cas d'insuffisance des portes faites par la compagnie , les propriétaires sont autorisés à en établir avec son consentement ou , en cas de refus , sur l'autorisation du juge de paix.

Les portes devront être fermées et arrêtées après le passage des personnes , voitures , animaux , etc. , sous peine d'amende.

Embranchemens.

Les propriétaires ou fermiers attenant à la voie du chemin de fer , sont autorisés à faire des embranchemens pour communiquer avec le chemin , à pied , à cheval , avec voitures et charrettes. La compagnie fait à leurs dépens les ouvertures nécessaires pour opérer cette communication , et ne peut exiger aucun droit de péage pour le parcours sur la partie ainsi embranchée. La compagnie n'est pas obligée de laisser établir ces embranchemens sur les points où elle a elle-même construit ou qu'elle destinerait à un usage spécial tel qu'un plan incliné ou un percement ; et s'il s'élevait quelques difficultés à cet égard , elles seraient déférées aux juges de paix.

Les riverains sont autorisés à faire des ponts ou aqueducs.

Les mêmes propriétaires ou fermiers-bordiers ont la faculté d'ouvrir des voies de communication , des ponts , des aqueducs , même des chemins de fer au dessus, au dessous , à travers le chemin de fer , pour leur usage et celui de leurs exploitations rurales ou industrielles , et à leurs frais ; mais à la charge par eux de soumettre leurs plans et projets à la compagnie et de laisser la surveillance de leurs travaux à ses ingénieurs , et à la condition expresse que ces entreprises n'arrêteront jamais la circulation sur la voie ferrée.

Les riverains peuvent traverser le chemin de fer.

Les propriétaires ou détenteurs des terrains bordant un chemin de fer , peuvent le traverser en tout temps et sans payer aucune rétribution , ainsi que leurs serviteurs et leurs bestiaux. Ils ne devront causer aucun dommage , et ne pourront passer que sur la partie qui est aux droits de leurs héritages.

Libre circulation.

Toutes personnes sont libres d'user avec leurs chariots du chemin de fer , des embranchemens et passages , pour arriver avec des denrées , marchandises ou autres objets , bétail ou voyageurs , sur le chemin de fer et sur toutes les parties d'icelui; de faire passer sur ledit chemin de fer des charrettes , wagons ou toutes autres voitures appropriées à cette circulation , à la condition de payer les droits , péages et sommes qui seront demandées par la compagnie , pourvu qu'elles n'excèdent pas les droits, péages et sommes spécifiés dans le bill de concession, et sous l'obligation de se soumettre aux règlemens qui seront faits par la compagnie, en vertu des pouvoirs qui lui sont confiés par le bill de concession.

Les propriétaires et conducteurs de voitures en circulation sur le chemin de fer, autres que celles appartenant à la compagnie, sont tenus de produire un bulletin énonciatif des objets transportés, de leur poids et de leur destination. Le refus de se conformer à cette obligation, ou toute fausse déclaration faite pour se soustraire aux droits à payer, serait punie d'une amende de 40 schellings, et en outre passible de dommages-intérêts en faveur de la compagnie.

Les propriétaires sont responsables des dommages quelconques causés par leurs voitures circulant sur le chemin de fer. Le paiement en sera poursuivi comme s'il s'agissait de la perception de droits de péage et de transport. En ce cas, les maîtres répondent de leurs domestiques, mais ils conservent toute action contre ceux-ci, et peuvent même les faire condamner à un emprisonnement qui peut être porté jusqu'à trois mois.

Toute personne qui, par un dépôt de matériaux ou autrement, obstrue la voie du chemin de fer, encourt l'amende de 5 à 10 liv. sterl. Celle qui détruit quelque partie dudit chemin ou de ses dépendances, est poursuivie comme pour vol.

Le conducteur d'une voiture dont la dimension exagérée, ou le chargement excessif encombrerait la voie, serait passible d'une indemnité de 40 schellings envers la compagnie pour chaque heure de durée de cet encombrement. En outre, tout agent de la compagnie a le droit de faire mettre hors la voie le wagon qui l'obstrue et de le décharger, et il conserve la marchandise pour garantie des frais faits.

Tout agent de la compagnie pourra appréhender au corps et conduire devant le juge toute personne inconnue qui commettrait un dégât au préjudice du chemin de fer. Le juge doit prononcer sans désemparer.

Toute circulation de bestiaux est interdite sur le chemin de fer, ainsi qu'à toute personne à pied, sous peine d'amende, excepté pour le traverser aux lieux appropriés à cet effet.

On ne pourra employer sur le chemin de fer aucune voiture qui n'aurait pas été construite conformément aux règles prescrites, approuvée par l'ingénieur de la compagnie. Ces règles doivent être affichées comme le tarif.

Toutes machines seront également contrôlées par la compagnie dans l'intérêt de la sûreté publique, et ne pourront être employées sur son chemin que de son aveu. Après la demande de toute personne voulant employer une machine locomotive, l'ingénieur de la compagnie devra en faire l'examen, et donner, le cas échéant, un certificat approbatif. La compagnie en conserve l'inspection et peut en interdire l'usage si des réparations deviennent nécessaires.

Les machines doivent être fumivores. Toute machine à vapeur circulant sur le chemin de fer doit consumer sa fumée.

Inscrire les noms du propriétaire sur les voitures. Les propriétaires des voitures doivent y inscrire leur nom d'une manière apparente et dans des dimensions déterminées, ainsi que leur demeure, le numéro, le poids et la jauge de chaque voiture. Ils devront les faire peser, jauger et mesurer par les agens de la compagnie, d'avance et avant de les mettre en service, entretenir ces marques apparentes dans le plus parfait état, sous peine d'amende.

Transports effectués par la compagnie du chemin de fer, et par ses moyens. Toute compagnie de chemin de fer est autorisée à effectuer, par les moyens de traction lui appartenant, le transport des passagers, bestiaux et généralement de tous les objets qui lui sont remis à cet effet. Dans ce cas, elle doit déterminer de temps à autre les conditions auxquelles elle les prendra, sans néanmoins qu'il lui soit permis, ni aux personnes qui pourraient exploiter le chemin de fer en son lieu et place, d'exiger des droits au delà d'un *maximum* déterminé par chaque bill de concession pour le transport des voyageurs.

La compagnie peut affermer le chemin de fer. La compagnie est autorisée à affermer les droits de péage ou une portion du chemin de fer pendant un temps déterminé par les bills de concession. Les fermiers, considérés comme agens de la compagnie pour la perception des tarifs, entreront dans tous ses droits et priviléges, de même qu'ils seront soumis à toutes ses obligations.

Reglemens. La compagnie fera de temps à autre des règlemens pour les voyageurs et les voitures, sur les moyens par lesquels ils seront conduits, les époques de départ et d'arrivée, les chargemens et déchargemens, le poids que chaque véhicule devra transporter, l'ordre des marchandises et autres objets, aussi pour empêcher de fumer, ou toute autre interdiction dans les voitures ou stations lui appartenant, et généralement sur tout ce qui doit régler le passage ou l'usage du chemin de fer. Ces règlemens seront obligatoires pour la compagnie et pour tous autres, sous peine d'amende pour chaque infraction.

POIDS TRANSPORTÉS Chaque bill de concession détermine le *maximum* du poids soit de la voiture, soit des objets que la compagnie est tenue de transporter moyennant le prix fixé dans un tarif par tonne et par mille.

Dans le cas de transports d'objets indivisibles, tels que blocs, pierres, chaudières, cylindres, marteaux, pièces de bois ou de charpente, la compagnie est autorisée à demander le prix qu'elle jugera convenable de fixer de temps à autre par un règlement, sans pouvoir dépasser un tarif également déterminé dans ce cas par tonne et par mille.

Si le poids de ce tarif est excédé, il ne peut y avoir lieu à transport sans une autorisation spéciale de la compagnie qui, dans ce cas, demeure libre de demander tel prix qu'elle jugera convenable.

Le bois n'est pas pesé, mais cubé, et on arrête à l'avance le poids du pied cube.

Les propriétaires ou conducteurs de voiture devront fournir par écrit signé d'eux un bordereau des objets transportés, indiquant le point de départ et d'arrivée. Les droits devront être spécifiés par nature de marchandises, et en cas de refus de produire le bordereau, ou de déchargement en tout autre lieu que celui désigné, dans le but de frauder les droits, comme aussi en cas de fausse déclaration ou de refus de montrer la lettre de voiture à toute demande d'un collecteur, les propriétaires ou conducteurs de voiture sont condamnés envers la compagnie au paiement d'une somme déterminée par les bills.

S'il s'élève des difficultés entre les collecteurs et les propriétaires des voitures sur le poids des marchandises ou la mesure de la voiture, le collecteur pourra retenir la voiture ou les marchandises pour les jauger, peser et mesurer.

Celle des parties qui succombera paiera les frais du pesage et les dommages; et dans le cas où le juge reconnaîtrait qu'il y a vexation sans motif raisonnable, il condamne le collecteur lui-même, ou tout autre agent qui en serait l'auteur, personnellement à des dommages.

Le péage des voyageurs est tarifé soit que la compagnie ne fournisse que son chemin, soit qu'elle les transporte par ses propres moyens.

Le tarif est alors divisé en droit de péage et droit de voiture. On paie ordinairement par personne et par mille 3 pences, savoir : 2 pences pour droit de péage, et 1 penny pour droit de voiture, autrement dit de transport.

Le transport des animaux est tarifé seulement pour le droit de péage; ils paient par tête et par mille, ordinairement d'après les bases suivantes :

Par mille, par tête de cheval, mulet, bœuf ou âne transportés.   1 penny 1/2
  —   par tête de veau ou de cochon. 1/2
  —   par tête de mouton, brebis, agneau. . . . .   1 farthing.

Par mille , pour chaque voiture , quelque soit sa forme , qui , n'étant pas construite pour routes sur le chemin de fer, devra être transportée sur un traineau ou cadre. . . . . 4 pences.

Le péage des marchandises varie suivant la nature des objets transportés ; mais le moteur et les wagons , s'ils appartiennent à la compagnie , sont payés à prix débattus entre les concessionnaires et les expéditeurs.

Ce droit de péage est le plus ordinairement fixé par tonne et par mille de la manière suivante :

Engrais , chaux , pierres et tous autres matériaux destinés à la réparation des routes et des chemins. . . . . 1 penny.

Charbons , cokes , houille , sable , tuile , fer , fonte. . . . 1 p. 1/2

Sucre , blé , farine , bois à brûler et de charpente , planches , métaux , clous , chaines. . . . . 2 pences.

Laine , coton , cuirs , drogueries , objets manufacturés. . . 3 pences.

Lorsque le poids transporté n'atteint pas 500 livres , la compagnie peut exiger le paiement d'un quart de tonne.

Les concessionnaires conservent toujours la faculté de diminuer les droits portés au tarif soit partiellement , soit en totalité , et cela par un règlement fait de temps à autre , mais ils ne peuvent accorder de faveurs ou exemptions particulières.

Les tarifs doivent être affichés , en caractères distincts et lisibles , en des lieux apparens , aux maisons , bureaux et bâtimens de la compagnie. Nul collecteur ne peut rien exiger au delà du tarif , sous peine d'une amende de 5 liv. sterl. ; et dès le moment où l'affiche du tarif cesserait d'être apparente , il ne peut être exigé aucun droit.

Tout employé aux recettes inscrira son nom au dessus de son bureau , afin que chacun sache contre qui il doit porter sa plainte quand il en a le sujet , sous peine d'une amende de 40 schellings.

La perception des sommes dues pour transport ou droit de péage s'opérera , en cas de refus de paiement , par la vente , après saisie , des marchandises et voitures transportées. Toute discussion au sujet du tarif des droits à percevoir sera portée devant le juge de paix de la circonscription.

Lorsque l'objet transporté parcourt une distance moindre de six milles , les droits sont perçus comme si cette distance était parcourue , mais dans ce cas les frais de chargement et de déchargement sont à la charge de la compagnie.

Impôt. La compagnie paiera l'impôt foncier de son chemin dans chaque paroisse à la décharge de son contingent.

Les indemnités dues par la compagnie sont exigibles dans le délai de cinq jours. Ce terme expiré, sans que le paiement ait été effectué, il peut être procédé après sentence du juge compétent, à la saisie des biens de la compagnie et de ceux de son trésorier ; et après la vente qui en est faite, le produit est employé à satisfaire les parties réclamantes, et l'excédant restitué à la compagnie, son trésorier étant préalablement couvert des avances qu'il aurait faites en sa qualité de garant.

Procédures. Chaque bill formant une espèce de code complet sur tout ce qui se rattache aux chemins de fer, contient l'énumération des formalités à remplir, suivant les divers cas, relativement aux cédules, témoins, jugemens et appels. Il contient même les noms de tous les propriétaires, la désignation des propriétés, et jusqu'à un modèle de divers contrats, tels que actes hypothécaires, actes de transfert de gages hypothécaires, actes de transport des terrains au profit de la compagnie, etc.

SOCIÉTÉ. Toutes les dispositions législatives concernant la société des actionnaires pour l'entreprise des chemins de fer sont insérées dans chaque bill.

Des actions. Les actions sont nominales, mobilières, négociables et transmissibles.

Les souscripteurs en retard dans le paiement de tout ou de partie des dividendes, pourront être poursuivis à la requête des directeurs de la compagnie, et contraints par toutes les voies de droit au versement des sommes dues et des intérêts calculés à 5 p. °/₀ par an.

Lorsque plusieurs personnes s'associent pour prendre une ou plusieurs actions, celle qui est en nom sur les registres est censée propriétaire et autorisée, en conséquence, à concourir par son vote, ou par un fondé de pouvoir, aux opérations des assemblées générales ou spéciales dans lesquelles les corporations, les mineurs et les interdits sont représentés par les trésoriers, tuteurs et gardiens.

Le nom des actionnaires et le nombre des actions que chacun possède sont indiqués sur un registre tenu à cet effet, et dont des extraits sont délivrés moyennant une rétribution. En cas de perte ou de destruction de ces certificats, il en est fourni de nouveaux par duplicata aux propriétaires.

Vente des actions. Les actions peuvent être vendues, mais seulement après le paiement intégral des appels faits au moment du transfert.

Transfert des actions. Après la vente des actions, le transfert en est opéré par la compagnie sur un registre tenu à cet effet.

Les bills contiennent toutes les formalités à remplir pour le transfert des actions, quand il a lieu par suite de décès ou de mariage.

On ne peut commencer les travaux d'un chemin de fer avant que la totalité des actions n'ait été remplie.

S'il est reconnu que la somme affectée à l'entreprise est insuffisante pour son entière exécution, la compagnie, après délibération de l'assemblée générale des actionnaires, pourra faire un emprunt jusqu'à concurrence du tiers de son capital primitif, et sera autorisée à le garantir en donnant hypothèque sur tout ou partie du chemin de fer et de ses dépendances.

Les intérêts de la somme empruntée seront payés préalablement à toute délivrance de dividende ; et si cette obligation n'était pas remplie dans un délai déterminé, les créanciers pourraient être autorisés par deux juges de paix à percevoir eux-mêmes les produits et droits de la compagnie jusqu'à concurrence de ce qui leur serait dû.

La première assemblée générale doit avoir lieu dans les six mois après l'obtention du bill de concession. Il y a ensuite des assemblées générales annuelles, où l'on s'occupe de toutes les affaires qui intéressent l'entreprise et dans lesquelles on examine les opérations des directeurs et tout ce qui peut se rattacher à la comptabilité.

Des procès-verbaux sont rédigés qui constatent les opérations de chaque assemblée soit extraordinaire, soit annuelle. Un ordre du jour de la séance est rédigé préalablement à la réunion et publié dans les journaux.

Il pourra y avoir des assemblées extraordinaires et spéciales des actionnaires, sur la convocation des directeurs de la compagnie qui en feront connaître l'objet au moins dix jours à l'avance. Les propriétaires au nombre de cent, et porteurs du dixième de la totalité des actions, peuvent convoquer une assemblée générale dont ils indiqueront l'utilité aux directeurs ; et, dans le cas où ceux-ci se refuseraient à convoquer, les actionnaires sont autorisés à publier par la voie des journaux qu'une réunion aura lieu tel jour, à telle heure, en tel endroit et pour tel motif. Les résolutions arrêtées dans une assemblée ainsi formée seront valables et exécutoires, pourvu qu'elles n'aient rien de contraire au bill de concession.

Chaque porteur d'action a le droit de voter, et il a autant de voix que d'actions jusqu'à vingt ; au dessus de ce nombre il n'a plus qu'une voix pour cinq actions. Il peut exercer ses droits par un fondé de pouvoir muni d'une procuration écrite.

Les actionnaires en retard de payer les termes échus ne sont pas admis à voter dans les assemblées.

Directeurs.

Les statuts qui doivent régir la compagnie sont arrêtés à la première assemblée générale des actionnaires : elle procède à la nomination du trésorier et du secrétaire dont les fonctions ne peuvent jamais être remplies par la même personne. L'assemblée générale désigne au scrutin les directeurs de la compagnie qui doivent résider par moitié aux deux villes où aboutit le chemin de fer. Elle fixe , s'il y a lieu , les émolumens ou indemnités à leur accorder. Ils sont remplacés par tiers chaque année ; mais les membres sortans , d'abord par la voie du sort , et ensuite par rang d'ancienneté , sont rééligibles. Quand un des directeurs décède , il est procédé à son remplacement par les directeurs en exercice qui doivent choisir son successeur dans la catégorie à laquelle appartenait le directeur décédé. Ils nomment parmi eux un président et un vice-président. Ce président ou le vice-président a voix prépondérante en cas de partage.

Les directeurs sont chargés de la gestion des affaires de la compagnie ; ils convoquent les assemblées annuelles ou extraordinaires , font exécuter les décisions qui y sont prises , surveillent la tenue des livres , comptes , registres , etc. , aliènent et acquièrent pour la compagnie dans les cas prévus par les bills de concession et dans tout ce qui tient à l'administration , nomment tous les agens et comptables de la compagnie , s'assurent que chacun remplit les obligations qui lui sont imposées , les révoquent ou leur accordent toutes gratifications qu'ils jugent à propos.

Les directeurs sont également chargés de provoquer la rentrée des actions , de faire de nouveaux appels de fonds qui toutefois ne pourront dépasser 10 livres sterlings par actions de 100 livres sterlings.

Déchéance des actionnaires.

Les porteurs d'actions en retard de payer soit la souscription primitive , soit les sommes réclamées en sus , seront débités sur leurs comptes respectifs de l'intérêt à 5 p. 0/0 par an ; et ceux qui laisseront passer , sans s'acquitter , un délai déterminé , pourront être déchus de leurs droits d'actionnaires. Toutefois , cette déchéance , d'abord prononcée par les directeurs , devra être confirmée par une assemblée générale au besoin convoquée à cet effet , pour que les actions ainsi déchues puissent être vendues soit de gré à gré , soit par autorité de justice. Si le produit de la vente dépasse la somme due par l'actionnaire en retard , l'excédant lui sera remis ou à ses ayant-droit.

Lorsque par décès , absence , changement de résidence , banqueroute ou toute autre cause , le titulaire d'une action ne se présente pas pour faire valoir ses droits , ou que personne n'intervient en son nom porteur d'un titre régulier , la compagnie préviendra par une note insérée dans les journaux que le porteur de l'action ou des actions n° . . . . . . à à recevoir ou à payer la somme de. . . .

et que s'il laisse cette annonce pendant vingt jours sans réponse, il a encouru la déchéance.

Comptes de la compagnie. Les comptes et états de situation de la compagnie sont arrêtés et présentés en juin et décembre de chaque année par les directeurs.

Caducité des pouvoirs de la compagnie. Si la compagnie n'a pas pris possession de son terrain dans un délai déterminé à partir de la promulgation du bill de concession, comme aussi si elle n'a pas achevé le chemin dans un délai également fixé, ses pouvoirs seront caducs, excepté pour les parties terminées s'il en existe. Si le chemin de fer est abandonné, les terrains retourneront à leurs propriétaires originaires.

COMPARAISON DES MONNAIES, MESURES ET POIDS CITÉS DANS L'ANALYSE PRÉCÉDENTE.

MONNAIES	La livre sterling	— 20 schelings —	25 f. 20 c.
	Le scheling	— 12 pences —	1 16
	Le penny	— 4 farthings —	0 105
	Le farthing	— 1/4 de penny —	0 026
MESURES DE LONGUEUR.	Le mille anglais	— 1760 yards —	1609ᵐ 914
	Le yard	— 3 pieds —	0 914
	Le pied anglais	— 12 pouces —	0 305
	Le pouce	— 8 lignes —	0 025
MESURE DE SUPERFICIE.	L'acre	— 4840 yards car. —	4047m. car.
POIDS	La tonne	— 20 quintaux —	1015ᵏ
	Le quintal anglais	— 112 l. avoir du pᵈˢ —	50
	La livre anglaise avoir du poids	—	0ᵏ 453

CHEMINS DE FER TERMINÉS EN ANGLETERRE.

De Boston et Kenyon à Leigh.	19,308 m.	3,750.000 fr.
Canterbury à Whitstable.	9,654	750,000
Carlisle à Newcastle..	96,540	13,500.000
Cromford à Highpeak.	53,097	4,500.000
Leeds à Selby..	32,180	8,750.000
Leicester à Swannington.	25,744	3,375.000
Liverpool à Manchester.	49,500	30,000.000
Stockton à Darlington.	59,533	5,000.000
Whitby à Pickering..	27,353	3,000.000
	372,909	72,625,000

CHEMINS DE FER EN CONSTRUCTION.

De Londres à Bristol..	183,426 m.	62,500.000 fr.
Birmingham à Manchester.	134,938	27,500.000
Londres à Birmingham..	179,403	62,500.000
Londres à Greenwich.	6,033	10,000.000
Londres à Southampton.	120,675	37,500.000
North-Union..	33,689	12,500.000
Preston à Whyre.	30,973	3,250.000
	686,137	215,750,000

RÉGLEMENT A SUIVRE PAR LES MÉCANICIENS, CONDUCTEURS, SURVEILLANS ET AUTRES AGENS DE LA COMPAGNIE DU CHEMIN DE FER DE LIVERPOOL A MANCHESTER.

1° Il n'est permis à aucune machine locomotive d'aller sur la voie qui ne lui est pas destinée, c'est-à-dire sur la voie du midi du chemin de fer en allant vers Manchester, ou sur la voie du nord en allant vers Liverpool.

2° Il n'est permis à aucune machine de *pousser* un train de *wagons* ou diligences (*carriages*); mais elle doit dans tous les cas *tirer* ce train après elle, excepté quand elle assiste pour la montée du plan incliné, et dans le cas où quelque machine se trouverait hors d'état de faire son service sur la route; alors la machine suivante peut pousser le train jusqu'à la place d'évitement la plus prochaine, à laquelle place ladite machine poussante devra se mettre en avant.

3° Aucune personne, à l'exception du mécanicien (*engine-man*) et de son chauffeur (*fire-man*), ne pourra monter sur aucune machine locomotive ou sur son (*tender*) chariot d'approvisionnement, sans la permission spéciale des directeurs.

4° Il n'est permis à personne de fumer du tabac dans aucune diligence de première classe, ni dans aucune des stations, cours ou magasins de la compagnie.

5° Les machines qui marchent dans la même direction doivent se tenir à 400 *yards* (365 mètres) de distance l'une de l'autre : c'est-à-dire que la machine qui suit ne doit pas s'approcher de plus de 400 *yards* de la machine qui va devant.

6° Chaque mécanicien (et chaque chauffeur, quand il n'est pas occupé autrement) doit se tenir debout et veiller de l'œil attentivement tout le temps que la machine est en mouvement.

7° Aucun mécanicien, à quelque moment ou dans quelque circonstance que ce puisse être, ne doit quitter sa machine ou son train, ou quelque partie de son train, soit sur le plan incliné, *soit ailleurs*, sans placer un homme qui ait soin de ce train, afin de prévenir les accidens qui proviendraient des machines courant à sa rencontre.

8° Dans le cas où la route serait obscurcie par un nuage de vapeur (soit par l'effet de la rupture d'un tube, soit par quelque autre cause), chaque machine survenant ne passera pas au travers de la vapeur; mais elle devra s'arrêter et s'assurer que le passage est libre avant de tenter d'avancer.

Si un mécanicien, en approchant de quelques-unes des places d'arrêt, ou en quittant la station de Manchester, ou en arrivant à cette station (avec un train de diligences, de charbon ou de marchandises), aperçoit un autre train prenant ou déposant des passagers, ou s'il voit un train de diligences s'arrêtant par accident ou autre cause, dans *quelque partie de la route que ce soit*, il devra immédiatement diminuer sa vitesse, de manière qu'il puisse passer ledit train lentement, ou arrêter entièrement sa machine, si cela est nécessaire, avant qu'il ne l'atteigne.

9° Chaque mécanicien devra avoir avec lui en tout temps, dans son chariot d'approvisionnement (*tender*), les outils suivans; et dans le cas où quelqu'un de ces outils serait perdu, il devra les faire remplacer immédiatement. Savoir : un assortiment complet de boulons et de clés, une grande et une petite clé à vis, trois ciseaux à froid et un marteau, une pince, une longue chaîne et deux courtes chaîne d'assemblage avec leurs crochets, deux tampons de rechange, une quantité de chanvre, tresses et cordes pour faire des garnitures, etc., burettes à l'huile, grands et petits bouchons pour les tubes.

N. B. Le mécanicien répond des outils susdits.

10° Règles qui doivent être observées pendant un brouillard ou un temps obscur.

Quand un train de diligences s'arrête à quelqu'une des places pour prendre ou déposer des passagers (pendant un brouillard ou un temps obscur), le portier (*gate-man*) ou surveillant (*police-man*) de la station doit immédiatement courir 300 *yards* derrière le train, ou aussi loin qu'il peut être nécessaire, pour avertir les machines arrivant à temps, pour empêcher un train de courir contre l'autre. En général tout mécanicien devra diminuer sa vitesse dans un temps brumeux, en approchant des places d'arrêt, de manière qu'il puisse être capable *d'arrêter sa machine* avant qu'il ne soit exposé à courir contre un train qui peut se trouver arrêté à cette place. Dans le cas où quelque machine (conduisant des diligences ou des marchandises) aurait occasion de s'arrêter en temps brumeux dans quelque parties de la route où il n'y aurait point de portiers ou d'hommes de police, et où il ne se trouverait pas d'ouvriers pour prêter assistance, le chauffeur devra immédiatement courir 300 *yards* (274 mètres) ou aussi loin qu'il peut être nécessaire, de manière à arrêter toute autre machine venant dans la même direction. Et tous les mécaniciens et conducteurs seront ensemble responsables de la stricte exécution de ces ordres à l'égard de tout train (dans les circonstances susdites) auquel ils appartiendront. *Ils devront signaler aux directeurs tout portier,*

chauffeur ou ouvrier qui refuserait ou négligerait d'user de la précaution
qu'il est maintenant ordonné d'adopter rigoureusement.

11° *Règles qui doivent être observées en passant sur les plans inclinés.*

Les machines de secours (*assistant*) devront *invariablement retourner en*
bas sur le côté gauche de la ligne, et aucune machine conduisant des marchandises ne devra laisser quelque partie de sa charge sur la ligne principale au bas
du plan incliné, lorsque la machine assistante s'y trouvera. Mais si la machine assistante n'y est pas, ou n'est pas prête, le mécanicien conduisant des marchandises
peut laisser une partie de sa charge au bas du plan incliné, et revenir en bas en
suivant *la même ligne*, pourvu qu'en opérant ainsi il ne mette obstacle à aucun
train de diligences qui viendrait à la suite, et pourvu aussi qu'il mette, à la surveillance des wagons qu'il aura ainsi laissés, un homme qui soit prêt à aller 300 *yards*
en arrière, pour avertir un train arrivant que le passage n'est pas libre. S'il y a
des motifs d'attendre un train de diligences, le mécanicien doit mettre de côté
ceux de ses wagons qu'il ne peut pas monter, et ayant mis de côté le reste au
sommet, doit revenir sur la ligne descendante convenable.

Dans le cas où quelques wagons seraient laissés sur le plan incliné, et où une
machine suivante arriverait, cette machine suivante ne devrait pas commencer à
pousser ou tirer lesdits wagons jusqu'à ce que la machine qui les a laissés fût re-
venue.

12° *Règles pour l'usage des lampes servant de signaux.*

Tout train sur le chemin de fer doit montrer, sur la dernière voiture, une lanterne à verre rouge dite *red bull's-eye*. Les conducteurs des trains de diligences
et les préposés à la manœuvre des freins (*brakesmen*) sur les trains de marchandises en sont responsables.

Si un wagon est attaché à un train ou détaché d'un train sur quelque partie de la
route, le conducteur ou l'homme du frein (*brakesman*) sera responsable de l'exécution du changement à faire pour que la lampe se trouve à l'arrière de la dernière
voiture.

13° Les conducteurs sont expressément chargés d'engager les voyageurs à se
tenir à leurs places lorsqu'on s'arrête sur la route, excepté quand il est nécessaire
qu'ils descendent parce qu'ils ne vont pas plus loin; et alors de les inviter à descendre sur le côté extérieur de la ligne.

14° Quand une machine conduisant des marchandises sera obligée de se mettre de côté et de laisser passer un train de diligences, le mécanicien ou le préposé à la manœuvre du frein devra envoyer le sac de factures et les dépêches par le train de diligences, en faisant connaître l'heure à laquelle il devra probablement arriver; et le mécanicien ou conducteur, à qui ces dépêches seront remises, devra prendre soin de les donner en arrivant à la personne qu'elles concernent.

15° Si quelque machine se met hors des rails ou subit quelque autre accident, le mécanicien devra en faire rapport en détail, sans perdre de temps, à un des ingénieurs ou au contre-maître (*foreman*) de la compagnie : M. Melling, à Liverpool, ou M. Fife, à Manchester; et en cas que quelque accident que ce soit arrive à une machine, et que l'on n'en ait pas fait connaître immédiatement les circonstances, comme on vient de le dire, le mécanicien et le chauffeur de cette machine seront tous deux mis à l'amende, à la discrétion des directeurs.

N. B. Chaque surveillant, mécanicien, conducteur, homme de police et portier, devra avoir constamment sur lui un exemplaire de ce règlement, sous peine d'une amende de 5 schellings.

AMÉRIQUE.

ACTE LÉGISLATIF DE L'ÉTAT DE RHODE-ISLAND,

Autorisant la compagnie du Massachusetts, pour le chemin de fer de Boston à Providence, à faire passer son chemin sur les terres de l'Etat de Rhode-Island, pour venir se terminer sur les eaux de la baie de Narragansett.

ART. 1er. — *Il est décrété*, par l'assemblée générale de l'Etat de Rhode-Island, que Charles Potter, Charles H. Russel, Thomas P. Ives, Edouard Carrington, Nicholas Brown et leurs associés, successeurs et cessionnaires, sont et demeurent incorporés sous les dénominations et titres de *Compagnie du chemin de fer et de transport de Boston et Providence*, et qu'il auront toute capacité légale requise pour intenter toutes actions en justice, et défendre celles qui seront intentées, jusqu'à jugement définitif et leur exécution; articuler tous moyens, et défendre à ceux qui seront articulés; défendre et se faire défendre devant tous tribunaux quelconques, ou devant qui que ce puisse être; de faire, d'avoir et de se servir d'un sceau commun qu'ils pourront à volonté détruire, refaire ou changer;

qu'ils seront, et de fait, sont investis par cet acte de tous pouvoirs, priviléges et avantages qui sont ou peuvent être nécessaires à la mise à exécution de l'objet et intention du présent acte, ainsi qu'il est prévu par les clauses suivantes. Et que ladite compagnie a tout pouvoir et autorité de tracer, construire et achever un chemin de fer d'après le mode de construction qu'elle jugera convenable d'adopter, à commencer de la ligne de démarcation entre cet Etat et celui de Massachusetts, au point où devra venir se terminer le chemin de fer de Boston, maintenant en cours de construction par la compagnie du chemin de fer de Boston à Providence, et partant de Boston (Massachusetts) pour suivre la direction de l'Etat de Rhode-Island, et du susdit point à travers l'Etat de Rhode-Island jusqu'à un point sur les bords de la mer, dans la ville même de Providence, que la compagnie jugera le plus avantageux dans ses intérêts, et avec tels embranchemens vers les eaux de la baie de Narragansett, ou sur tels villages, ou telles usines ou manufactures qu'il conviendra à la compagnie, pourvu toutefois que ces mêmes prérogatives ne contreviennent pas aux droits déjà concédés à toute autre compagnie. Que ladite compagnie est autorisée à ouvrir sa route sur une largeur qui ne dépassera pas 11 mètres; et qu'elle pourra prendre autant de terrain qu'il lui en sera nécessaire pour l'ouverture des tranchées nécessitées par le tracé, ou pour obtenir des matériaux tels que pierres, gravier, sable ou terres, requis par la construction de la route, ainsi que pour l'établissement de quais, formes, bassins, docks, magasins, dépôts, etc.; pourvu que toute personne, compagnie ou corporation soit indemnisée d'après les clauses ci-dessus prévues pour la prise desdites terres ou des matériaux pour l'objet ci-dessus spécifié.

Art. 2. — Que le fonds capital de ladite compagnie sera de 815,000 francs, avec privilége de l'augmenter jusqu'à concurrence de 2 millions 650,000 francs, par l'émission de nouvelles actions. L'administration et la direction des affaires de la compagnie seront confiées à une commission de directeurs, tous actionnaires, et choisis parmi les membres de la compagnie, de la manière prescrite ci-après. Ceux-ci serviront pendant un an, et jusqu'à ce que d'autres membres soient dûment élus et qualifiés pour prendre leur place comme directeurs; une majorité d'entre eux pourra toujours faire les affaires de la compagnie. Ils choisiront leur président dans leur sein: celui-ci sera à la fois président de la compagnie. Les directeurs auront le pouvoir de nommer un trésorier, les ingénieurs, inspecteurs, officiers, agens ou employés nécessaires aux travaux de la compagnie; le trésorier sera tenu de donner un cautionnement, avec des sécurités à la satisfaction des directeurs, pour une somme qui ne pourra être moindre de 116,000 francs, comme garantie de sa bonne foi dans l'exécution des affaires qui lui seront confiées.

ART. 3. — Que le président et les directeurs élus ont pouvoir et autorité, par eux-mêmes ou par leurs agens, d'exercer tous les pouvoirs accordés à la compagnie, pour fixer le tracé final du chemin, pour sa construction et son entier achèvement, pour le transport des voyageurs et des marchandises, ainsi que tout autre pouvoir et autorité pour administrer les affaires de la compagnie, non prévus jusqu'ici, et qui pourraient être rendus nécessaires par l'exigence de toutes les clauses de ladite concession. D'acquérir et de conserver comme propriété les terres, matériaux, machines et autres objets, au nom et pour l'usage de ladite compagnie, pour le transport des voyageurs et des marchandises sur ladite route. De répartir également tels appels de fonds, de temps à autre, sur toutes les actions de ladite compagnie qu'ils jugeront convenable et nécessaire, et d'en ordonner le paiement entre les mains du trésorier de la compagnie; ledit trésorier devra donner avis de ces appels; et dans le cas où un actionnaire négligerait de payer sa cotisation dans le délai de 30 jours après cette notification, les directeurs pourront ordonner au trésorier d'offrir en vente publique, et au plus offrant, les actions des personnes qui auraient ainsi négligé de répondre audit appel. Un transfert légal sera délivré aux nouveaux acquéreurs; l'actionnaire délinquant aura droit au surplus de la vente, après le remboursement de la somme due comme cotisation par le susdit actionnaire, y compris l'intérêt et les frais de vente; *pourvu toutefois* qu'aucun appel de fonds ne soit fait sur les actions de la compagnie pour une plus forte somme, en totalité, que 100 dollars (530 francs), prix ordinaire des actions à leur émission au pair.

ART. 4. — Que ladite compagnie aura le pouvoir de faire, ordonner et émettre telles ordonnances, règlemens ou ordres, pour la bonne administration de sa propriété et ses affaires, qu'elle jugera utiles et nécessaires à l'accomplissement de son but, et pour l'exécution des clauses dudit acte, ainsi que pour bien diriger, régler et assurer les intérêts de la compagnie, pourvu que cela ne contrarie en rien les lois de l'État.

ART. 5. — Qu'un droit de perception ou tarif pour le transport des voyageurs ou des marchandises de toute nature est et demeure accordé et établi à l'unique profit de la compagnie; ce tarif devra être réglé de temps à autre par les directeurs, et soumis à la révision de l'administration municipale de la ville de Providence. Le transport des voyageurs et des marchandises, la construction particulières des roues, ainsi que la forme des chariots et voitures, le poids des charges, et en général tout ce qui peut avoir rapport à l'usage de la route, devront être déterminés par les règlemens ou ordonnances émis de temps à autres par les directeurs.

Art. 6. — Que les directeurs de ladite compagnie sont autorisés à établir des bureaux de perception, construire des quais, docks, bassins, dépôts, etc.; qu'ils pourront élever des barrières, nommer des agens pour la perception du péage, et prélever et recevoir un péage sur leur route et dépendances quand celle-ci sera terminée, ainsi que sur telle portion de la route, qui de temps à autre pourra être livrée à la circulation.

Art. 7. — Que quand ladite compagnie aura fixé le tracé final de la route, ou d'une de ses portions, elle pourra en faire son rapport à la cour des *plaids communs* (tribunal de première instance), qui devra tenir sa plus prochaine session dans le comté où doit passer le tracé de la route, la compagnie étant tenue de présenter un plan détaillé du tracé adopté, et les noms des propriétaires des terres sur lesquelles il doit passer, autant du moins que ceux-ci peuvent être connus. Lesdits rapport et plan seront enregistrés par le greffier de la cour, et avis ou notification aussitôt donné au propriétaire ou propriétaires des terres, s'ils sont connus, dans les formes voulues par la cour, et cela aux frais de la compagnie. Ladite cour nommera immédiatement d'office trois propriétaires sages, éclairés et désintéressés, et pris dans le comté (les places vacantes, s'il en survenait, devront être aussitôt remplacées par la cour), pour faire l'expertise des dommages soufferts par le propriétaire ou les propriétaires désignés dans le susdit rapport, pourvu toutefois que la construction du chemin, dépendances ou accessoires, soit sur lesdits terrains.

Les commissaires chargés de cette expertise devront, avant de remplir leurs fonctions, prêter serment de les exécuter avec impartialité et fidélité; ils devront aussi donner avis aux personnes intéressées, dans les formes voulues par la cour, de faire enregistrer leurs réclamations dans un délai de 30 jours à partir de la date de la notification, s'ils n'en avaient pas fait l'abandon à ladite compagnie auparavant, soit directement, soit par l'entremise de l'un desdits commissaires.

A l'expiration du terme fixé pour l'enregistrement desdites réclamations pour indemnité de dommages soufferts, les commissaires ou une majorité d'entre eux, ayant donné préalablement avis à toutes parties intéressées du jour où l'examen de telle localité devra se faire par la voie de trois publications successives au moins, insérées dans un ou plusieurs journaux de la ville de Providence, se rendront sur les lieux ainsi désignés; et, après avoir entendu les parties intéressées, ils estimeront les dommages qu'ils jugeront avoir été occasionés par la prise desdits terrains, déduction faite d'ailleurs des bénéfices et avantages que les commissaires jugeront être acquis auxdits intéressés réclamans, par la construction du chemin de fer, de ses dépendances ou accessoires. Lesdits commissaires devront, aussitôt que possible, rendre compte de leur expertise au tribunal de première instance ; alors le tribunal ordonnera aussitôt la publication dudit rapport, ou au moins de sa substance, dans un ou plusieurs journaux de la ville de Providence, pendant trois semaines successives, et cela aux frais de la compagnie. Si la compagnie ou un de ses réclamans n'est pas satisfait de l'estimation présentée par les commissaires, la partie non satisfaite pourra en appeler à la prochaine session du tribunal, après connaissance reçue et promulgation dudit rapport, pour en obtenir un jury, qui déterminera en dernier ressort le montant des dommages qui devront être payés, et qui forment le sujet de cette réclamation. Les membres dudit jury seront choisis et constitués d'après les formes usitées pour tout autre cas. Si la partie réclamante, ayant demandé l'intervention d'un jury, n'en obtient pas une augmentation d'évaluation pour les dommages, elle pourra être rendue responsable pour tous les frais légaux qui pourraient résulter d'une telle intervention. Le tribunal aura droit alors de rendre jugement pour les frais et dépens contre le demandeur. Si c'est la compagnie qui demande l'intervention d'un jury, elle sera de même, dans le cas où elle succomberait dans ses prétentions, condamnée aux frais et dépens, pour lesquels le tribunal pourra rendre jugement contre ladite compagnie. Et si avant les 90 jours qui suivent la prise de possession, par ladite compagnie, des terrains nécessaires et le commencement d'exécution des travaux, les indemnités ainsi évaluées n'ont pas été payées, les propriétaires des terrains sur lesquels ces travaux auront été commencés, pourront intenter une action en recouvrement contre ladite compagnie, devant tout tribunal compétent. Mais quand le rapport desdits commissaires aura été accepté et enregistré, et qu'on n'y aura point fait appel dans la forme susdite, ou quand le jugement d'un jury sera rendu et enregistré, il n'y aura plus lieu à de nouvelles poursuites contre ladite compagnie pour indemnité réclamée pour les mêmes ayant-cause pour les mêmes faits. Les commissaires auront droit à un salaire qui n'excédera pas 3 dollars, 15 francs 90 centimes par jour, pendant la durée de leurs services.

ART. 8. — Que lorsque les terres, biens ou propriétés d'une femme mariée, enfant, ou personne *non compos mentis*, seront requis pour l'usage de ladite compagnie, le mari de cette femme, ou le gardien de cet enfant ou de cette personne *non compos mentis*, pourra faire l'abandon des indemnités auxquelles ils auraient droit, en vertu de l'article ci-dessus prévu pour les expropriations, comme s'ils disposaient de leur propre terre, biens ou propriété.

Art. 9. — Que toute personne qui de propos délibéré, malicieusement ou méchamment, et contrairement à la loi, obstruera le libre passage des voitures sur le chemin de fer, ou sera cause d'une manière quelconque de quelques dommages à la route, ou à quelques-unes de ses parties, ou à quelques choses lui appartenant, aux machines ou matériaux qui doivent être employés dans sa construction, ou destinés à l'usage dudit chemin; cette personne, lui ou elle, ces personnes ou leurs complices assistant, aidant ou provoquant une telle contravention à la loi, seront condamnées à payer trois fois le montant des dégâts qui pourront être prouvés devant un juge-de-paix, tribunal ou jury, pardevant lesquels les mêmes délinquans pourront être traduits, pour être poursuivis en recouvrement pardevant tout juge-de-paix ou tout tribunal compétent, par le trésorier de la compagnie ou tout autre agent qu'elle pourra nommer à cet effet; un acte d'accusation pourra être dressé contre lesdits délinquans par le *grand jury* du comté, dans la juridiction duquel un tel délit aura été commis, pour toutes offenses contraires aux clauses ci-dessus. Et sur la conviction prouvée devant la cour des sessions générales de la paix (tribunal jugeant en matière civile avec l'assistance d'un jury), siégeant dans ledit comté, il sera payé une amende dont le *maximum* sera de 100 dollars, 530 francs; et le *minimum* 30 dollars, 159 francs (somme qui entrera dans les revenus de l'État), ou le délinquant pourra être mis en prison pour un terme d'un an au plus, et cela au choix du tribunal devant lequel la cause sera portée.

Art. 10. — Que si le tracé du chemin de fer traverse une route particulière, la compagnie sera tenue de construire son chemin de manière à ne pas interrompre l'usage facile et sûr de ladite route; et dans le cas où le chemin de fer ne serait pas construit de cette manière, la partie lésée aura droit d'intenter une action sur ce fait devant tout tribunal compétent pour juger en pareilles matières, et recevra des dommages équivalens. Si le chemin de fer traverse un canal, une rivière, une route à barrière (*turnpike*) ou route publique, il devra être construit, sous la direction de la législature, de manière à ne pas nuire à l'usage sûr et facile du canal, de la rivière, de la route à barrière ou route publique. A cet effet, la compagnie pourra à son gré élever ou abaisser le niveau de la route à barrière ou route publique, de manière à ce que son chemin puisse passer au dessus ou au dessous. Dans le cas où le niveau de la route à barrière ou route publique aurait été altéré sans donner satisfaction à ses propriétaires, ou au conseil municipal de la ville, ou au gouvernement de la ville de Providence, dans la juridiction desquels cette route pourrait se trouver, lesdits propriétaires, ou conseil de ville, ou gouvernement de la ville de Providence, pourront exiger par écrit la modification requise. Et sur le refus de la compagnie d'accéder à cette demande, lesdits propriétaires ou tout autre ayant-cause devront faire enregistrer le sujet de leurs plaintes près de la cour des sessions générales de la paix pour ledit comté où la route passerait; et sur la décision de la cour que les changemens sont justes et nécessaires, elle en décrétera l'exécution, et à cet effet rendra jugement. Dans le cas où la compagnie viendrait à négliger de se conformer au jugement rendu dans le temps fixé par ladite cour, alors les propriétaires ou ayant-cause pourront les faire exécuter à leurs frais et intenter procès jusqu'à jugement définitif, et exécution devant tout tribunal compétent pour le recouvrement des frais et dommages, débours, labeur et services occasionés par lesdits changemens avec les frais de poursuite.

ART. 11. — Que dans toute procédure de droit légal ou d'équité, dans laquelle la compagnie serait partie, ce sera suffisante notification donnée, que de laisser copie attestée du mandement, citation ou autre exploit à l'un des directeurs de la compagnie résidant dans l'Etat, ou au trésorier ou agent comptable de la compagnie, ou au bureau ordinaire de leur administration dans l'Etat. Tout acte de saisie, qui sera donné contre ladite compagnie, pourra être prélevé sur toute espèce de propriété de la compagnie, ou de telle manière que pourra le prescrire par la suite l'assemblée générale, pour la notification de l'exploit ou de l'acte de saisie contre ladite compagnie.

ART. 12. — Que l'assemblée annuelle des membres de la compagnie aura lieu à tel lieu et en tel temps désignés par les directeurs; qu'à cette assemblée une commission d'au moins trois directeurs sera choisie par élection. Pour être membre de la compagnie, il faudra être actionnaire ou propriétaire d'une action; on aura droit de voter en raison du nombre de ses actions. En cas d'absence, on pourra voter par procuration, au moyen d'un mandat écrit, jusqu'à la première assemblée annuelle. MM. *Moses Brown*, *Ives*, *Charles H. Russel*, *Charles Potter* et *William W. Woolsey*, sont directeurs de ladite compagnie, avec pouvoir de nommer aux places vacantes qui pourraient survenir dans leurs rangs, et de fixer le lieu et le jour pour la convocation de la prochaine assemblée, par une notification à l'avance de dix jours dans un ou plusieurs journaux de l'Etat.

ART. 13. — Qu'un des directeurs au moins sera habitant de l'Etat.

ART. 14. — Que lorsqu'il sera jugé nécessaire d'établir une communication à travers la rivière de Providence, pour rattacher le chemin de fer de Providence au chemin de fer projeté de New-York, le pont viaduc sera construit aux frais communs des deux compagnies, et son exécution commencée, lorsque, les deux chemins de fer étant terminés, le comité des directeurs de l'une ou l'autre des compagnies l'exigera. Ce pont viaduc sera construit sous la direction et inspection de la législature de l'Etat, de manière à ne pas gêner la navigation de la rivière de Providence.

Le présent acte a été passé par la chambre des représentans de l'Etat de Rhode-Island, le 10 mai 1834,

Et sanctionné le même jour par le sénat.

(Extrait de l'ouvrage de M. Poussin *sur les* chemins de fer américains.)*

BELGIQUE.

Une loi, du 1er mai 1834, a décrété qu'il existerait en Belgique un système de chemins de fer construits aux frais de l'Etat.

Ce système a pour point central la ville de Malines, à partir de laquelle les chemins de fer doivent être dirigés au nord vers Anvers, au sud vers Bruxelles et la France, à l'est vers la frontière prussienne en passant par Louvain, Tirlemont, Liége et Verviers, à l'ouest vers Ostende passant par Gand et Bruges.

Le chemin de fer de Bruxelles à Malines, de même que celui de Malines à Anvers qui vient d'être livré à la circulation, ne sont que des sections du système adopté par la loi du 1er mai 1834.

Lors d'une discussion, en janvier 1836, d'une loi sur les concessions pour travaux d'utilité publique, il fut arrêté par les chambres législatives que l'embranchement du chemin de fer projeté de Gand vers Lille ne pourrait être concédé qu'en vertu d'une loi. Cette loi sur les concessions attribue au gouvernement le droit d'accorder des concessions dont la durée n'atteint point 90 ans.

En se réservant les lignes principales, le gouvernement laisse les sociétés particulières libres de proposer et d'établir des chemins de fer ou embranchemens secondaires après avoir obtenu la concession des péages qu'il accorde après enquête.

Le transport sur le chemin de Malines à Bruxelles consiste maintenant en voyageurs seulement. Il n'a pas été nécessaire de fixer d'autre tarif que celui des places dans les diverses voitures.

Ces prix sont :

	Par kilomètre.	Par distance entière.
Dans les wagons ordinaires.	0,02 1/2	0,50
Id. couverts.	0,03 3/4	0,75
Chars à bancs.	0,05	1, .
Diligences.	0,07 1/2	1,50
Berlines.	0,12 1/2	2,50

Le chemin est exclusivement exploité par des locomotives qui font régulièrement 35 kilomètres par heure. La voie est considérée comme voie particulière. L'exploitation se fait par le gouvernement qui fournit locomotives , wagons , etc., et perçoit le prix des places.

Le trajet se faisant en 34 ou 36 minutes , y compris le retard qu'entraîne l'obligation de s'arrêter à Vilvorde , on a pu obtenir sans aucun inconvénient , cinq départs de Bruxelles et cinq de Malines , quoique le chemin soit à simple voie et sans gare d'évitement.

ADDITION COMPLÉMENTAIRE.

Nous avons d'abord donné les ordonnances de concession rendues sur les trois chemins de fer d'Andrézieux, de Lyon et de Roanne; nous avons donné ensuite toutes les lois françaises conférant des concessions semblables. Maintenant, pour que notre recueil offre le complément entier de toutes les lois et ordonnances royales rendues jusqu'à ce jour en France sur les chemins de fer, il ne nous reste plus qu'à faire connaître 1° l'ordonnance royale de concession du chemin de fer d'Epinac au canal de Bourgogne, rendue en 1830; 2° deux ordonnances rendues en 1833, qui autorisent la compagnie des mines d'Anzin à construire deux chemins de fer; 3° l'ordonnance rendue le 12 mai 1836, autorisant l'établissement d'un chemin de fer d'Alais à la Grand-Combe; 4° enfin les deux projets de loi qui viennent d'être adoptés par la chambre des députés et par la chambre des pairs, en juin 1836, le premier relatif à l'établissement du chemin de fer de Montpellier à Cette, l'autre pour l'établissement de deux chemins de fer de Paris à Versailles.

ORDONNANCE DU ROI, DU 7 AVRIL 1830, QUI AUTORISE LES SIEURS SAMUEL BLUM ET FILS A ÉTABLIR A LEURS FRAIS UN CHEMIN DE FER D'ÉPINAC AU CANAL DE BOURGOGNE.

ART. 1er. — Les sieurs Samuel Blum et fils, concessionnaires des mines de houille d'Epinac (Saône-et-Loire), sont autorisés à établir à leurs frais un chemin de fer, d'Epinac au canal de Bourgogne, aux clauses et conditions énoncées dans leur soumission du 18 février 1830, et conformément aux deux plans ci-annexés : cette soumission restera annexée à la présente ordonnance.

ART. 2. — Pour indemniser les propriétaires du chemin de fer des frais de construction et d'entretien dudit chemin, et des voitures destinées au transport de la houille et des marchandises, ils sont autorisés à percevoir à perpétuité sur ce chemin de fer un droit de treize centimes par mille kilogrammes de matière et marchandises qu'ils transporteront et par mille mètres de distance parcourus depuis Epinac jusqu'au canal de Bourgogne, et de quinze centimes aussi par mille kilogrammes de matière et marchandises et par mille mètres de distance parcourus depuis le canal de Bourgogne jusqu'à Epinac.

Les distances parcourues ou à parcourir sur le chemin de fer seront comptées sans égard aux fractions : ainsi mille mètres entamés se paieront comme s'ils avaient été parcourus entièrement.

ART. 3. — La direction du tracé du chemin de fer d'Epinac au canal de Bourgogne est approuvée telle qu'elle est indiquée par le tracé rouge sur les deux plans annexés à la présente ordonnance.

ART. 4. — L'exécution du chemin de fer d'Epinac au canal de Bourgogne est déclarée d'utilité publique : en conséquence, les sieurs Samuel Blum et fils sont autorisés à acquérir les terrains nécessaires à sa construction, en se conformant aux dispositions de la loi du 8 mars 1810 sur les expropriations pour cause d'utilité publique ; les préfets des départemens de Saône-et-Loire et de la Côte-d'Or pourront exercer, dans l'intérêt de la compagnie, les droits dont l'administration fait elle-même usage pour l'exécution des travaux de l'Etat.

ART. 5. — Les propriétaires du chemin de fer d'Epinac au canal de Bourgogne tiendront constamment les articles 2 et 4 de la présente ordonnance affichés à la porte de leurs bureaux et dans les lieux les plus apparens, afin de faire connaître le montant du droit de transport qu'ils sont autorisés à percevoir.

ART. 6. — Les contestations qui pourraient s'élever entre l'administration et les concessionnaires sur l'interprétation des clauses et conditions de la soumission du 18 février 1830, seront jugées par le conseil de préfecture, sauf le recours au conseil d'Etat : la déchéance prévue par l'article 12 de cette soumission sera prononcée par le conseil de préfecture, sauf le recours au conseil d'Etat.

ART. 7. — Notre ministre secrétaire d'Etat de l'intérieur est chargé de l'exécution de la présente ordonnance.

Signé CHARLES.

ORDONNANCE DU ROI, DU 24 OCTOBRE 1835, QUI AUTORISE LA COMPAGNIE DES MINES D'ANZIN A ÉTABLIR UN CHEMIN DE FER DE SAINT-WAAST-LA-HAUT A DENAIN (NORD).

ART. 1er — La compagnie des mines d'Anzin est autorisée à établir un chemin de fer de Saint-Waast-la-Haut à Denain (Nord), conformément aux clauses et conditions du cahier des charges approuvé, le 20 septembre 1835, par notre ministre secrétaire d'Etat de l'intérieur.

Ce cahier des charges restera annexé à la présente ordonnance.

ART. 2. — A l'époque où, conformément à l'article 35 du cahier des charges, le gouvernement reprendra la jouissance du chemin de fer, le tarif des droits à percevoir sur le chemin de fer sera réduit à la proportion convenable pour couvrir les frais d'entretien ou d'amélioration, s'il y a lieu, ainsi que ceux d'administration et d'exploitation.

ART. 3. — Notre ministre secrétaire d'Etat au département de l'intérieur est chargé de l'exécution de la présente ordonnance, qui sera insérée au Bulletin des lois.

Signé LOUIS-PHILIPPE.

ORDONNANCE DU ROI, DU 24 OCTOBRE 1835, QUI AUTORISE LA COMPAGNIE DES MINES D'ANZIN A ÉTABLIR UN CHEMIN DE FER D'ABSCON A DENAIN (NORD).

ART. 1er. — La compagnie des mines d'Anzin est autorisée à établir un chemin de fer d'Abscon à Denain, département du Nord, conformément aux clauses et conditions du cahier des charges approuvé, le 20 septembre 1835, par notre ministre secrétaire d'Etat de l'intérieur.

Ce cahier de charges restera annexé à la présente ordonnance.

ART. 2. — A l'époque où, conformément à l'article 35 du cahier des charges, le gouvernement reprendra la jouissance du chemin de fer, le tarif des droits à percevoir sur le chemin de fer sera réduit à la proportion convenable pour couvrir les frais d'entretien et d'amélioration, s'il y a lieu, ainsi que ceux d'administration et d'exploitation.

ART. 3. — Notre ministre secrétaire d'Etat au département de l'intérieur est chargé de l'exécution de la présente ordonnance, qui sera insérée au Bulletin des lois.

Signé LOUIS-PHILIPPE.

Extrait des cahiers de charges annexés aux ordonnances du 24 octobre 1835, qui autorisent la compagnie des mines d'Anzin à construire deux chemins de fer, l'un de Saint-Waast-la-Haut à Denain (Nord), et l'autre d'Abscon à Denain.

ART. 30. — Pour indemniser la compagnie des travaux et dépenses qu'elle s'engage à faire par le présent cahier de charges, et sous la condition expresse qu'elle en remplira exactement toutes les obligations, le gouvernement lui concède, pendant le laps de quatre-vingt-dix-neuf ans, à dater de l'ordonnance de concession, l'autorisation de percevoir les droits de péage et les prix de transport ci-après déterminés. Il est expressément entendu que les prix de transport ne seront dus à la compagnie qu'autant qu'elle effectuerait elle-même ce transport à ses frais et par ses propres moyens.

La perception aura lieu par kilomètre, sans égard aux fractions de distance; ainsi, un kilomètre entamé sera payé comme s'il avait été parcouru : néanmoins, pour toute distance parcourue moindre de trois kilomètres, le droit sera perçu comme pour trois kilomètres entiers. Le poids du tonneau ou de la tonne est de mille kilogrammes. Les fractions de poids ne seront comptées que par dixième de tonne; ainsi, tout poids compris entre cent et deux cents kilogrammes payera comme deux cents kilogrammes, tout poids compris entre deux et trois cents kilogrammes payera comme trois cents kilogrammes, etc.

TARIF.	PRIX DE		
	Péage.	Transport.	Total.
Voyageurs : Par tête et par kilomètre (non compris le dixième du prix des places dû au trésor.)	0f 07e	0f 03e	0f 10e
Marchandises : Par tonne et par kilomètre.	0 06	0 04	0 10
Voiture sur plate-forme.	0 18	0 10	0 28
Machine locomotive avec ou sans chariot, soit qu'elle remorque un convoi ou qu'elle soit remorquée elle-même.	0 18	»	»
Et par tonne de son poids réel.	»	0 06	»
Chaque wagon ou chariot ou autre voiture destiné au transport sur le chemin de fer et y passant à vide.	0 08	0 04	0 12
Les mêmes wagons ou voitures payeront comme voiture à vide, indépendamment du prix qui serait dû pour leur chargement, toutes les fois que ce chargement ne sera pas d'une tonne au moins.			

ORDONNANCE DU ROI, DU 12 MAI 1836, QUI AUTORISE L'ÉTABLISSEMENT D'UN CHEMIN DE FER D'ALAIS A LA GRAND-COMBE (GARD).

ART. 1er. — Les sieurs Veaute, Abric et Mourier, sont autorisés à exécuter à leurs frais, risques et périls, un chemin de fer d'Alais aux mines de houille de la Grand-Combe (Gard), conformément aux clauses et conditions du cahier des charges approuvé, le 30 avril 1836, par notre ministre du commerce et des travaux public.

Ce cahier des charges restera annexé à la présente ordonnance.

ART. 2. — Notre ministre secrétaire d'État du commerce et des travaux publics est chargé de l'exécution de la présente ordonnance, qui sera insérée au Bulletin des lois.

Signé LOUIS-PHILIPPE.

La concession est accordée pour quatre-vingt-dix-neuf ans.

Les stipulations du cahier des charges du chemin de fer d'Alais à la Grand-Combe sont à-peu-près toutes les mêmes que celles renfermées dans le cahier des charges du chemin de fer de St-Germain.

Toutefois, on y remarque une addition essentielle : c'est la disposition de l'article 42 suivant laquelle « les travaux de consolidation à faire dans l'intérieur de la mine à raison de la traversée « du chemin de fer, et tous dommages résultant de cette traversée pour le concessionnaire de la « mine, seront à la charge du concessionnaire du chemin de fer. »

Ainsi se trouve résolue, pour le chemin de fer d'Alais à la Grand-Combe, contre l'arrêt de la cour de Lyon, et conformément au jugement du tribunal de Saint-Etienne, la question agitée entre les concessionnaires des mines de houille de Couzon et les concessionnaires du chemin de fer de Lyon. (Voir pages 94 et suiv.)

Le pourvoi en cassation contre l'arrêt de la cour royale de Lyon vient d'être admis par la section des requêtes.

Une autre addition mérite aussi d'être signalée : c'est celle par laquelle on oblige les concessionnaires du chemin de fer à effectuer les transports, *sans tour de faveur*.—Nous nous bornerons à faire connaître le tarif du chemin de fer d'Alais à la Grand-Combe, avec les articles 43 et 44 du cahier des charges.

TARIF.	PRIX DE		
	Péage.	Transport.	TOTAL.
Voyageurs : Par personne et par kilomètre (non compris le dixième du prix des places dû au trésor), à la remonte comme à la descente.	0f 08c	0f 04	0f 12
Houille et minerai de fer : Par tonne et par kilomètre, à la remonte comme à la descente.	0 07	0 05	0 12
Marchandises de toute autre nature, par tonne et par kilomètre :			
À la remonte.	0 09	0 08	0 17
À la descente.	0 09	0 06	0 15
Voiture sur plate-forme, à la remonte comme à la descente. . .	0 18	0 10	0 28
Machine locomotive avec ou sans chariot, soit qu'elle remorque un convoi ou qu'elle soit remorquée elle-même.	0 18	»	»
Et par tonne de son poids réel :			
À la remonte.	»	0 07	»
À la descente.	»	0 05	»
Chaque wagon, chariot ou autre voiture, destiné au transport sur le chemin de fer et y passant à vide :			
À la remonte.	0 08	0 06	0 14
À la descente.	0 08	0 04	0 12
Les mêmes wagons ou voitures payeront comme voiture à vide, indépendamment du poids qui serait dû pour leur chargement, toutes les fois que ce chargement ne sera pas d'une tonne au moins.			

ART. 43. --- Si la ligne du chemin de fer traverse un sol déjà concédé pour l'exploitation d'une mine, l'administration déterminera les mesures à prendre pour que l'établissement du chemin de fer ne nuise pas à l'exploitation de la mine, et réciproquement, pour que, le cas échéant, l'exploitation de la mine ne compromette pas l'existence du chemin de fer.

Les travaux de consolidation à faire dans l'intérieur de la mine à raison de la traversée du chemin de fer, et tous dommages résultant de cette traversée pour le concessionnaire de la mine, seront à la charge du concessionnaire du chemin de fer.

Art. 44. --- Si le chemin de fer doit s'étendre sur des terrains qui renferment des carrières ou les traverse souterrainement, il ne pourra être livré à la circulation avant que les excavations qui pourraient en compromettre la solidité n'aient été remblayées ou consolidées. L'administration déterminera la nature et l'étendue des travaux qu'il conviendra d'entreprendre à cet effet, et qui seront d'ailleurs exécutés par les soins et aux frais du concessionnaire du chemin de fer.

———— ⚛⚛⚛⚛ ————

PROJET DE LOI ADOPTÉ PAR LES CHAMBRES QUI AUTORISE MM. MELLET ET HENRY A ÉTABLIR UN CHEMIN DE FER DE MONTPELLIER A CETTE.

Art. 1er. — L'offre faite par les sieurs Mellet et Henry d'exécuter à leurs frais, risques et périls, un chemin de fer de Montpellier à Cette est acceptée.

Art. 2. — Toutes les clauses et conditions, soit à la charge de l'Etat, soit à la charge des sieurs Mellet et Henry, stipulées dans le cahier des charges arrêté le 25 avril 1836, par le ministre secrétaire d'Etat du commerce et des travaux publics, et accepté sous la date du 26 du même mois, par lesdits sieurs Mellet et Henry, recevront leur pleine et entière exécution.

Art. 3. — Si les travaux ne sont pas commencés dans le délai d'une année, à partir de la promulgation de la présente loi, les sieurs Mellet et Henry, par ce seul fait, et sans qu'il y ait lieu à aucune mise en demeure ni notification quelconque, seront déchus de plein droit de la concession du chemin de fer.

Art. 4. — Si les travaux commencés ne sont pas achevés dans le délai de trois ans, les concessionnaires, après avoir été mis en demeure, encourront la déchéance, et il sera pourvu à la continuation et à l'achèvement des travaux, par le moyen d'une adjudication, ainsi qu'il est réglé au cahier des charges.

Art. 5. — Si le chemin de fer une fois terminé n'est pas constamment entretenu en bon état, il y sera pourvu d'office, à la diligence de l'administration et aux frais des concessionnaires. Le montant des avances faites sera recouvré par des rôles que le préfet du département rendra exécutoires.

La concession du chemin de fer de Montpellier à Cette est accordée directement pour quatre-vingt-dix-neuf ans, sous la réserve que le tarif pourra être révisé au bout de cinquante ans, et que si, à cette époque, les produits du chemin donnaient un dividende de plus de 10 pour cent, l'excédant serait employé à la réduction du tarif qui contient la distinction entre les *droits de péage* pour l'usage du chemin, et le *prix de transport*.

« D'après ce tarif, a dit le ministre du commerce et des travaux publics en présentant le projet de loi à la chambre des députés, les frais moyens de transport, pour toute la ligne du chemin de fer, seront, pour les voyageurs, de 1 fr. 85 cent. (y compris un dixième du prix de la place); et pour la tonne de marchandises, de 3 fr. 92 cent. Mais l'on doit observer qu'au prix du transport des marchandises sur le chemin de fer, il faut ajouter les frais de camionage qui n'existent pas sur la voie du roulage, ou qui du moins sont compris dans le prix du transport par cette voie. Ces frais sont évalués à 1 fr. ou 2 fr. par tonne, suivant que le camionage aura lieu seulement à l'une des extrémités du chemin, ou qu'il s'effectuera aux deux extrémités; ainsi, les frais moyens du transport de la tonne de marchandises par le chemin de fer, en y comprenant le camionage, seront de 4 fr. 92 cent. et 5 fr. 92 cent.

» Par les voies actuelles, ces prix sont moyennement, pour les voyageurs, de 2 fr. 50 cent., et pour les marchandises de 7 fr. 50.

« L'établissement du chemin de fer produira donc, sur les prix actuels de transport, une diminution moyenne d'environ un quart. Ces transports s'effectueront en moins d'une heure, tandis qu'en ce moment la durée du trajet de Cette à Montpellier est de quatre à cinq heures pour les voyageurs, et d'une journée pour les marchandises transportées par la route royale. »

PROJET DE LOI ADOPTÉ PAR LES CHAMBRES QUI AUTORISE L'ÉTABLISSEMENT DE DEUX CHEMINS DE FER DE PARIS A VERSAILLES.

ART. 1er. — Le gouvernement est autorisé à procéder par la voie de la publicité et de la concurrence, le même jour et séparément, à la concession de deux chemins de fer de Paris à Versailles, partant l'un de la rive droite, l'autre de la rive gauche de la Seine.

ART. 2. — Chaque chemin pourra pénétrer dans l'intérieur de Paris, de manière que la plus courte distance de son point de départ au mur d'enceinte n'excède pas 14 à 1,500 mètres.

ART. 3. — La durée de la concession n'excèdera pas quatre-vingt-dix-neuf ans; le rabais de l'adjudication portera sur un prix maximum de 1 fr. 80 cent. par tête, *non compris* l'impôt sur le prix des places dû au trésor public (1), pour le transport des voyageurs sur la distance entière de Paris à Versailles.

Ce prix, tel qu'il sera définitivement déterminé par l'adjudication, sera divisé, après l'exécution des travaux, par le nombre de kilomètres dont se composera le chemin; et le tarif des prix à payer pour les distances intermédiaires, sera réglé sur le résultat de cette division.

Si la compagnie adjudicataire ne se charge pas elle-même du transport des voya-

(1) Le projet de la commission portait: *y compris le dixième du prix des places.* Cette rédaction a été changée contre celle existante, par la raison que le dixième du prix des places étant un impôt, il ne convenait pas d'insérer dans la loi une clause qui impliquât d'avance un pareil vote qui peut changer chaque année.

geurs, elle ne sera autorisée à percevoir que les 2/3 des prix fixés ainsi qu'il est dit ci-dessus. L'autre tiers appartiendra à la compagnie qui se chargera des transports.

Art. 4. — Le tarif des marchandises de première, deuxième et troisième classes, sera réduit d'un centime pour le droit de péage, et d'un autre centime pour le prix de transport.

Art. 5. — A dater du 15 août prochain, l'administration ne recevra plus aucun projet de chemin de fer de Paris à Versailles.

Immédiatement après l'expiration de ce délai, les projets présentés seront communiqués aux conseils municipaux de Paris et de Versailles ; le gouvernement statuera ensuite ce qu'il appartiendra sur le vu des délibérations de ces conseils et sur l'avis du conseil-général des ponts-et-chaussées.

Art. 6. — Si les travaux ne sont pas commencés dans le délai d'une annnée, à partir de l'homologation de l'adjudication, la compagnie, par ce seul fait, et sans qu'il y ait lieu à aucune mise en demeure ni notification quelconque, sera déchue de plein droit de la concession du chemin de fer.

Art. 7. — Si les travaux commencés ne sont pas achevés dans le délai de trois ans, la compagnie, après avoir été mise en demeure, encourra la déchéance, et il sera pourvu à la continuation et à l'achèvement des travaux par le moyen d'une adjudication nouvelle, ainsi qu'il est réglé d'ailleurs au cahier des charges de l'entreprise.

Art. 8. — Si le chemin de fer, une fois terminé, n'est pas constamment entretenu en bon état, il y sera pourvu d'office, à la diligence de l'administration et aux frais de la compagnie concessionnaire. Le montant des avances faites sera recouvré par les rôles que le préfet du département rendra exécutoires.

Art. 9. — Des règlemens d'administration publique, préparés de concert avec la compagnie, ou du moins après l'avoir entendue, détermineront les mesures et les dispositions nécessaires pour assurer la police, la sûreté, l'usage et la conservation du chemin de fer et des ouvrages qui en dépendent. Les dépenses qu'entraînera l'exécution de ces mesures et de ces dispositions, resteront à la charge de la compagnie.

La compagnie sera autorisée à faire, sous l'approbation de l'administration, les règlemens qu'elle jugera utiles pour le service et l'exploitation du chemin de fer.

Art. 10. — Le cahier des charges annexé à la présente loi sera modifié conformément aux dispositions ci-dessus.

Art. 11. — Le taux des places dont le prix sera inférieur au maximum fixé par la présente loi, sera réglé au 1er janvier de chaque année, et pour l'année entière, par un arrêté du préfet, sur la proposition de la compagnie, et conformément à cette proposition.

TABLE GÉNÉRALE DES MATIÈRES.

—

—

TABLE SPÉCIALE.

RAPPORT ET AVIS DE LA COMMISSION D'ENQUÊTE.

CHAPITRE I.

Première question. Peut-on faire un règlement sur l'exécution de l'art. 6 ? — Deuxième question. L'art. 6 est-il parfaitement clair et précis? — Troisième question. Les tribunaux sont-ils compétens ? — Objections contre un règlement limitatif. — Irrévocabilité du cahier des charges. — Un cahier des charges doit être interprété dans ses clauses obscures, et suppléé dans ses omissions. — La disposition du § 4 de l'art. 6 est claire. — La seule limite de la compagnie est celle du possible dont l'appréciation n'appartient qu'aux tribunaux. — La limite du possible étant essentiellement variable, un règlement, en ne réglant que le passé, pourrait contrarier l'avenir. — Nécessité de déterminer une unité de poids. — Les tribunaux sont chargés de condamner toutes les prétentions déraisonnables. — Illégalité de l'ordonnance royale du 16 septembre 1831, qui élève le tarif à la remonte. — La compagnie manque de bons moyens de chargement et de bons moyens de traction. — La compagnie emploie la force animale pour moteur au lieu de machines locomotives. — Avantages de la traction par machines locomotives sur la traction par chevaux. — Combien de wagons seraient nécessaires dans l'état actuel des besoins. Avis de la commission.

Note. --- Extrait d'un mémoire de M. Seguin, sur la nécessité de remplacer le mode actuel de traction par chevaux, par des machines locomotives, page 14.

CHAPITRE IV.

CHAPITRE V.

CHAPITRE VI.

la responsabilité des transports. — Jugement du tribunal de commerce de Lyon fixant les principes sur la responsabilité. — La question de responsabilité est toute de faits à apprécier par les
tribunaux. — Demande d'un préposé du gouvernement auprès de la compagnie. — Question.
L'État a-t-il le droit, par lui ou ses concessionnaires, d'ouvrir une route ou voie publique sans
indemnité à travers une concession? — Moyens contre le principe d'indemnité. — Moyens en
faveur d'une indemnité. — Opinion de l'ingénieur des mines de Saint-Étienne et du conseil-général des mines. — Jugement du tribunal de Saint-Étienne, du 31 août 1833, favorable à l'indemnité. — Arrêt de la cour royale de Lyon, du 12 août 1835, contre l'indemnité. — L'arrêt
de Lyon soumis à la cour de cassation.

CHAPITRE XI.

Transport des voyageurs non prévu par le cahier des charges. — Effets du transport des voyageurs par le chemin de fer de Lyon. — Demande d'un tarif pour les voyageurs. — Motifs par
lesquels le chemin de fer de Lyon repousse un tarif. — Motifs qui doivent déterminer à en faire
un. — Lettre du directeur-général des ponts-et-chaussées à ce sujet. — Bases proposées par les
chambres de commerce et consultatives de l'arrondissement et par les mairies de Saint-Étienne,
Saint-Chamond et Rive-de-Gier. — Rapport du sous-préfet de Saint-Étienne. — Nouvelles bases
proposées. — Tarif sur le chemin de fer de Liverpool à Manchester pour les voyageurs. — Tarif
des chemins de fer de Saint-Germain et d'Anzin. — Prix des voitures par terre de Saint-Étienne
à Lyon avant l'établissement du chemin de fer. — Nombre des voitures à cette époque. — Prix
actuel des places pour les voyageurs dans les trois chemins de fer du département de la Loire.
— Évaluation des frais auxquels revient à la compagnie de Lyon le transport des voyageurs. —
Nécessité d'une voiture spéciale desservant Rive-de-Gier et St-Chamond. — Déclaration à faire à
la régie des contributions indirectes. — Déclaration préalable des voyageurs supplémentaires impossible. — Nouvelles bases proposées en ce qui concerne la régie. — Sûreté du transport des voyageurs par les chemins de fer.

Avis de la commission.

Notes. — Projet de règlement de police du chemin de fer de Saint-Étienne à Lyon, page 109.
— Rapport de l'ingénieur en chef des ponts-et-chaussées de la Loire sur un règlement de police
du chemin de fer de Lyon, 112. — Mouvement des voyageurs sur le chemin de fer de Lyon, 123.
— Arrêt de la cour royale de Lyon, du 15 février 1833, qui a décidé qu'un chemin de fer doit
le paiement du dixième des places à la régie des contributions indirectes, 127. — Arrêt confirma-
tif de la cour de cassation, du 1ᵉʳ août 1833, 129.

DOCUMENS LÉGISLATIFS SUR LES CHEMINS DE FER.

PREMIÈRE PARTIE. --- LÉGISLATION FRANÇAISE.

CHEMIN DE FER DE SAINT-ÉTIENNE A ANDRÉZIEUX.

Ordonnances royales... Cahier des charges pour l'établissement d'un chemin de fer de la Loire
au Pont-de-l'Ane, page 137. — Ordonnance contenant approbation du plan et tracé du chemin
de fer, 140.

3x

🐝 251 🐝

FIN DE LA TABLE.

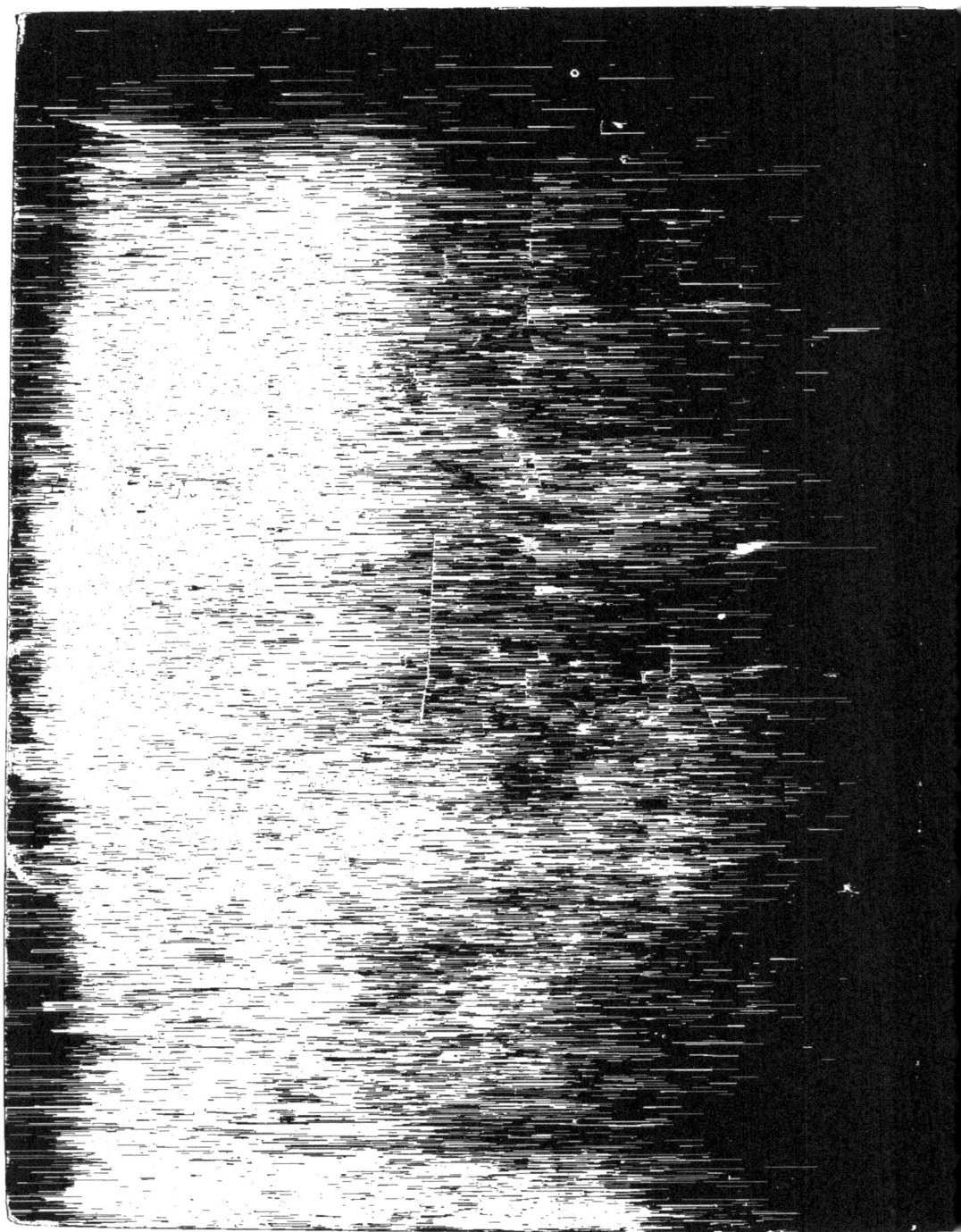